凝煉知識品味閱讀

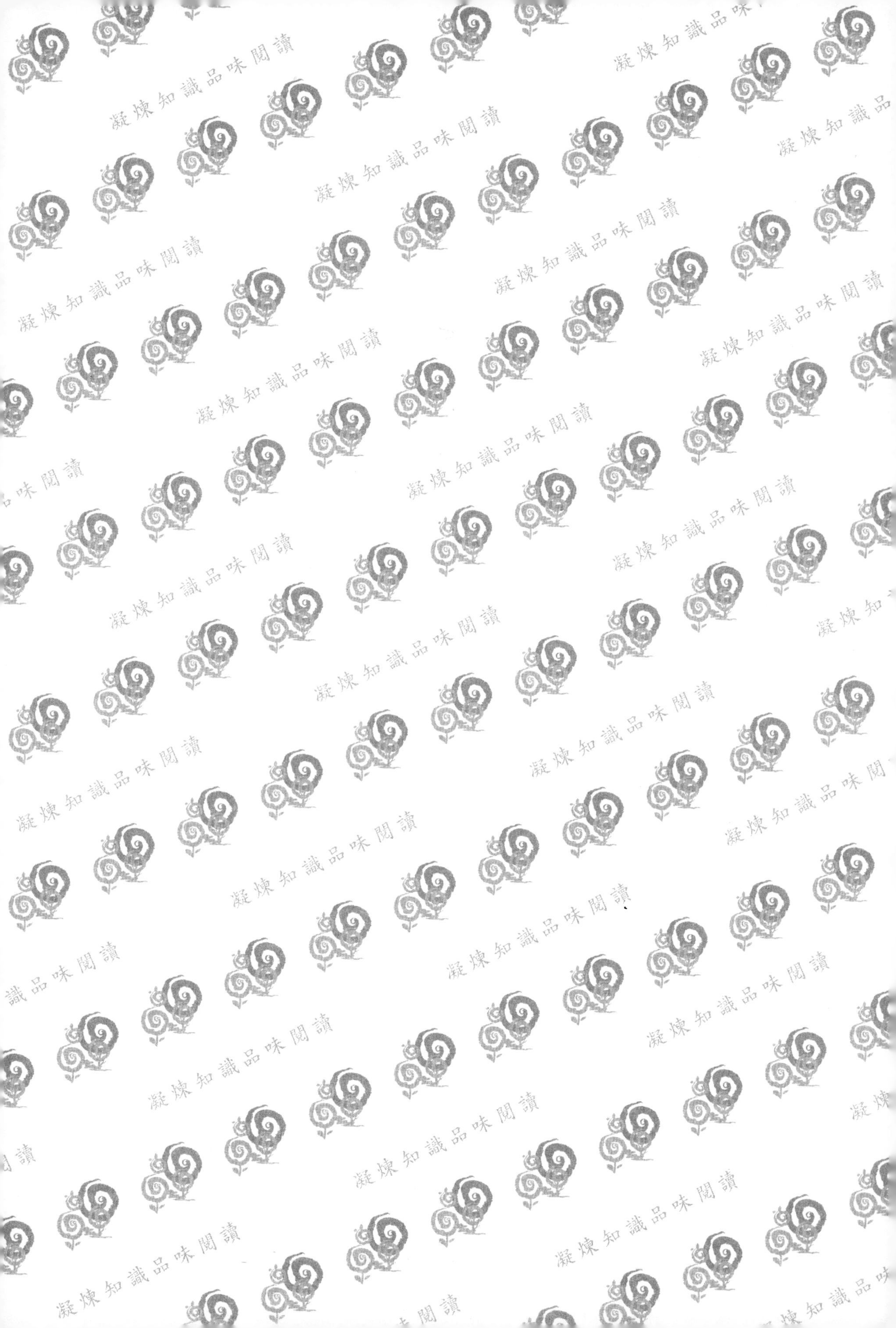
凝煉知識品味閱讀

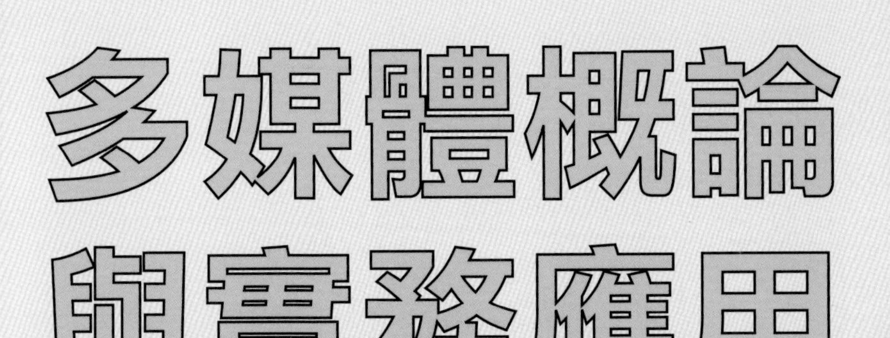

數位新知 著

五南圖書出版公司 印行

序

多媒體是一項包括多種視聽模式的創作表現，它是藉由文字、影像、音訊、視訊及動畫等媒介，將設計者的創意構思和想要傳達的理念清楚地表達出來。而透過創意表現自己，因而在網路世界中賺錢或成名的人也愈來愈多，多媒體應用已遍及電子科技界、資訊傳播界、專業設計業、電信業甚至於教育界和娛樂領域，也正因爲這樣的緣故，所以與多媒體有關的學習已變成爲現今各大專院校爭相開設的科系，和學生爭相學習的焦點。

有鑑於此，筆者將多年來從事多媒體的經驗，有系統地透過本書來和各位分享，從第一章多媒體原理與創新應用開始，先從認識多媒體開始，接著介紹多媒體的現況與發展，並簡介虛擬實境、3D列印技術、3D裸視技術、智慧性家電、大數據、多媒體資料庫、雲端多媒體服務、創客經濟等資訊，讓各位了解到多媒體已是職場發展的必勝工具。本章最後則介紹多媒體電腦與周邊設備。

接著第二章到第七章則分別各種多媒體元素的介紹及理論概說。其中第二章的「文字媒體」，學習善用文字效果的變化以及電子化文件的使用；第三章「影像媒體」介紹與影像輸入有關的硬體設備、影像概念、色彩應用技巧及影像常用格式；第四章「音訊媒體」介紹重心在硬體資訊、聲音壓縮、格式的選用。第五章「視訊媒體」則是介紹視訊的基本原理、視訊數位化、視訊壓縮、視訊壓縮格式、串流媒體、視訊檔案格式、數位電視、高清晰度多媒體介面、隨選視訊、多媒體視訊通訊等；第六章「動畫設計」談到電腦動畫的優點、動畫的製作流程、3D動畫製作原理、3D動畫設計流程等；第七章則把重點放在網頁媒體，例如：靜態網頁與動態網頁及網頁製作相關工具。

接下來的章節則針對上述各種多媒體元素，以實作的角度，介紹幾套實用的多媒體工具軟體，其中利用Photoshop超強的功能來修正影像瑕疵，修改不自然的色彩、增加色度、加入文字效果、濾鏡特效等影像處理技術，讓藝術的創作變得無遠弗屆。Illustrator是一套向量式的美工繪圖軟體，利用它可進行插畫、海報、文宣等列印稿，甚至於網頁、行動裝置、影片視訊也都難不倒它。第10章則以威力導演做示範，告訴各位如何匯入媒體素材、串接影片、編修視訊、加入片頭效果、轉場、錄製旁白和配樂，期望各位都能將所學到的功能技巧應用在微電影的專案設計中。而3D動畫則以3DSMax爲各位做快速的教學。最後一章Dreamweaver CC網頁設計可以讓網頁設計師在不需要編寫HTML程式碼的情況下，透過「所見即所得」的方式，輕鬆且快速地編排網頁版面。

筆者深信，對新手而言，本書將是最實用的指導手冊，讓各位能夠輕鬆過關斬將，成爲職場中的寵兒。

目錄

第一章　多媒體原理與創新應用

近年來由於工業社會急速發展，電腦科技日新月異，因此對於各種媒體內容，均能夠以個人電腦將它們轉化成數位型態的資訊內容，然後再透過電腦加以整合與運用，最後配合周邊設備來展示多媒體效果。至於現代多媒體產品的應用範圍則以網站（Web site）呈現與影音視訊爲最大宗，發展趨勢更由電腦或設計專業人士的特殊工具，逐漸轉化爲一般大眾的消費性數位產品。

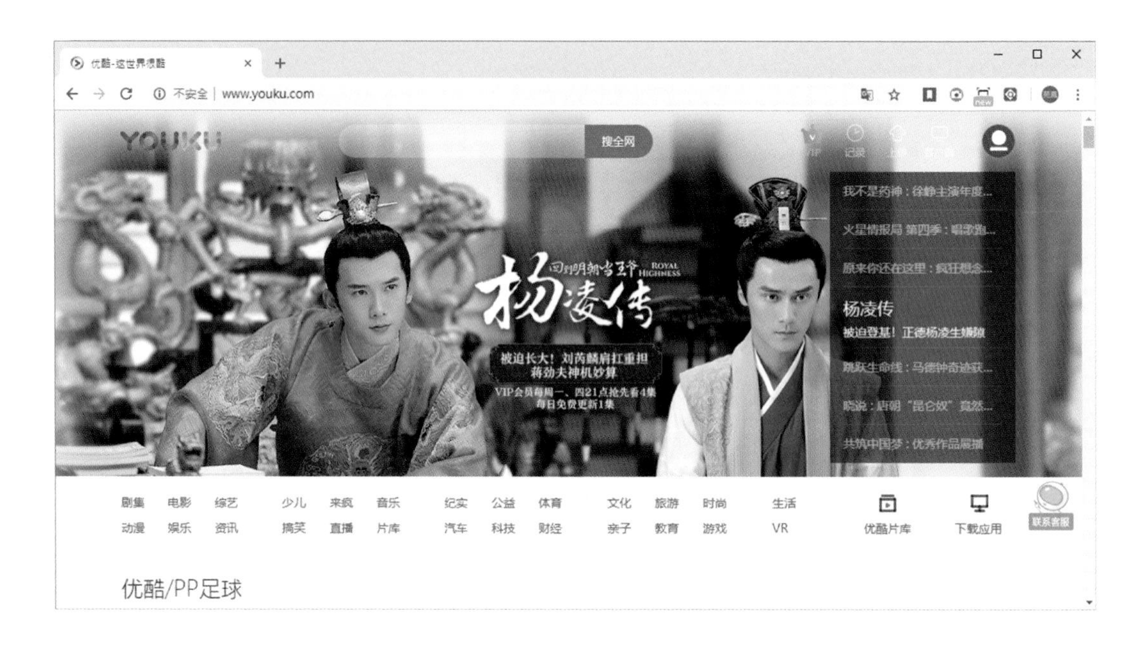

優酷網是中國最大的影音網站

多媒體技術在近年來的發展還眞是一日千里，讓人嘖嘖稱奇，例如最近每到平日夜晚，各大公園或街頭巷總能看到一群要抓寶的玩家們，整個城市都是你的狩獵場，各種神奇寶貝活生生在現實世界中與玩家互動。精靈寶可夢遊戲是由任天堂公司所發行的結合智慧手機、無線網路、GPS 功能及擴增實境（Augmented Reality, AR）的尋寶遊戲，也是一種從遊戲趣味出發，透過手機鏡頭來查看周遭的神奇寶貝再動手捕抓，迅速帶起全球神奇寶貝迷抓寶的熱潮。

台灣各地不分老少對抓寶都為之瘋狂

擴增實境（Augmented Reality, AR）就是一種將虛擬影像與現實空間互動的最新多媒體技術，能夠把虛擬內容疊加在實體世界上，並讓兩者即時互動，也就是透過攝影機影像的位置及角度計算，在螢幕上讓眞實環境中加入虛擬畫面，強調的不是要取代現實空間，而是在現實空間中添加一個虛擬物件，並且能夠即時產生互動。各位應該看過電影鋼鐵人在與敵人戰鬥時，頭盔裡會自動跑出敵人路徑與預估火力，就是一種 AR 技術的應用。

鋼鐵人電影中使用了許多擴增實境的技術

1-1 認識多媒體

「媒體」又可稱爲「媒介」（media），是介於中間來傳遞或溝通事物的一種東西或概念。所謂「多媒體」，可以稱爲是一項包括多種視聽表現模式的創作，主要代表所有能讓人感受到聲光影音效果的傳播媒體；「多媒體」在不同時期有著不同的定義與標的，而其中的差異主要在於當時的電腦技術背景。

多媒體技術發展成熟到今天，加上寬頻網路的普及，網際網路已成爲資訊傳遞與流通的超級利器，例如音樂、視訊與動畫結合在網路上愈來愈常見，多媒體技術的不斷創新，讓數位化科技的呈現進入了五彩濱紛的彩色世界。

1-1-1 多媒體的定義

多媒體是一種電腦與人互動的交談式溝通系統，我們可以簡單定義如下：「運用與整合一個以上的多種媒體來展現資訊，而媒體的範圍則包含了文字（Text）、影像（Image）、音訊（Sound）、視訊（Video）及動畫（Animation）等媒介。」

由於多媒體具有人機「交談」的功能，可以依據使用者的個別需求，執行不同的媒介，以下是各項媒介說明與介紹。

- 文字（Text）：文字是最早出現的媒體型式，在做多媒體產品設計時，除了要有吸引人的影像與構圖外，文字也占有舉足輕重的地位，如果文字處理不恰當，不但無法吸引觀賞者的目光，也無法有效傳達訊息。

文字特效的變化能產生吸睛的效果

- 影像媒體（Image）：影像是由形狀和色彩所組合而成，影像媒體運用的範圍相當的廣泛，不管是書籍、海報、電視、遊戲等，都是透過影像來傳達的效果，遠比文字來的快速又強眼。

影像效果能讓視覺產生多樣變化的效果

- 音訊媒體（Sound）：現在的電腦應用領域中，隨著時代的變遷，如今市面上通行著各種不同的音訊的檔案格式。尤其數位革命正在席捲音樂世界，無論音質清晰度或功率，都帶來難以想像的進步，數位音訊日趨成為主流的娛樂與應用。

生活中充滿了各式各樣的聲音組合

- 視訊（Video）：是指將一系列的靜態影像以電信號方式加以捕捉，並透過螢幕等裝置播放的連續性序列影像。例如電視、電影等都是視訊資料所提供的功能，也就是在拍攝時，便將畫面記錄成連續的方格底片，在放映時再連續快速地播放這些影片，達成動態的效果。
- 動畫媒體（Video）：動畫是將多張些微變化的靜態圖片，以很快的速度播放，由於眼睛具有「視覺暫留」的特性，所以看起來就好像圖片眞的動起來了。動畫的應用相當廣泛，不管是電視、電影、電腦以及 Web 上都可以看到動畫的影子。

迪士尼 / 皮克思公司推出的玩具總動員帶動了 3D 動畫電影的流行

圖片來源：http://disney.lovesakura.com/Text/ts.htm

迪士尼電影帶動了全世界的動畫風潮

圖片來源：http://www.disney.com.tw/

■ 網頁媒體

由於 Web 的快速發展，當大家利用瀏覽器進入網路世界，從瀏覽器上即可輕鬆享受各種多采多姿的動畫、影片、音樂等資源，瀏覽器上所看到的每一個畫面就稱爲「網頁」，網頁媒體是目前另一個正在發展的新興媒體。

圖片來源：http://www.toyota.com.tw

https://store.sony.com.tw/

五光十色的多媒體網頁

1-2 現代多媒體技術的發展

電腦是目前最普遍用來呈現多媒體資訊的工具，早期在電腦上的多媒體技術，只能單方面的向觀衆表達資訊，如電視節目、廣告、音樂等，並無法和觀衆產生互動的效果。隨著電腦的不斷進步與相關多媒體設備的誕生，讓各種媒體內容均能夠透過電腦加以整合與運用，同時賦予多媒體更佳的互動能力。

國立海洋生物博物館的多媒體導覽系統

例如目前在許多博物館中常見的多媒體導覽系統（kiosk），不但能讓人們在公共場所需要獲得相關資訊，透過觸碰式的 LCD，以及精心設計過的系統介面，還可以讓使用者自行操作，並提供方便又明確的介面可以讓他們找到想要的資訊。接下來我們將為各位介紹目前最流行的現代多媒體技術的相關應用與發展。

1-2-1 虛擬實境

虛擬實境（Virtual Reality）是使用者穿戴特殊顯示裝置（VR 眼鏡）後，進入一個由電腦模擬與計算產生的 3D 虛擬環境，完全隔絕於所處的現實環境，藉由相關周邊顯示及追蹤裝置，讓使用者如同身歷其境一般，可以由使用者主動去探索與操作，透過這種人機介面提供使用者與當下時空中的多重感官體驗，並能藉由控制器或鍵盤在這個虛擬世界下穿梭與互動。

虛擬實境技術廣泛運用在遊戲領域

虛擬實境相關的應用程式多半將重心放在遊戲、娛樂與教育市場，最明顯的例子就是電影產業，例如侏儸紀公園、ID4、星際大戰首部曲，甚至用於各種太空飛行、軍機作戰、民航機飛行教學訓練、電玩遊戲等。例如目前最爲熱門的網路商店與實體商店最大差別就是無法提供產品觸摸與逛街的眞實體驗，未來虛擬實境更具備了顚覆電子商務市場的潛力，就是要以虛擬實境技術融入電子商場來完成線上交易功能，這種方法不僅可以增加使用者的互動性，改變了以往 2D 平面呈現方式，讓消費者有眞實身歷其境的感覺，大大提升虛擬通路的購物體驗。

著名的阿里巴巴旗下購物網站淘寶網，將發揮其平台優勢，全面啓動「Buy +」計畫引領未來購物體驗，向世人展示了利用虛擬實境技術改進消費體驗的構想，戴上連接感應器的 VR 眼鏡，直接感受在虛擬空間購物，不但能讓使用者進行互動以傳遞更多行動行銷資訊，還能增加消費者參與的互動和好感度，同時提升品牌的印象，爲市場帶來無限商機，也優化了買家的購物體驗，進而提高用戶購買慾和商品出貨率，由此可見建立個性化的 VR 商店將成爲未來消費者購物的新潮流。

「Buy ＋」計畫引領未來虛擬實境購物體驗

> **Tips**
>
> 混合實境（Mixed Reality）是一種介於 AR 與 VR 之間的綜合模式，打破眞實與虛擬的界線，**同時擷取 VR 與 AR 的優點**，透過頭戴式顯示器將現實與虛擬世界的各種物件進行更多的結合與互動，產生全新的視覺化環境，並且能夠提供比 AR 更為具體的眞實感，未來很有可能會是視覺應用相關技術的主流。

1-2-2 3D 列印技術

3D 列印技術是電腦科技在製造業領域正在迅速發展的快速成形技術，讓平凡人的想法不再只是空想，不但能將天馬行空的設計呈現眼前，還可快速創造設計模型，製造出各式各樣的生活用品，就連美國太空總署（NASA）都宣稱 3D 列印已經納入未來太空船設計的關鍵元素之一。

印酷網是華人世界首創的 3D 列印線上平臺

3D 列印機主要是運用粉末狀塑料與透過逐層堆疊累積的方式與電腦圖形數據，就能生成各式使用者需要的形狀。例如用傳統方法製造出一個模型通常需要數天或者更久的時間，3D 列印可能只要花費數小時，不但能減少開模所需耗費時間與成本，改善因為不符成本而無法提供客製化服務的困境，更讓硬體領域的大量客製化（Mass Customization）服務開始興起。

近年來隨著 3D 列印技術（3D printing）之普及化，或者有人稱為第三次工業革命，已大幅降低產業研發創新成本，預期將可實現電子商務、文創設計及 3D 列印的跨界加值應用。目前 3D 列印已可應用於珠寶、汽車、航太、工業設計、建築、及醫材領域，這股熱潮預料勢必將引發全球性的商務與製造革命。

1-2-3 3D 裸視技術

隨著好萊塢推出了以全 3D 數位拍攝的電影阿凡達帶來空前的賣座績效，3D 電影已經由新鮮轉為風潮，由於 3D 立體顯示具備高度的娛樂性，近來已成為娛樂產業相當熱門的話題。過去觀眾只要進入戲院，戴上特製的眼鏡，眼前的平面影像瞬間就能進入了 3D 立體世界。3D 眼鏡顯示的原理就是因為我們的雙眼是橫向並排，看見物體的角度會有不同，大約有 6～7 公分的間隔，對於所看到的影像雙眼間會產生視差。由於立體視覺效果是基於視差而來，3D 顯示技術就是透過各種光學效果以人工方式來重現視差，讓眼睛產生「深度」距離感，大腦因此自動產生了立體的效果。不過這種特殊的 3D 眼鏡總是讓觀眾有點累贅，往往成了傳統上 3D 顯示技術推廣上的一個主要障礙。

全 3D 拍攝的知名電影阿凡達是多媒體 3D 技術的具體展現

圖片來源：美國福斯電影公司

目前相當火紅的 3D 裸視技術就是為了解決這方面的缺陷，仍然是運用雙眼視差的原理，希望讓觀眾在不配戴任何特殊眼鏡的前提下，直接以肉眼看到螢幕上 3D 立體顯示效果。目前 3D 裸視技術主要可分為三種方式，屏障式裸視（Parallax Barriers）、柱狀透鏡式（Lenticular Lenses）及指向光源式（Directional Backlight）。其中屏障式裸視（Parallax Barrier）3D 技術則是目前最廣泛應用的技術，原理是在在螢幕面板前面增加了特殊設計的螢幕（柵欄狀光學屏障）使得雙眼各自被遮蔽到不同部分，進而造成立體的效果。這就像是直接把螢幕直接戴上一副 3D 眼鏡，而不是傳統上由觀眾來配戴，主要可應用於如智慧型手機、數位相機、掌上型遊樂器等個人化的螢幕顯示用途，缺點是解析度與畫面亮度也會隨之降低。

1-2-4 智慧性家電

「智慧家電」（Information Appliance）是從電腦、通訊、消費性電子產品與多媒體領域匯集發展而來，是一種可以做資料雙向交流與智慧判斷的應用裝置，也就是泛指作為連結上網或是加入上網機制等家電裝置。例如智慧電視結合了電視與電腦功能，各位只要在家透過智慧電視，在家中客廳就可以上網隨選隨看影視節目，或是登入社交網路即時分享觀看的電視節目和心得，也可以讓使用者透過免付費和付費的方式下載使用，把更多使用者可能的需求都整合到智慧型電視上。例如在中國，微信（WeChat）已經連結智慧家電，開始走進居家生活。

三星電子推出了許多款新潮的智慧性家電

圖片來源：三星電子

目前從符合人性智慧化操控，結合雲端應用與節能省電的發展，所有家電都會整合在智慧型家庭網路內，並藉由管理平台連結外部廣域網路服務，加上其簡單易用的特色，在未來的家庭生活中將會扮演非常重要的角色。

1-2-5 大數據與多媒體資料庫

隨著電腦 CPU 處理速度與存儲性能大幅提高，因此漸漸被應用於即時處理非常大量資料。最近相當流行的大數據（Big Data）處理技術指的是對大規模資料的運算和分析，大數據（又稱大資料、大數據、海量資料，big data），是由 IBM 於 2010 年提出，主要特性包含三種層面：大數據性（Volume）、速度性（Velocity）及多樣性（Variety）。

大數據資料的應用技術，已經顛覆傳統的資料分析思維，大數據資料是指在一定時效（Velocity）內進行大量（Volume）且多元性（Variety）資料的取得、分析、處理、保存等動作，而多元性資料型態則包括如：文字、影音、網頁、串流等結構性及非結構性多媒體資料。

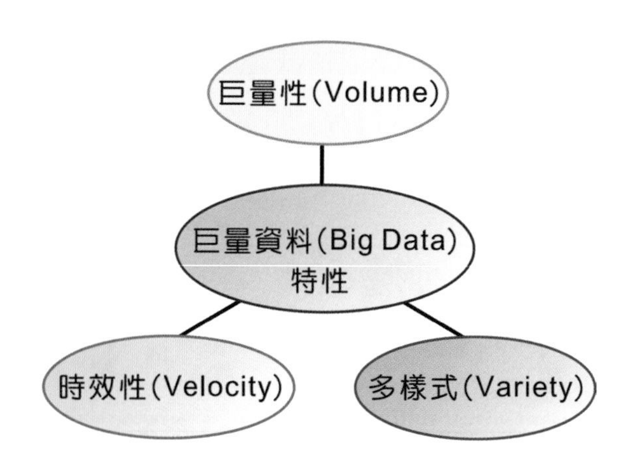

大數據資料的三項主要特性

如果說網路改變了人類溝通的方式，或許也可以說，資料庫改變了人類管理資料的方式，資料庫系統普及與涵蓋的程度，遠超乎許多人的想像。傳統的資料庫通常只儲存文字或是數字資料，隨著大數據（Big Data）趨勢的浪頭，正在席捲全球，資料成長的速度愈來愈快、種類愈來愈多，多媒體資料與資料庫系統之整合是未來資訊應用無可避免之趨勢。

通常文數字資料是所有的媒體中最容易於查詢與比對的資料庫，這是因爲文數字本身資訊的內容極爲明確清楚，例如搜尋引擎對特定文字字串的查詢。而所謂多媒體資料庫，就是針對企業與組織需求，將不重覆的各種資料數位化後的檔案儲存在一起，包括各種不同形式的資料，包括文字、圖形或影音等檔案，並藉由此一資料庫所提供的功能而將我們所存放的資料加以分析與歸納。

一個多媒體資料是由多個特徵所描述，可利用多維資料方式來表示，不如傳統文字性資料能夠直接以資料內容比對方式搜尋，必須透過有效率的多媒體資料儲存能力與多維資料之索引等輔助。所以對於多媒體資料的搜尋方向應從資料特徵著手，可從資料模型或樣本來做物件之搜尋與比對，例如影像的顏色或視訊移動的位置與軌跡等。

1-2-6 資料壓縮

資料量大是現代多媒體資料的一個基本特性，資料壓縮（data compression）是多媒體新興技術的重大突破，在提升傳輸效率的效果顯得格外顯著，不僅減少儲存空間，傳輸時間也是大大縮短。

所謂資料壓縮，是將原始多媒體資料按照特定的演算法機制用比未經編碼少的資料位元來產生另外一組資料，至於壓縮演算法是靠資料中的重覆性質來進行資料壓縮，因而有些檔案可以有很好的壓縮比，有些檔案則因資料的特性而無法壓縮。

這項技術讓有限的頻寬中能夠承載較多的多媒體資料流，進而大大推動了網路影音相關的發展。隨著近幾年來資料壓縮技術的成熟，壓縮比率大大增加，而且龐大的多媒體資料經過壓縮之後，整體的料量便會縮小。

基本上，透過資料壓縮的方式可達到善用有限的儲存空間，方式可區分為「破壞性壓縮」與「非破壞性壓縮」兩種。資料在經過壓縮後，可以透過解壓縮（decompression）的演算法再還原，兩者之間主要差距在於壓縮前的資料與還原後結果是否有失真現像。「破壞性壓縮」壓縮比率大，但容易失真，會有部分的資料無法還原，通常重要的資料通常應避免使用這種壓縮法。「非破壞性壓縮」壓縮比率小，不過還原後不容易失真，也就是在壓縮前及解壓縮後，其資料內容幾乎是非常相似。

JPEG、MPEG 格式都是屬於破壞性壓縮方式

1-2-7 雲端多媒體服務

隨著網路技術和頻寬的發達，雲端運算已經被視為下一波電腦與網路科技的重要商機，或者可以看成將運算能力提供出來作為一種服務。所謂「雲端」其實就是泛指「網路」，希望以雲深不知處的意境，來表達規模龐大的運算能力。雲端運算將虛擬化公用程式演進到軟體即時服務的夢想實現，也就是利用分散式運算的觀念，將終端設備的運算分散到網際網路上眾多的伺服器來幫忙，讓網路變成一個超大型電腦。

Pixlr 是一套相當免費好用的雲端多媒體影像編輯軟體

「雲端多媒體服務」，簡單來說，其實就是「網路多媒體運算服務」，也就是經由網路連線取得由遠端主機提供的多媒體內容服務等，包括許多人經常使用 Flickr、Picasa 等網路相簿來放照片，或者使用雲端音樂讓筆電、手機、平板來隨時點播音樂，打造自己的雲端音樂台；甚至於透過雲端影像處理服務，就可以輕鬆編輯相片或者做些簡單的影像處理。

透過 Google Play Music 可隨時收聽雲端音樂

1-3 多媒體電腦與周邊設備

早期對於多媒體電腦（Multimedia Personal Computer, MPC）的看法是多媒體電腦必須能處理文字以外的各類媒體元素，並且速度要快。國際多媒體 PC 市場學會曾經多次爲多媒體個人電腦定出最低的標準規格，不過隨著電腦硬體技術的快速進步，從早期一台執行速度只有 4.77MHz 的個人電腦 Apple II，到現在 Intel Core i7-3960X 等級的執行速度幾乎到了 3.3 GHz 以上，不止機械效能大幅提升，連其周邊裝置也更爲多元化及先進。

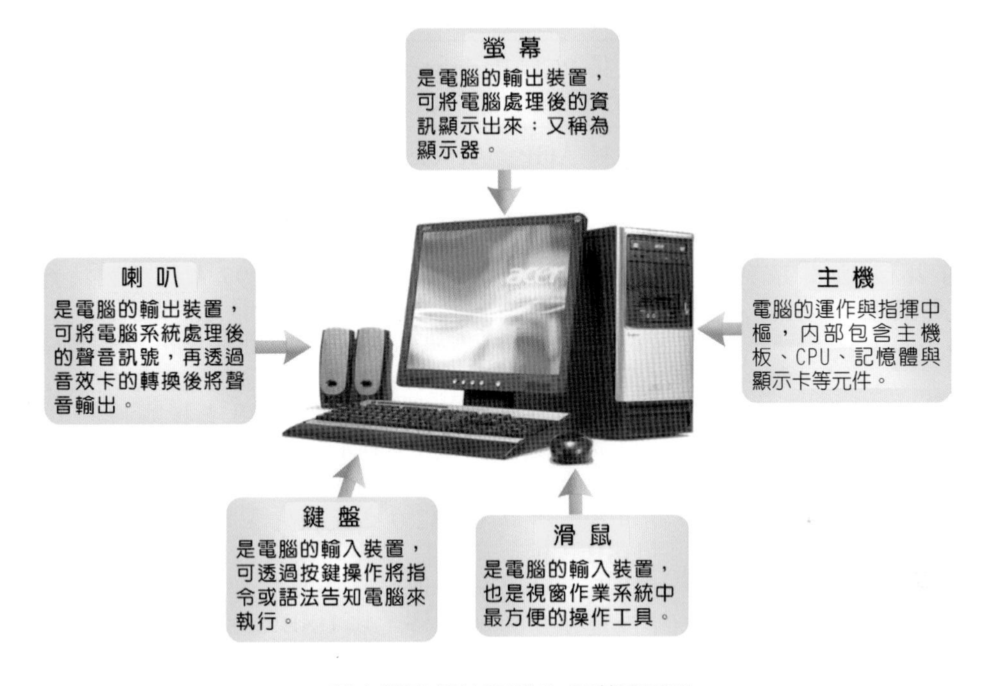
螢幕
是電腦的輸出裝置，可將電腦處理後的資訊顯示出來；又稱為顯示器。
喇叭
是電腦的輸出裝置，可將電腦系統處理後的聲音訊號，再透過音效卡的轉換後將聲音輸出。
主機
電腦的運作與指揮中樞，內部包含主機板、CPU、記憶體與顯示卡等元件。
鍵盤
是電腦的輸入裝置，可透過按鍵操作將指令或語法告知電腦來執行。
滑鼠
是電腦的輸入裝置，也是視窗作業系統中最方便的操作工具。

一部完整配備的現代化多媒體電腦

目前個人電腦都有主夠的記憶體和速度來呈現和處理聲音、影像與視訊，因此都可稱之爲多媒體電腦，不過往往因爲不同的需求，增添其它的多媒體周邊設備。不過至少包括了麥克風、光碟機、喇叭以及高解析度顯示器等組件及其他聲音與影像處理的配合設備，例如：掃描器、數位相機等。

1-3-1 多媒體資料連接埠

連接埠則是主機與周邊設備連結之處，以讓電腦與周邊設備間傳送資料。目前有些整合性主機板（All In One），已經將網路卡、數據卡、音效卡及顯示卡等介面整合於主機板上，常見的連接埠整理如下表：

連接埠介面名稱	特色與說明
並列埠（平行埠或 LPT1）	適合短距離，爲 25pin，傳輸速度快，一次可傳輸超過一位元的資料，是爲了代替序列埠而研發。通常拿來接印表機，掃描器或者連接電腦。
序列埠（RS232 埠）	爲 9 pin，傳輸速度慢，一次可傳輸資料 1 bit，通常連接的設備不需要高速傳輸速度。PC 上有兩個序列埠 COM1、COM2，可拿來接滑鼠、數據機。
PS/2 連接埠	可連接 PS/2 規格的滑鼠或鍵盤等單向輸入設備，無法連接其他雙向輸入設備。
PCI 插槽	連接 PCI（Peripheral Component Interconnect）形式的介面卡，如網路卡、音效卡等，通常插槽爲白色。
AGP 插槽	連接 AGP（Accelerate Graphics Port，加速影像處理埠）形式的顯示卡。通常爲咖啡色，而且傳輸效率高於 PCI 介面插槽。
USB 埠（通用序列匯流排）/USB 2.0/USB 3.0/USB 3.1/3.2	它是新一代的連接埠，支援 PC97 系統硬體設計與 4 pins 的規格，這種四針的小型接頭可以用連續串接或使用 USB 集線器的方式，同時使用數個 USB 設備。USB 連接埠最多可接 127 個 USB 設備，包括滑鼠、數位相機、隨身碟等，並且支援隨插即用安裝與熱插拔功能。常見的 USB 2.0 頻寬爲 480Mb/s，有些新的周邊設備只能連接 USB 埠。由於 USB 是反向相容，所以 USB2.0 也支援舊型的 USB 設備。至於 USB 3.0 是目前推出的連接埠，又稱爲 SuperSpeed USB，是應用於通訊產品隨插即用、不需安裝程式的傳輸介面新規格，比 USB 2.0 的傳輸速度快上十倍之多，最高可達 400 Mbytes/second。對於高畫質影片的傳輸，可以大幅節省時間。例如日後在家不用在透過 DVD 來收看喜歡的影集，只要把隨身碟接上電視的 USB 就可以輕鬆觀看。此外，隨著微軟的 Windows 7 堂堂問世之後，特別以支援多點觸控以及支援 USB 3.0 爲其重要特色的推波助瀾下，預料將帶動整個傳輸介面傾向 USB 3.0 方向發展，相關的產品勢必如雨後春筍般推出。USB3.1 則是基於 USB 3.0 改良推出的 USB 連接介面的最新版本，全新的 USB Type-C 介面尺寸爲 8.3×2.5 毫米，支援正反面都可插入，最高連接速度可達 10Gbps。目前最新 USB 3.2 的規格，除了將傳輸速度從 USB 3.1 的 10Gbps 倍增至 20Gbps，統一採用 Type-C 型式端子爲主，由於 USB 3.2 是以 USB 2.0/3.1 的基礎所打造，也能向下相容於較舊規格，並確保單或雙通道使用時無縫切換。

連接埠介面名稱	特色與說明
IEEE 1394 連接埠(火線埠)	IEEE1394 是由電子電機工程師協會(IEEE)所提出的規格。火線埠(FireWire 埠)和 USB 埠類似，是一種高速串列匯流排介面，適用於消費性電子與視訊產品，最高傳輸速率爲 800Mbits/s，可連接 63 個周邊與熱插拔功能，例如燒錄器、數位相機、掃描器、DV 等。
Mic In 連接埠	用來連結麥克風。
Line In 連接埠	音源訊號輸入接頭，可以連接家庭音響的輸出音源進行錄製、編輯，可以連接MPEG卡與影音播放器。
Line Out 連接埠	音源訊號輸出接頭，可以連接喇叭與耳機。
Midi In 連接埠	可以連接 Midi 設備。
IrDA 埠	可做爲電腦與無線周邊設備的連接埠，但必須將兩者的 IrDA 埠對準。

1-3-2 介面卡

介面卡是一種布滿電子電路的卡片，是電腦與周邊設備間的橋樑，可用來擴充電腦的功能。必須連接到主機板擴充槽的電路板，並安裝上「驅動程式」(Driver)，才能正常運作，例如顯示卡、音效卡、網路卡等。

Tips

「驅動程式」(Driver)是一種將硬體元件(如介面卡、周邊設備等)與電腦作業系統連接的軟體程式，不同的元件有不同的驅動程式，必須安裝完成才能正常操作與使用。

■ 顯示卡

顯示卡是一塊連結到主機板上的電路卡，包含了記憶體與電路，能夠將從電腦傳送來的訊號轉變爲螢幕上的視訊，它能夠決定螢幕的更新頻率、色彩總數以及解析度。我們一般所看到的畫面效果除了取決於螢幕之外，顯示卡的優劣亦占有很大的因素。

顯示卡中的記憶體稱爲視訊記憶體(Video RAM)，目前顯示卡也可以直接內建於主機板上，如此一來可以降低成本。從最早期普遍使用的 VGA 顯示器所能支援的 ISA 顯示卡，80486 以後的個人電腦大多採用這一標準的 VESA 顯示卡，至於 PCI(Peripheral Component Interconnect)顯示卡，通常被使用於較早期或精簡型的電腦中。

AGP 介面顯示卡

AGP（Accelerated Graphics Port）介面是在 PCI 介面架構下，增加了「平面」（2D）與「立體」（3D）的加速處理能力，可用來傳輸視訊資料，資料匯流排的寬度 32 bits，工作頻率是 66MHz。由於 AGP 的頻寬不足以應付日趨複雜的 3D 運算技術，PCI Express（亦稱 PCI-E）成爲最新的匯流排架構，Intel 是 PCI Express 匯流排規格的主導者，它擁有更快的速率，幾乎可取代全部現有的內部匯流排（包括 AGP 和 PCI）。

■ 音效卡

各位如果想要播放出高品質的聲音，音效卡是一定不可缺少。音效卡也是一種擴充卡，能將類比式的聲音訊號從麥克風傳送至電腦並轉成數位訊號，使電腦能夠儲存並加以處理；相對的，也能將數位訊號轉回成類比訊號供傳統式喇叭播放。音效卡由於內建處理器強大，能做各種的音效處理，最廣爲人知的莫過於電腦合成音樂（Midi），不過目前大多數主機板也都內建有音效晶片了。

■ 網路卡

網路卡（Network Interface Card, NIC）的功用是作爲將電腦資料轉爲於網路線上傳輸資料的轉換設備，讓電腦間可以互相連線與共享資源。一般網路卡是插在電腦主機板的插槽上，它的外部可連接網路線，有線網路卡會有一個 RJ-45 的插孔，提供網路線連接連線設備。市面上多以 10Mbps 或 100Mbps 的網路卡規格居多，介面則以 PCI 爲主流。網路卡以前是作爲擴充卡插到電腦匯流排上，目前許多主機板廠商都直接將網路卡內建於主機板中了，就不需要額外購買網路卡來安裝了。

1-4 主記憶體

記憶體的構造與存取方式大致相同，都是以許多微小的電晶體所組成，這些微小的電晶體只能有兩種狀態，在不充電的狀態下爲 0，在充電的狀態下爲 1。例如動態記憶體在未充電的狀態下，所有的電晶體都代表著 0，電晶體都必須具有兩個參數值，一個參數值代表的是電晶體的位置，另一個則代表此電晶體所擁有的數值（0 或 1），而電晶體彼此之間是由可通電的線路相互連接。

主記憶體可區分爲兩種記憶體型式，「隨機存取記憶體」（Random Access Memory, RAM）在關掉電腦電源的時候失去它們所儲存的東西，這些晶片就屬於是揮發性（Volatile）記憶體。而「唯讀記憶體」（Read Only Memory, ROM）即便電腦關掉的時候，也能夠保留它們所擁有的資料，這種類型的記憶體屬於非揮發性的（Nonvolatile）。

1-4-1 隨機存取記憶體

電腦使用記憶體，通常指的就是 RAM（隨機存取記憶體），記憶體的容量愈高的話，電腦在執行上也會相對的快許多，在專門用來繪圖或遊戲電競使用的電腦，都會建議至少記憶體要 6G 以上才能穩定順暢。RAM 中的記憶體都有位址（Address），CPU 可以直接存取該位址記憶體上的資料。RAM 可以隨時讀取或存入資料，不過所儲存的資料會隨著主機電源的關閉而消失，不只可用來連接電腦的 CPU，還包括如影音卡或印表機也擁有它們本身內建的 RAM。RAM 也是一種可擴充的記憶體，通常由數顆記憶體晶片（Chip）附著於印刷電路板上，而形成所謂的「記憶體模組」，各位可以依據您的電腦需求，選購 RAM 加裝到各位的主機板上，依照接腳數目的不同，包括有 SIMM（單線記憶體模組）、DIMM（雙線記憶體模組）、RIMM（匯流排記憶體模組）等。此外，RAM 根據用途與價格，又可分爲「動態記憶體」（DRAM）和「靜態記憶體」（SRAM）。

DRAM 的速度較慢、元件密度高，但價格低廉可廣泛使用，也是消費者經常購買來做爲主記憶體之用，不過需要週期性充電來保存資料。DRAM 技術的進展一直伴隨著電腦的發展腳步而提升，以追求跨越不同運算平台和應用程式的不同要求。

過去市場上記憶體的主流種類有 168-pin SDRAM（Synchronous Dynamic RAM, SDRAM）、184-pin DRDRAM（俗稱 Rambus）及 184-pin DDR（Double Data Rate, DDR）SDRAM 等三種型式，其中 SDRAM 與 Rambus 已有逐漸被淘汰的趨勢。以下是 DRAM 的發展分類表：

DRAM 名稱	特色與說明
FP RAM	速度最慢、價格也最低。
EDO RAM	比 FP RAM 快，可縮短傳送資料訊號的時間，但目前已不再使用。
SDRAM	爲早期 DRAM 的主流，是一種 168 pins 的記憶體模組，有 PC-100、PC-133、PC 150 等規格，資料傳輸速度約爲 1.3GB/Sec。
DDR SDRAM	就是雙倍資料輸出量的 SDRAM，所謂 DDR，是指資料傳輸時脈不改變，但是資料傳輸的頻寬增大爲兩倍的技術。
DRDRAM	DRDRAM 是下一代的主流記憶體標準之一，由 Rambus 公司所設計發展出來，DRDRAM 一個通道的記憶體資料寬度爲 16 位元，系統控制時脈可高達 400MHz，資料傳輸速度高達 1.6GB/Sec。

二十一世紀以來，市場導入了 DDR SDRAM。DDR 技術透過在時脈的上升沿和下降沿傳送數據，速度比 SDRAM 提高一倍。目前更有接腳數為 240 的 DDR2 SDRAM，功能非常類似於 DDR SDRAM，但它的一些新特性進一步提升了速度。相較於 DDR SDRAM 則擁有更高的工作時脈與更大的單位容量，特別是在高密度、高功效和散熱性的傑出表現，成為市場新一代的主流產品。DDR3 是以 DDR2 為基礎，性能是 DDR2 的兩倍，速度也進一步提高。DDR3 的最低速率為每秒 800Mb，最大為 1,600Mb。當採用 64 位元匯流排頻寬時，DDR3 能達到每秒 6,400Mb 到 12,800Mb。特點是速度快、散熱佳、資料頻寬高及工作電壓低，並可以支援需要更高資料頻寬的四核心處理器。DDR3 接腳的設計和 DDR2 或 DDR 完全不同，採用不同的凹槽，可以防止插入 DDR2 記憶體插槽。因此 DDR3 記憶體模組只適用於支援 DDR3 記憶體的主機板。

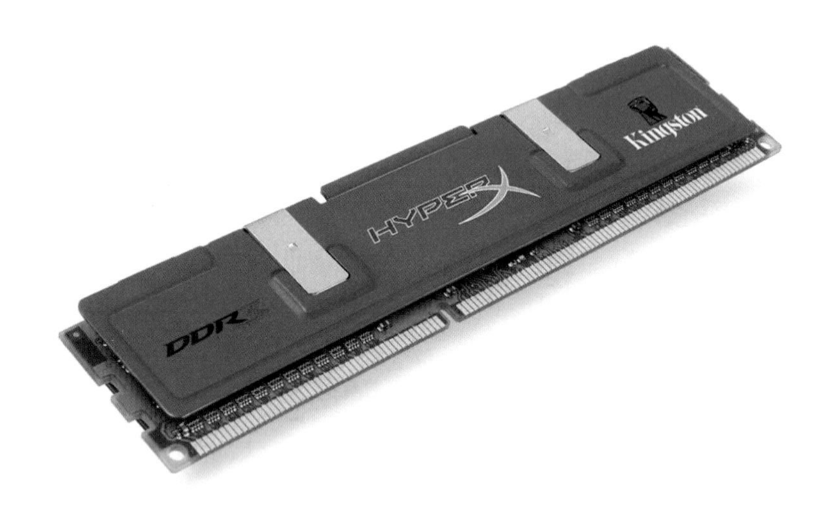

DDR3 SDRAM 外觀圖

自從 Intel 宣布新系列的晶片支援第四代 DDR SDRAM -DDR4 後，DDR3 已無法滿足全球目前對效能與頻寬的需求，目前最新的記憶體規格 DDR4 所提供的電壓由 DDR3 的 1.5V 調降至 1.2V，傳輸速率更有可能上看 3200Mbps，採用 284pin，藉由提升記憶體存取的速度，讓效能及頻寬能力增加 50%，而且在更省電的同時也能夠增強信號的完整性。各位在購買記憶體時要特別注意主機板上槽位，不同的 DDR 系列，插孔的位置也不同，筆電與桌電的記憶體大小不同，但同樣也有 DDR1、DDR2、DDR3、DDR4，耗電量則為 DDR1 最大，DDR4 最小，未來將會出現的 DDR 5 的記憶體頻寬與密度為現今 DDR 4 的兩倍，提供更好的通道效率。

■ SRAM

SRAM 存取速度較快，但由於價格較昂貴，不需要週期性的為記憶體晶片充電來保存資料，通常只用於特殊用途，而不是用作個人電腦的主記憶體，一般被採用作爲快取記憶體。以下列表說明歷年來幾種常見的 SRAM：

SRAM 種類	特色與說明
ASRAM	一種較爲陳舊的 SRAM，通常用來做電腦上的 Level 2 Cache，非同步的意思是指與系統時鐘頻率（System Clock）不同，而使得處理器必須花上一些時間等待第二層快取記憶體中的資料。
SSRAM	同步靜態隨機存取記憶體。是一種與系統相同時鐘頻率的記憶體。
PB SRAM	管線爆發靜態隨機存取記憶體（Pipeline Burst SRAM），是一種使用管線技術及資料爆發技術的靜態隨機存取記憶體，能夠加速連續記憶體讀寫的速度，效能比 SSRAM 來得高，常使用於高速的匯流排。

1-4-2 唯讀記憶體

唯讀記憶體（Read-Only Memory, ROM）是一種只能讀取卻無法寫入資料的記憶體，而且所存放的資料也不會隨著電源關閉而消失，電腦需要唯讀記憶體的一項重要因素是因爲當電源一開始被開啓時，必須知道要做什麼事，通常是用來儲存廠商燒錄的公用系統程式，如「基本輸入及輸出系統」（Basic Input/Output System, BIOS），而把如 BIOS 這樣的軟體燒錄在硬體上的組合，則稱爲「韌體」（Firmware），又或者「互補性氧化金屬半導體」（Complementary Metal-Oxide-Semiconductor, CMOS）也是 ROM 的一種，主要用途在於偵測硬體周邊介面種類、規格、日期、時間、軟硬碟型態等。以下是 ROM 的發展分類表：

DRAM 名稱	特色與說明
Mask ROM	由廠商燒錄，且使用者無權更改。
PROM	使用者可以自行燒錄一次，不過燒錄後便無法更改。
EPROM	使用者可燒程式，透過紫外線照射可清除資料，並重新燒錄新的程式。
EEPROM	資料可以重複寫入及讀出，並且利用電壓（電流脈衝）來消除資料。
Flash ROM	兼具 RAM 與 ROM 的特性，資料可重複讀寫，又稱爲「快閃記憶體」，除了可用在電腦內部外，如目前最新型的 BIOS 程式碼就是以 Flash ROM 爲主，可以經由線上更新及下載。也可應用在數位相機的記憶卡、隨身碟、MP3 隨身聽等。

爲了改善 ROM 無法寫入的缺點，又推出了利用電壓（電流脈衝）來寫入或消除資

料的 EEPROM 與兼具 RAM 與 ROM 的特性、資料可重複讀寫的「快閃記憶體」（Flash ROM），可應用在數位相機的記憶卡、隨身碟、MP3 隨身聽等。

1-5 儲存設備

由於主記憶體的容量有限，因此必須利用輔助記憶體（儲存設備）來儲存大量的資料及程式，例如軟碟、光碟與硬碟，並且具有永久保持資料的特性。特別是多媒體資料從文字到影像，都須轉化成數位格式，資料量特別龐大，因此必須儲存於大容量的數位儲存設備中。以下為各位介紹目前常用的多媒體儲存設備：

1-5-1 硬碟

硬碟（Hard Disk）是目前電腦系統中主要的儲存裝置，它的構造是由幾個磁碟片堆疊而成，上面布滿了磁性塗料，對於各個磁碟片（或稱磁盤）上編號相同的磁軌，稱為磁柱（cylinder）。磁碟片以高速運轉，透過讀寫頭的移動從磁碟片上找到適當的磁區並取得所需的資料。以下是硬碟內部的構造示意圖：

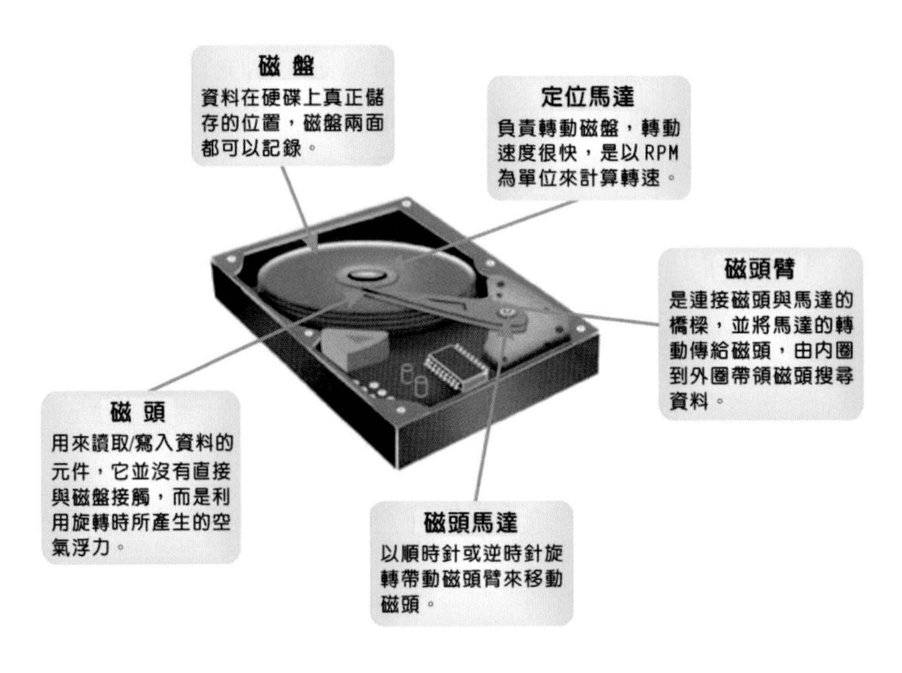

硬碟內部構造示意圖

雖然硬碟採用密閉的裝置設計，不易受到汙染。不過磁頭與硬碟片之間的空隙只有 8～12 微米，比灰塵還小，因此其非常敏感，即使一點小灰塵都會造成故障，或者遭遇外力衝擊，則會導致磁頭打到磁碟表面資料儲存處而造成資料毀損。硬碟的外觀像是一個長方形的金屬盒，內部通常充滿了複雜的電路板來控制機械電路及轉換訊號。如下圖所示：

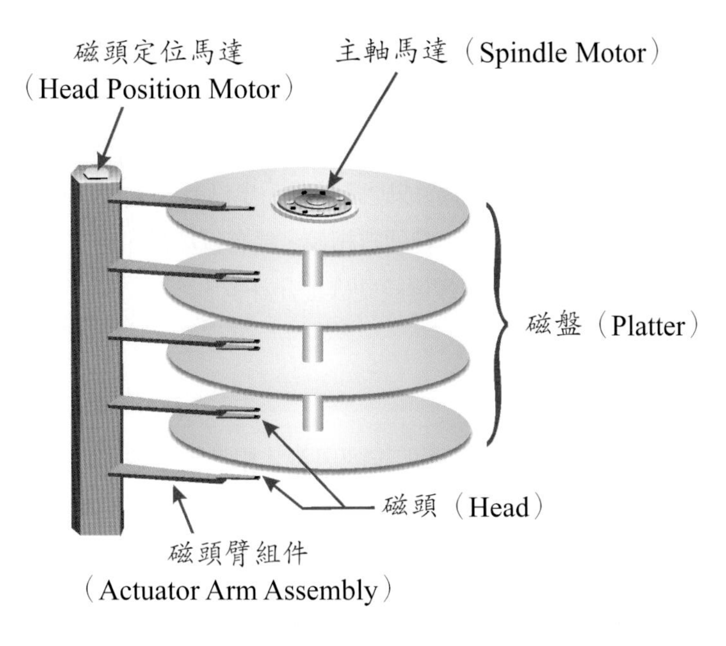

硬碟機器組件剖面圖

談到目前市面上販售的硬碟尺寸，是以內部圓型碟片的直徑大小來衡量，有 3.5 吋與 2.5 吋兩種。個人電腦幾乎都是 3.5 吋的規格，而且儲存容量在數百 GB，有的高達 3TB，且價格相當便宜。另外當各位購買硬碟時經常發現硬碟規格上經常標示著「5400RPM」、「7200RPM」、「10000RPM」、「15000RPM」等數字，這表示主軸馬達的轉動速度。

■ **隨身碟與行動硬碟**

由於硬碟機的體積較大且攜帶不方便，目前已被相當流行一種的 USB 介面的隨身碟所取代。現在許多外接式儲存裝置可以接在 USB 埠，目前市場上最大容量已達 2TB。

行動硬碟就是一種隨身攜帶方便的可攜式 USB 外接硬碟機，對於有拷貝大量檔案需求的使用者來說，可以考慮用外接式行動硬碟，增加檔案的行動力。通常是用於筆記型電腦的 2.5 吋外接式硬碟，容量可達上百 GB，購買時建議順便防震功能的行動硬碟外接盒，日後在攜帶硬碟外接盒時，才不會出現硬碟因震動而產生壞軌的問題。

創見 StoreJet 2.5 吋行動硬碟

Tips

固態式硬碟（Solid State Disk, SSD）是一種新的永久性儲存技術，屬於全電子式的產品，可視為是目前快閃式記憶體的延伸產品，跟一般硬碟使用機械式馬達和碟盤的方式不同，完全沒有任何一個機械裝置，重量可以壓到硬碟的幾十分之一，而且也不必擔心遇到緊急狀況時因為震動會造成硬碟刮傷。規格有 SLC（Single-Level Cell）與 MLC（Multi-Level Cell）兩種，與傳統硬碟相較，具有低耗電、耐震、穩定性高、耐低溫等優點，效能與隨機存取速度更較傳統硬碟提升許多。

1-5-2 光碟

近年來多媒體相關產品的不斷發展與推陳出新，相當程度是受到光碟媒體技術的普及與進步，尤其是目前最廣為流行的 CD 與 DVD。CD 與 DVD 在多媒體上的應用，最初是那些龐大資料的備份功能，例如圖書館資料、參考系統或是零件手冊等。但是隨著多媒體的流行，現在許多光碟片開始設計應用多媒體資料的儲存裝置。一般說來，DVD 與 CD 的外觀相似，直徑都是 120 毫米，兩者之間的差異主要在於雷射光的波長與儲存的媒體，接著再來談談 CD 與 DVD 的存取方式以及相關媒體種類。

CD 光碟片則是利用雷射光在金屬薄膜上燒出凹洞來寫入資料，這個光滑金屬面上布滿肉眼無法辨識的坑洞，這些坑洞就是儲存數位資料的地方。讀取資料則使用雷射掃描光碟，透鏡會接受從不同的點所產生不同的反射，以一份內容容量表（Volume Table of Content）來指示光碟機進行讀取的作業。為了容納各種不同的資料格式，所以也需要訂定各種不同資料格式所使用的標準，使能在不同品牌的光碟機上讀取資料。由於 CD 規格十分多樣化，以下將為各位介紹常用的幾種 CD：

CD 規格	特色與說明
CD-ROM	CD-ROM 光碟片對圖形、數位影像訊號及聲音檔案的儲存功能均非常理想，光碟片本身有良好的保護，不易受到刮傷及灰塵的影響。直徑約為 12 公分，播放時間約 74 分鐘，容量約 650～720MB，就像我們一般書本後面所附的光碟，在 CD-ROM 光碟片上，資料是無法任意刪除及重複寫入。
CD-R	CD-R 技術可以將資料寫入專用的光碟片內，可是在同樣位置只能寫入一次，並且必需搭配 CD-R 光碟燒錄器及燒錄軟體才可執行寫入的動作，不過 CD-R 光碟片上的資料僅能燒錄一次，但寫入後的資料是不能更改及刪除。

CD 規格	特色與說明
CD-RW	CD-RW 原理是在燒錄資料時，使用最高功率的雷射將小區域的合金物質融化，然後能凝結成非結晶的組織，若要抹除原本燒錄的資料，只要使用中等功率的雷射，就可以產生足夠溫度將非結晶的組織還原成晶體結構。可重複寫入及抹除光碟資料的光碟片，必需使用 CD-RW 光碟燒錄器及專門燒錄軟體才可執行寫入抹除的動作。
CD-Plus	稱爲加效音樂光碟，是音軌與資料共生於同一張光碟片的格式。這種光碟片放進雷射唱盤時，各位可以正常地聽音樂，或者放進電腦光碟機時就可以直接播放歌手照片、訪問、歌詞、MTV 音樂影片等額外的資料。
VCD	VCD（Video CD），是一種壓縮過的影像格式，指的是影音光碟，VCD 是根據白皮書（White book）所制定，也是最低價及應用層也廣，但視訊畫質則較爲遜色，可以在個人電腦或 VCD 播放器與 DVD 播放器中播放。

■ DVD 光碟

DVD（Digital Video Disk）爲新一代的數位儲存媒介，是以 MPEG-2 的格式來儲存視訊，稱爲數位視頻光碟或數位影碟，外觀、大小與一般所常使用的光碟片無異，也是繼 CD 發展後的另一個數位儲存裝置的重大突破。通常一片 CD 光碟片最多只能儲存 640 MB 的資料，但是若以 DVD 來儲存，其最大容量高達 17GB，相當於 26 張 CD 光碟片的容量。DVD 可提供高畫質、高音質的數位儲存模式，是提供聲光娛樂的主要光碟設備，並且已經取代之前的錄影帶、雷射影碟等等。由於 DVD 的規格也十分多樣化，以下將爲各位介紹常用的幾種：

DVD 規格	特色與說明
DVD-ROM	是一種可重覆讀取但不可寫入的 DVD 光碟片。由於 DVD 光碟片的容量相當大，單張光碟即可儲存 4.7～17GB 以上的資料。
DVD-R	可寫入資料一次的 DVD 光碟片，其構造與 CD-R 類似，可用於高容量資料儲存。此類型的燒錄機能夠使用空白的 DVD-R 光碟片，燒錄出具有 DVD 規格的光碟。
DVD-Video	數位影音光碟，DVD 最爲大家所熟知的格式就是 DVD-Video 光碟，也是目前最常見的 DVD 產品，它被廣泛應用在電影領域，也就是我們使用在 DVD 碟機所播放影片的光碟。
DVD-Audio	數位音響光碟，是一種新的音樂光碟格式，此種 DVD 光碟在單一區段內含有資料和音軌，在音效上所發揮的優點可用來取代 CD。

DVD 規格	特色與說明
DVD-RAM	重覆讀寫數位多功能光碟，DVD-RAM 是早期可覆寫式 DVD 的代表產品，不過必須使用 DVD-RAM 專用的燒錄機或錄放影機才能讀取內容，所以相容性相較 DVD-RW 爲差。目前 DVD-RAM 的最新版本，已對目前 DVD 家族的產品已經有較高的相容性。
DVD-RW	DVD-RW 光碟是可複寫式的 DVD，可廣泛應用在消費性電子產品，可刪除或重寫資料，每片 DVD-RW 光碟可重寫近 1000 次。這種具備可抹寫功能的 DVD 燒錄機有「DVD-RW」與「DVD+RW」兩種規格。

現行的 DVD 相比，藍光光碟（Blu-ray Disc, BD）主要用來儲存高畫質影像及高容量資料，它是繼 DVD 的下一代光碟格式之一，由 SONY 及松下電器等企業主導的次世代光碟規格。新力電腦娛樂並於 2004 年 9 月宣布 PlayStation 3 遊戲機，將採用藍光光碟爲標準格式。藍光光碟採用波長 405 奈米（nm）的藍色雷射光束來進行讀寫操作（DVD 採用 650 奈米波長的紅光讀寫器，CD 則是採用 780 奈米波長）。

單層的藍光光碟儲存容量爲 25 或是 27GB 的資料（大部分 DVD 只能儲存 4.7GB），差不多可以儲存接近 4 小時的高解析影片，因此我們可以利用藍光光碟儲存高畫質的影音及高容量的資料。在相容性方面，藍光光碟向下相容，包括 DVD-ROM、VCD 以及 CD，只有部分 CD 無法正常播放。

高品質媒體儲存藍光光碟

【課後習題】

一、選擇題

1. ( ) 市面上常見的 2HD/3.5 吋磁碟片容量為 (A) 1.2 MB (B) 1.44 MB (C) 720KB (D) 360 KB
2. ( ) 螢幕的輸出品質由那項標準而定？ (A) 解析度 (B) 重量 (C) 輸出速度 (D) 大小
3. ( ) 在主記憶體中，提供程式執行輸入或輸出敘述，存取資料記錄的暫時儲存區，稱之為？ (A) 緩衝區 (B) 記錄區 (C) 磁區 (D) 控制區
4. ( ) MIPS 為下列何者之衡量單位？ (A) 記憶體之容量 (B) 處理機之速度 (C) 輸出之速率 (D) 輸入之速率
5. ( ) 通常 IBM PC 相容電腦主機板上，被用來當作外部快取記憶體的是 (A) DRAM (B) ROM (C) SDRAM (D) SRAM
6. ( ) 請問下列之記憶體中，何者存取資料之速度最快？ (A) 快取記憶體 (B) 唯讀記憶體 (C) 隨機記憶體 (D) 虛擬記憶體
7. ( ) 志明買了一部電腦，廠商告知記憶體容量為 256MB，則此記憶體指的是 (A) 虛擬記憶體 (B) 快取記憶體 (C) 唯讀記憶體 (D) 主記憶體
8. ( ) 某一硬碟每分鐘為 5400 轉，資料傳送速率是 2 MB/S，磁碟機將讀寫頭由第 0 軌移至最後一軌的時間是 40ms，則求硬碟存取 1KB 的時間？ (A) 25.9 ms (B) 33.2 ms (C) 22.7 ms (D) 18.3 ms
9. ( ) 同時兼具有輸入和輸出功能的裝置為 (A) 滑鼠 (B) 列表機 (C) 磁碟機 (D) 掃描器
10. ( ) 硬式磁碟機為防資料流失或中毒，應常定期 (A) 備份 (B) 規格化 (C) 用清潔片清洗 (D) 查檔
11. ( ) 一個硬式磁碟機有 16 個讀寫頭、每面有 19328 個磁軌、每個磁軌有 64 個磁區，每個磁區有 512bytes，請問此硬式磁碟機之總容量約為多少？ (A)9.4GB (B)8.5GB (C)4.3GB (D)2.1GB
12. ( ) 小明買了一台標示為 40×12×48 的 CD-RW 燒錄機，則下列敘述何者正確？ (A) 該燒錄機無法讀取 VCD 光碟片 (B)48 指的是讀取資料的速度最高為 48 倍速 (C) 該燒錄機不可使用標示為 48X 的 CD-R 光碟片燒錄資料 (D)12 指的是讀寫 DVD 光碟片的速度
13. ( ) 已知某部 CD-RW Driver 有一標示為 12R4W，該標示註明 CD-RW Driver 的何種規格？ (A) 儲存容量 (B) 讀寫速率 (C) 消耗功率 (D) 製造序號

14.( ) 利用個人電腦來從事文書處理工作時，下列何種介面是必需的？ (A) 網路卡 (B) 顯示卡 (C)SCSI 卡 (D) 影像擷取卡

15.( ) 下列哪一項電腦的連接頭，可以串接較多的周邊設備？ (A) USB 連接頭（Universal Serial Bus） (B) 串列連接頭（Serial Port） (C) 並列連接頭（Parallel Port） (D) PS/2 連接頭

16.( ) 下列爲各類介面傳輸速度之比較何組爲正確的？ (A) Serial Port > IDE > SCSI (B)IEEE-1394 > USB > Serial Port (C) USB > IEEE1394 > IDE (D) IDE > USB > SCSI

二、問答與實作

1. 何謂藍光光碟（Blu-ray Dis, BD）？試簡述之。
2. 試簡介光學式滑鼠的原理。
3. 試簡述 3D 列印的優點。
4. 試簡述屏障式裸視（Parallax Barrier）3D 技術。
5. 何謂雲端運算？
6. 請說明 MHz 與 GHz 的意義。
7. 請簡述「智慧性家電」（Information Appliance）。
8. 試說明目前最流行的創客經濟。
9. 請簡述 DDR4。
10. 請說明固態式硬碟（Solid State Disk, SSD）的優點。
11. 請簡介擴增實境（Augmented Reality, AR）。

第二章　文字媒體與設計

- 2-1　電腦與文字
- 2-2　電子化文件
- 2-3　電子書簡介

文字媒體是人類用來記錄語言的符號系統，目的在傳達資訊和顯示資料，也是人類文明社會產生的標誌，簡單來說，凡是人們用來傳達訊息，表示一定意義的圖畫和符號，都可以稱爲文字。文字媒體的起源可追朔到遠古時山頂中出現的壁畫，一直到米索不達米亞平原上出現在泥板上的楔形文字（arrowheaded characters）。後來進步到將圖像簡化成特定有意義的符號，就是文字媒體的起源，例如中國早期的結繩記事或象形文字。後來人類繼續發明了文字、紙張、印刷術，利用文字傳達的方式，擴展溝通的空間與逐步漸立了文明。

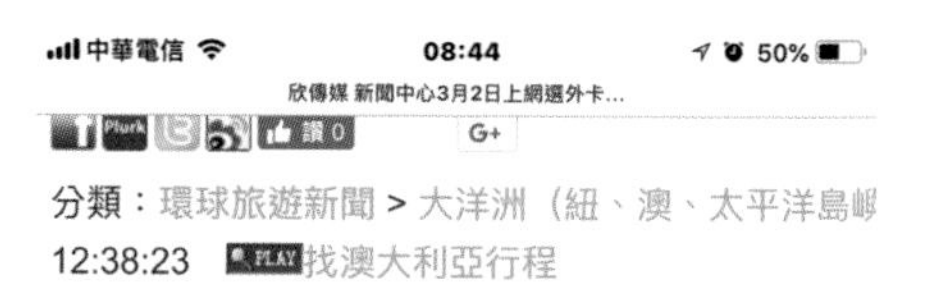

任何型式的媒體都必須倚賴文字的輔助

文字的最大貢獻是一切語言的基礎，並讓人類有了閱讀的習慣，根據科學的正式統計，人類知識的來源約有 80% 來自閱讀。當各位準備閱讀任何一本書籍時，就如同開啓了一扇通往知識寶庫的大門。

文字雖然在多媒體系統中是最陽春的呈現方式，紅花也得綠葉來陪襯，就算再聲光十足的媒體，也不能缺少文字的輔助，因此是多媒體產品設計中最重要的溝通與表現系統。

文字路徑造型與半透明效果

2-1 電腦與文字

隨著電腦的誕生與文字媒體技術的發展，大大改變了傳統資訊傳播的形式與保存方式，目前文字媒體最普遍的應用就是數位化的文書處理功能，幾乎可以形容電腦雖然不是文字使用上的終端媒體，但也已經成爲處理流程中，不可或缺的一環。

就以今天廣爲流行的簡訊服務（Short Message Service, SMS），就是利用行動電話，透過文字媒體即時性的傳遞，將文字數位化後傳送給對方。文字要在電腦中呈現，就必須具備電腦能看懂的形式。例如像是最新的手寫辨識系統，也是使用者透過手寫板或滑鼠寫出中文字，並經由專門軟體辨識後輸入到電腦，就可以辨識包括繁簡體中文外的多種語言。

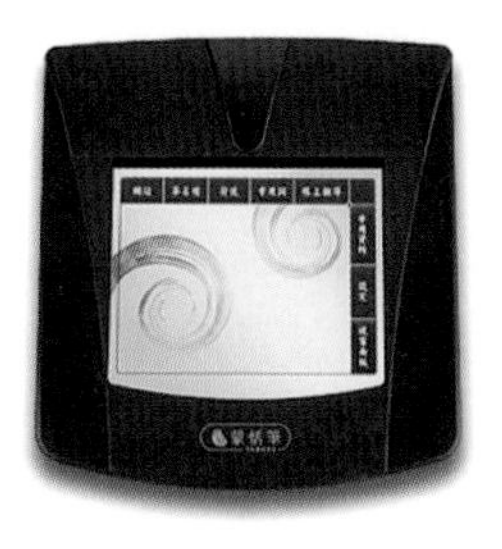

蒙恬筆系列產品

圖片來源：http://www.penpower.net/

2-1-1 內碼

電腦本身就是一堆的電路元件所形成的集合體，電腦用內部的電子開關狀態表示所有的資料，僅能辯識電路上電流的「通」（ON）與「不通」（OFF）兩種訊號，所以只能用兩個數字值來表示。

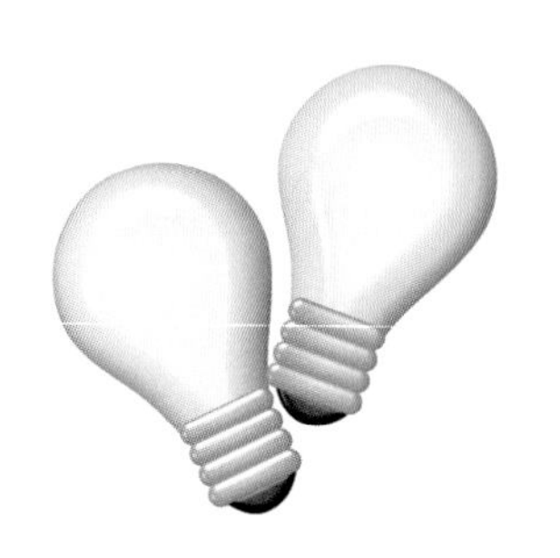

對電腦而言，當開關是關的時候，以一個 0 作表示；當開關是開的時候，以一個 1 來作表示。因爲只有兩個數值，所以電腦的功能被認爲是基數二，而這種只有「0」與「1」兩種狀態的系統，我們稱爲「二進位系統」（Binary System）。

無論將任何型態的資料輸入到電腦裡，個人電腦最終會將資料視爲數字，並透過電晶體將一連串 0 和 1 的組合儲存在電腦中來處理。資料是由數字所組成，甚至連文字、顏色也是由數字所組成。對電腦來說，所有處理的資料都可視爲是一個數字，是由 0 或 1 所組成的數字。

當談論到數位化的資料時，無論是開或是關，由每個開關狀態所表示的值稱爲一個位元（bit），一個位元就可以表示兩種資料：0 與 1。而兩個位元則可以表達四種資料，即 00、01、10、11，愈多的位元則表示可以處理更多的資料，不過因爲電腦所處理的資料相當龐大，所以又將八個位元組合成一個「位元組」（byte）。

有了位元組，電腦可以表示 256（$2^8 = 256$）個不同的符號或字元的其中一種，因爲八種足夠不同位元的組合來表示鍵盤上所有的字元，包括所有的字母（大寫字元和小寫字元）、數字、標點符號和其他符號。

當電腦操作者利用鍵盤輸入資料時，無論是數字或字元資料，電腦都會將其轉換成二進位形式，並以二進位碼來儲存，也就是將想儲存在電腦系統的符號一一編號，以位元組爲單位儲存在電腦中，這就是內碼，也就是電腦將所接收的資訊經過編碼後，透過某種方式儲存的編碼形式。對電腦來說，所有處理的資料都可視爲是一個數字，全都是由 0 或 1 所組成的數字。例如「Home」這個英文單字來說，在電腦中的儲存就是以下圖所顯示的 1 與 0 組合。

H	0100	1000
o	0110	1111
m	0110	1101
e	0110	0101

Tips

常用的電腦儲存單位有 KB（Kilo Byte）、MB（Mega Bytes）、GB（Giga Bytes）等等，這些單位的換算關係如下：

1KB (Kilo Bytes) = 2^{10} Bytes = 1024Bytes

1MB (Mega Bytes) = 2^{20} Bytes = 1024KB

1GB (Giga Bytes) = 2^{30} Bytes = 1024MB

1TB (Tera Bytes) = 2^{40} Bytes = 1024GB

2-1-2 常見的編碼系統

早期程式設計師必須了解到他們所需要標準的編碼系統，在這個系統中，就是以二進位數字逐一表示字母表上的字母、標點符號和其它符號。接下來我們將介紹常見的編碼系統。

■ ASCII 碼

由於電腦系統是發源於美國，因此最早的編碼系統也是發源於此。在此種情形下，美國標準協會（ASA）提出了「美國標準資訊交換碼」（American Standard Code for Information Interchange, ASCII），也就是採用 8 位元表示不同的字元，最左邊為核對位元，故實際上僅用到 7 個位元表示，來做為電腦處理文字的統一編碼方式，到目前為止是所有類型的電腦中最為普遍的編碼方式。例如大寫字母「A」是由數值 65 表示，「B」是由數值 66 來表示，小寫字母「b」是由數值 98 來表示，「@」符號是由數值 64 來表示，「$」符號是由數值 36 來表示，「？」符號是由數值 63 來表示等。

■ EBCDIC 碼

IBM 所發展的「擴展式 BCD 碼」（Extended Binary Coded Decimal Interchange Code, EBCDIC），原理乃採用 8 個位元來表示更多的字元，因此 EBCDIC 碼最多可表示 256 個不同字元，比 ASCII 碼多表示 128 個字元。例如 EBCDIC 編碼的「A」編碼 11000001，「a」編碼為 10000001。

■ ISO8859 碼

對於歐洲語系而言，7 個位元的編碼空間不符合所需，因為它們的語言中多了許多特殊字母與標示，因此將原來只有 7 個位元的編碼系統改為 8 個位元，這就是 ISO8859 編碼標準，為了與原先的編碼系統相容，0～127 的編碼與 ASCII 相同，而之後則依不同的國家語系而有所不同。

■ 中文內碼

前面為各位介紹的 ASCII 碼、EBCDIC 碼都是只適用於英文大小寫字母、數字及特殊符號、換行或列印控制字元等，但是在不同國家、地區所使用的文字也不盡相同。例如各位要使用繁體中文，就必須用中文編碼系統，通常我們在電腦上所看到的繁體中文字，幾乎都是由「Big-5」編碼格式所編定的。

Big-5 碼又稱爲「大五碼」，是資策會在 1985 年所公布的一種中文字編碼系統。它主要是採用兩個字元組成一個中文字的方式來編碼，也就是說一個 Big-5 碼中文字，占用 2 個位元組（16Bits）的資料長度。

因爲 Big-5 碼的組成位元數較多，相對地字集中也包含了較多的字元，在 Big-5 碼的字集中包含了 5401 個常用字、7652 個次常用字，以及 408 個符號字元，可以編出約一萬多個中文碼。

不過在中國大陸所使用的簡體中文，卻是稱爲 GB 的編碼格式。又稱爲國標碼，由中華人民共和國國家標準總局發布，1981 年 5 月 1 日實施，共收集了 7445 個圖形字符，其中有 6763 個漢字和各種符號 709 個。中國大陸的網站大多使用 GB 碼，故在瀏覽上，需安裝具有轉換閱讀 GB 碼的軟體，否則就會顯示成亂碼的模樣。

GB 編碼的大陸網站，會顯示成亂碼的模樣

■ Unicode 碼

由於世界各地有不同的編碼系統，當彼此交換資訊時，往往就產生了無法解讀的亂碼，尤其是各位在瀏覽其他國家網頁時，特別容易出現這樣的問題。Unicode 碼（萬國碼）的產生就是爲了解決這樣的問題。Unicode 碼是由萬國碼技術委員會（Unicode Technology Consortium: UTC）所制定做爲支援各種國際性文字的 16 位元編碼系統，最大好處就是對

於每一個字元提供了一個跨平台、語言與程式的統一數碼（digit），並用單一字集將世界上幾乎全部的文字語言呈現出來。使用 16 位的編碼空間。

Unicode 碼也是使用兩個位元組來表示一個文字符號，因此可以表示 2^{16} = 65536 個文字符號，不過 Unicode 編碼在處理時，是將兩個位元組同時處理，而不是加以組合，也就是從 1 到第 16 個位元全部拿來使用，而不是區分爲高低兩個位元，因此稱之爲「定長式編碼系統」，這避免了像 Big-5 碼合併位元組所會造成的衝突問題。它的前 128 個字元和 ASCII 碼相同，目前可支援中文、日文、韓文、希臘文等國語言，因此各位有可能在同一份文件上同時看到日文與泰文，Unicode 跟其它編碼系統最顯著不同的地方，在於字表所能容納的總字數。目前在新的作業系統或軟體上，都已經支援使用 Unicode 編碼系統。

2-1-3 字體與字型

任何型態的多媒體素材，包括海報、廣告、文案等，除了精美影像與外，文字的表現要素更是吸引目光的關鍵所在，這些多半是由所選擇字型與字體來決定。字體（typeface），是指文字的風格式樣，也就是一群包含不同大小與不同美術風格的圖形字元，例如中國的書法是表現文字字體之美的最佳代表，像有瘦金體、顏體、柳體、宋體、楷體等，主要差別在於字的美術風格。

字型（font）是包含一個完整格式的固定大小字元集合，包括字元的外形、形體與寫法，例如電腦中則有新細明體、標楷體、華康行書體等字型名稱，字型提供使用者在創作上多樣化的選擇。

在 Word 文件中，要指定文字的字型，請先選取要變更字型的文字，再下拉字型清單，選擇要套用的字型即可：

通常各位是使用微軟的 Windows 作業系統中預設的新細明體字型，當把這個文件交到另一台電腦上使用，並不會發生問題裡時。不過如果你的文件中使用華康字體，當這個文件在另一台沒有安裝華康字體的電腦上輸出時，文件就會被系統預設的新細明體取代，文件原本呈現的效果會因為字體不同而改變。至於文字的字型型態，通常可區分為「點陣字」與「描邊字」兩種類型：

■ 點陣字（Bitmap Font）

點陣字主要是以點陣圖案的方式來來表現字的形狀，例如一個大小為 36*36 的點陣字，實際上就是由長與寬各為 36 個黑色「點」（Dot）所組成的一個字元。不過當點陣字放大時，會產生被稱為鉅齒狀的效果，目前一般的點陣字都是用解析度低的輸出為主。

放大時會出現鉅齒狀

■ 描邊字（outline font）

又稱為向量字型，是採用數學公式計算座標的方式來產生文字，資料量很小，可以節省記憶體空間，又可以隨意代入其他尺度的變數，因此可以任意縮小或放大都能保有平順的線條與輪廓。

放大或縮小都不會出現鉅齒狀

2-2 電子化文件

所謂電子化文件，就是以數位型態來儲存文件資料，但不同於一般文書軟體只單純地進行文件儲存作業，而必須包含下列三個重要的關鍵要素：

■ **安全與限制**（security and restriction）

一般來說，文件不僅僅是單純文字資料的集合，它具有某種型態上法定契約效力存在。因此電子化文件必須確保文件使用上的限制，如修改、閱讀或使用等權利；並具有保密及散布上的設定功能，以避免人爲或資料外洩。

■ **交換**（exchange）**及傳遞**（communication）

如同資料電子化的特點，可以透過網際網路及資料庫的協助，大幅地改善資訊搜尋與文件傳遞工作上的效率提升。

■ **可攜性**（portability）**和正確度**（correctness）

必須克服電腦硬體設備及軟體作業平台環境的限制，使電子化文件檔案能順利地開啓，並正確地顯示文件資料內容，以傳達閱讀者正確的資料訊息。

2-2-1 可攜式電子化文件

在不同的軟體或作業系統間，文件檔案常會因爲軟體的不同或作業系統的不同，在格式上而有所不同，因此，常會發生不同軟體間無法直接相通，必須透過檔案的格式轉換才可以正常讀取。例如各位在文書處理的工作中應該有注意到，Word 的 doc 文件檔，有時在不同版本的軟體中開啓，會因爲軟體版本的差異而產生文件的外觀不盡相同，例如文字的位置跑掉、或是產生亂碼。

有鑑於此，就必須有一套作法可以有效解決軟體間的轉換問題，或是解決跨平台的問題。Adobe 公司於 1996 年提出 PDF（Portable Document Format）電子化文件格式，就是所謂的「可攜式電子文件」，可以成功解決上述軟體間及跨平台的文件轉換難題。

早期它的基本訴求非常簡單，單純地著重於妥善處理軟、硬體作業環境的相容度，以正確地達成跨平台間文件的轉換與傳遞工作。經過多年的努力推展與研發更新，PDF 格式爲全球使用者接受度最高，且最普及的一種電子文件標準。PDF 檔案格式爲了確保資料的完整性，製定了縝密的標準規格，因此 PDF 電子檔是主要優點在於這種可靠的文件檔案格式，可以不受平台、字體、軟體和版本的影響，而能保有最初的檔案內容。

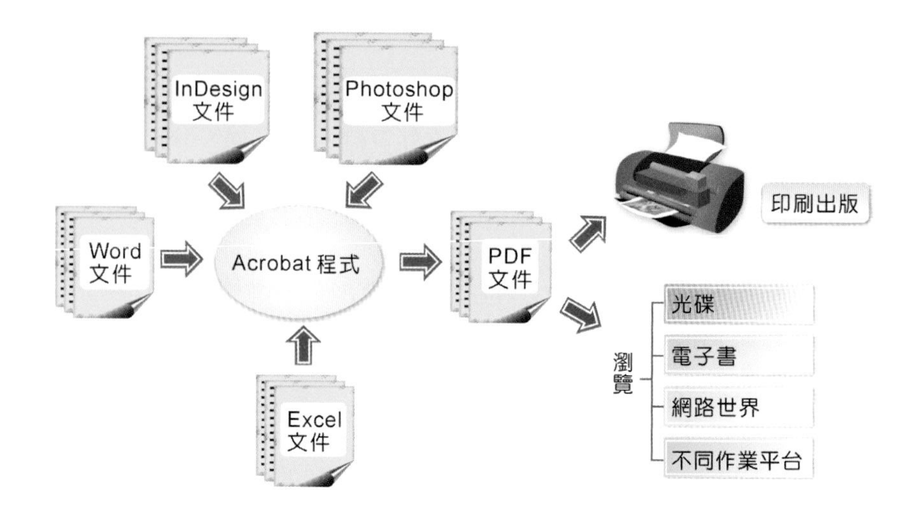

2-2-2 PDF 文件檔案格式

早在 1990 年時，Adobe PostScript 是全球通用的印刷標準，所謂 PostScript 爲美國 Adobe（http://www.adobe.com）公司於 1985 年所發表的文件描述技術，這項技術精確的描述平面繪製任何文字及圖形，在印刷方面的應用相當廣泛，包括螢幕顯示、雷射印表機、數位印刷機等輸出設備。由於 PostScript 在印刷方面卓越表現，世界上許多文獻是以 PostScript 的形式出現。

但接著在 1996 年由 Adobe 所提出 PDF 格式之所以會普及，主要原因在於它擁有幾項優點，包括：資料完整性的維持、資訊安全的保護、符合業界標準的開放格式及跨平台支援等。Adobe 公司爲了因應相對的編輯與檢視動作，在 1996 年同期，發布了兩款視窗應用軟體「Adobe Acrobat」與「Acrobat Reader」。

1999 年後，PDF 檔案更加入了讓使用者加入注釋、審閱檔案、安全密碼控制、數位簽章及擷取網頁功能，使其功能更爲完備，直接提升電子化文件的處理效率。使用 Acrobat Reader PDF 應用程式檢視器，不僅可開啓 PDF 文件，還具備互動能力。同時還可以對 PDF 檔案進行檢視、列印、管理 PDF、搜尋、數位簽名、驗證、列印及協同作業等操作。

爲了有利於 PDF 格式的推廣工作，Acrobat Reader 成爲一套免費下載使用的共享軟體。並且在 Adobe 公司的官方下載網頁中，也針對不同的作業平台與語言環境，提供不同的版本與操作介面，讓使用者依照自身的需求，選擇性地下載正確程式。

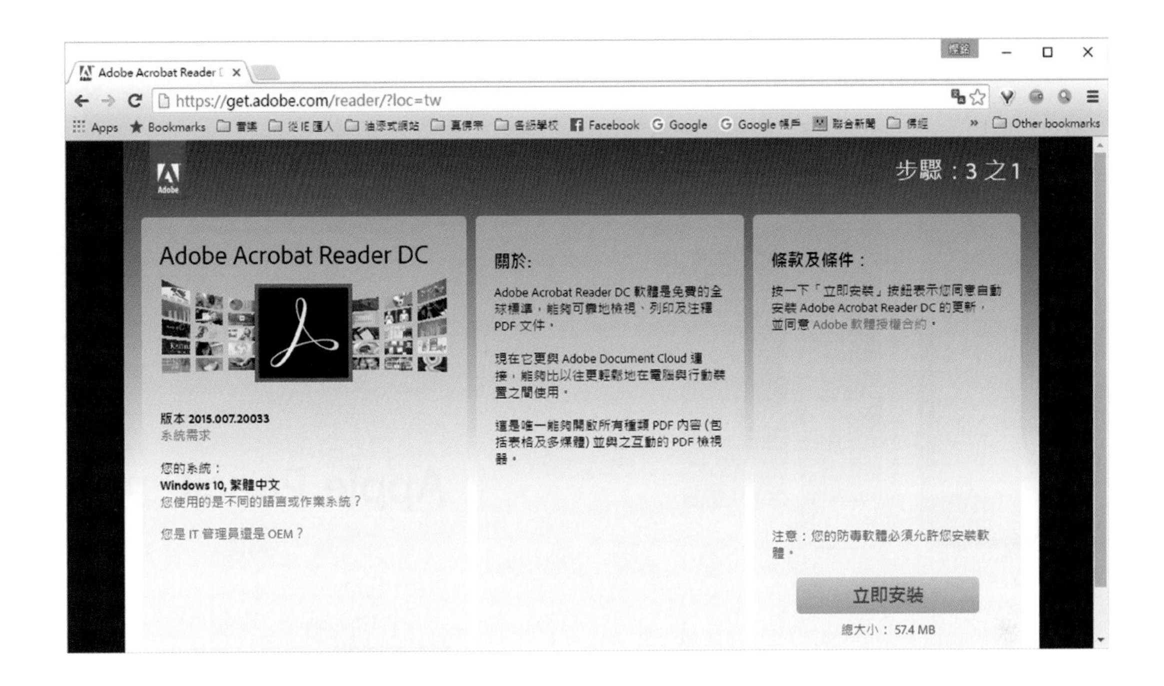

2-3 電子書簡介

在十幾年前，各位早上起來，就是邊吃早餐邊看報紙的頭條新聞。時至今日，習慣完全變了，可能直接往電腦前一坐，泡杯濃郁的熱咖啡，透過網際網路新聞的傳送，迅速又即時了解到地球村中各種最新訊息。科技化的進步不但提供了資訊快速流通，也大幅增加了知識的累積的能力。近年來甚至還出現了炙手可熱的電子書，將出版界延伸到數位的領域。

電子書將各式各樣的書籍資料數位化後，因此可容納龐大的資料，不僅提供印刷書籍所具備的文字、插畫、和圖片，還加入了傳統書籍所無法提供的聲音、影像和動畫等多媒體素材。電子書的現有的格式，目前爲百家爭鳴，例如 PDF、ePub、azw、mobi、HTML、XML、TXT、EBK、DynaDoc 等，但目前以 PDF 與 ePub 最爲普及，因爲具有保護文件功能，故成爲市場主流。

電子書並不是單純的將紙本的圖書數位化或電子化，更擁有許多豐富的超連接影像和文字，最重要的是透過電子書超連接的性質，讀者可以隨心所欲的決定自己的閱讀順序，尤其在全文檢索方面，因此傳統書籍不再占有很多優勢。只要利用平板電腦、手提電腦、電腦、手機、電子書閱讀器等，讀者一次可攜帶數百本以上的書籍，具備傳統紙本書籍無法達到的便利性。

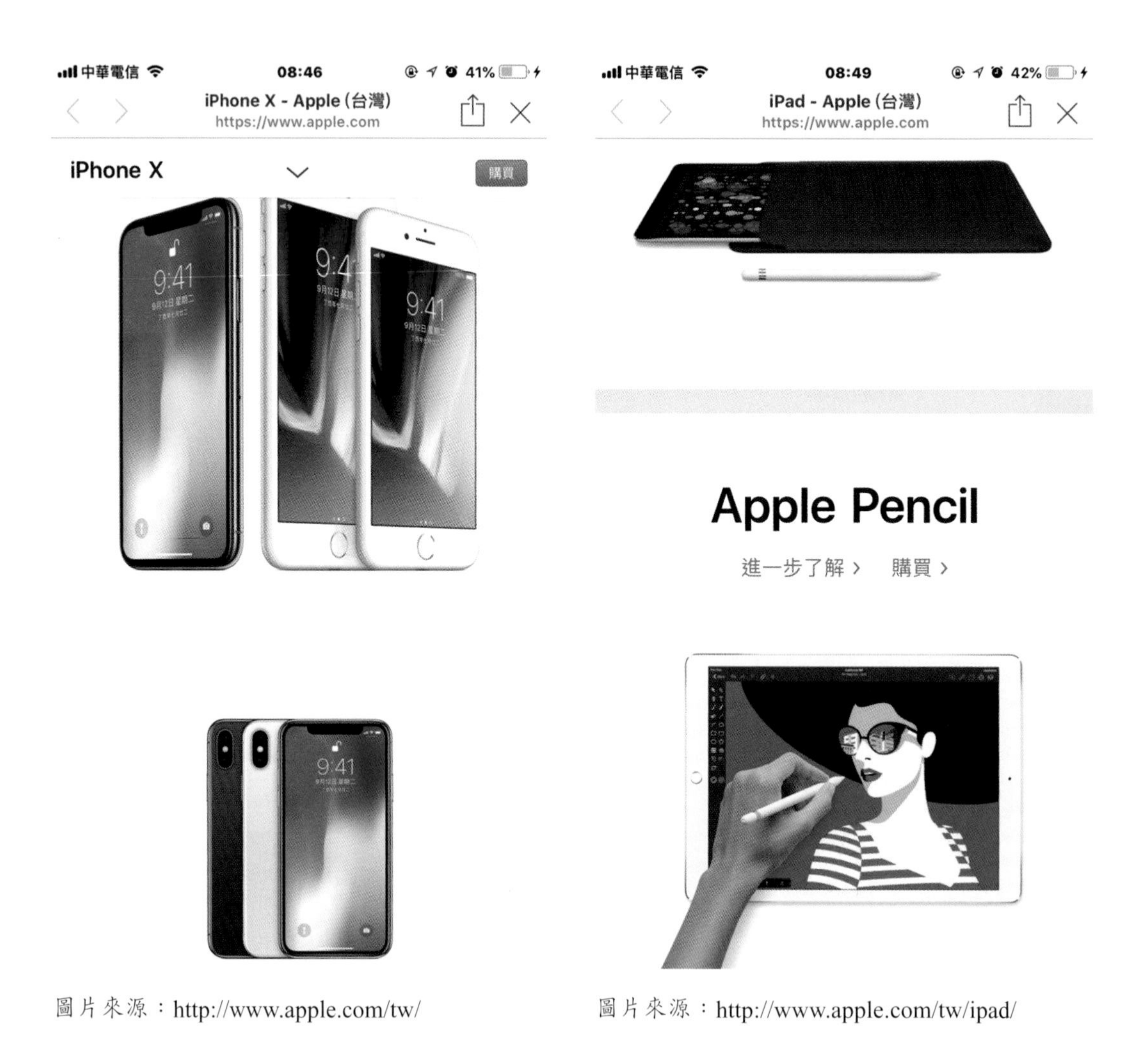

蘋果最新推出的 iPhone X 手機與平板電腦 iPad Pro

2-3-1 EPUB 電子書製作

由於數位資訊的大量流通，很多資訊都是透過網際網路來流通傳播，原本紙本上的知識也順應潮流，透過螢幕的顯示就可以隨時觀看成冊的文件或書報，電子書變成了數位文件最好的保存方式。由於數位出版是一個新興的產業，很多軟體或出版商爲了搶食這塊大餅，也都陸續開發各種形式與格式，讓使用者輕鬆就能製作出電子書。

例如微軟公司的 Word 文書處理軟體可以利用「另存新檔」指令，輕鬆將 doc 文件轉存成 PDF 文件，Adobe 公司的 Acrobat 程式則是一套可編輯與閱讀 PDF 文件的工具，除此之外，HTML 格式也是普遍被運用的格式。而有些程式甚至可以將已完成的 PDF 文件或圖片檔直接轉換成生動翻頁的電子書形式。

對於初入電子書製作與出版的新手而言，想要了解電子書的製作方法，我們建議這套

Sigil 軟體。因爲 Sigil 是一套免費開放原始碼的電子書編輯器，除了能像 word 檔案一樣製作出 EPUB 格式，還可以直接匯入現成的 txt、html、epub 檔案做修改編輯，製作的電子書也能直接利用平板電腦、電子閱讀器或手機來閱讀，相當方便。

2-3-2 以「記事本」處理文字

要製作電子書，文字資料必定不可少，各位可以預先利用「記事本」等文字處理軟體預先編修全書的文字內容，屆時就可以將文字檔匯入至 Sigil 程式中處理。以記事本編修文字時，請各位注意以下兩點：

■ 段落區分

爲了方便文字檔匯入 Sigil 後，可以順利找到每一個段落，最好在各段落之間增加一空行。如圖示：

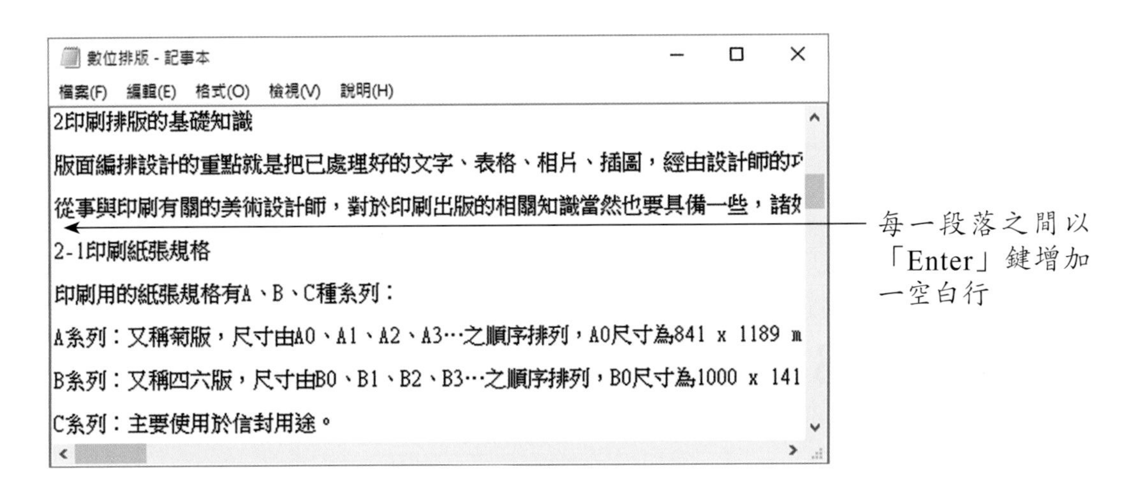

如果電子書的內容不多，屆時也可以利用「複製」與「貼上」指令，將文字直接貼入 Sigil 文件中，此時文字檔就不用以「Enter」鍵來區分段落囉！如下圖示：

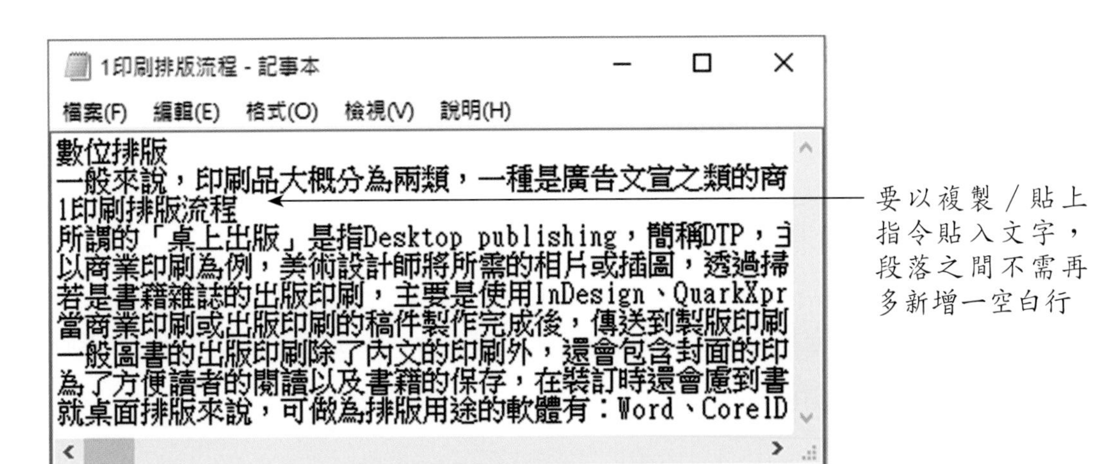

■ 儲存為 UTF-8 編碼格式

文字檔在儲存時，請由視窗下方選擇「UTF-8」的編碼格式，這樣匯入 Sigil 時才不會出現亂碼。

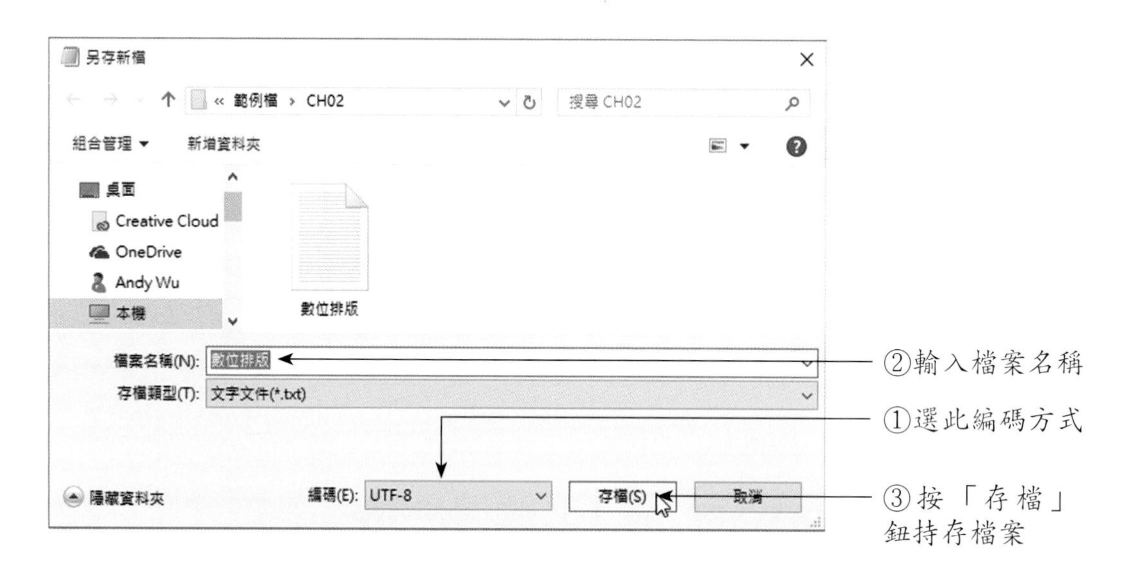

2-3-3 Sigil 視窗環境介紹

有了文字來源後，接下來請各位自行到官方網站下載與安裝 Sigil 程式，安裝完成後按滑鼠兩下於桌面圖示 S，就會看到如圖的視窗畫面。

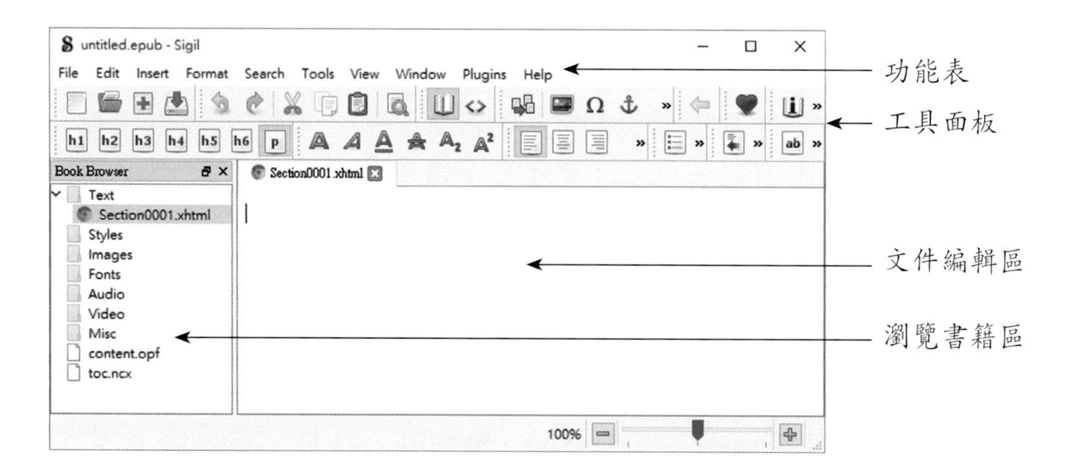

「瀏覽書籍區」顯示電子書所有的文件內容，包含所編排的 xhtml 文件、影像檔、字型、聲音、視訊等，如果沒有看到「瀏覽書籍區」，可執行「View/Book Browser」指令將其開啓。右側則是文件編輯區，它會以標籤頁的方式呈現文件檔。

2-3-4 變更語系爲中文介面

在預設狀態下，Sigil 程式是顯示英文介面，如果您希望看到中文介面，可透過「Edit/Preferences」指令做變更。

1

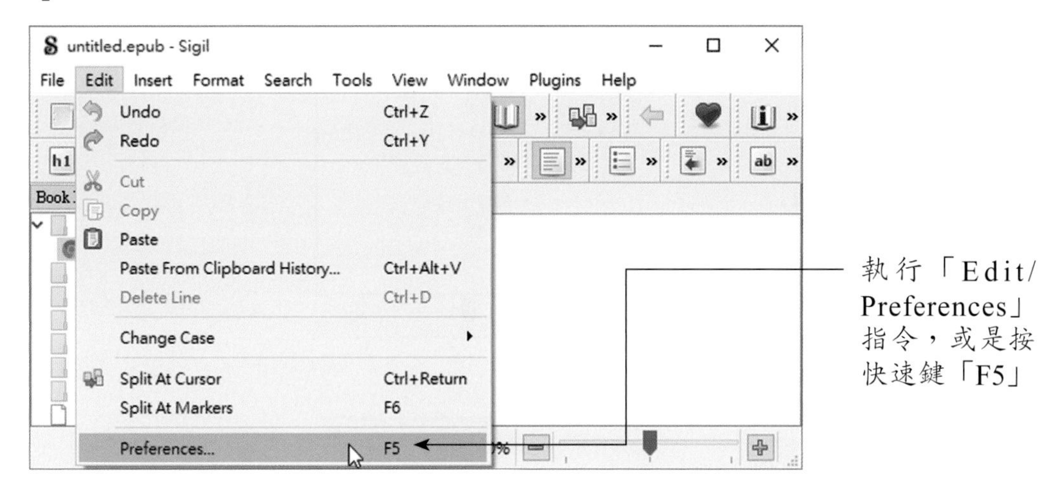

2

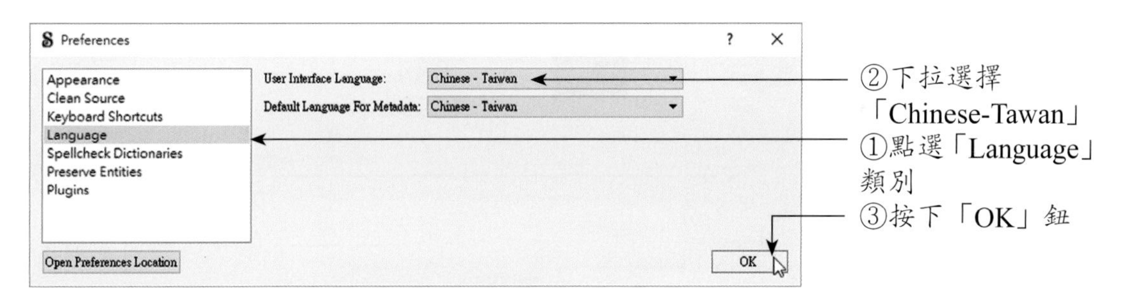

3

2-3-5 開啓檔案

當介面轉換成中文化後，現在要利用「檔案/開啓」指令，將全書的文字檔加入進來。

1

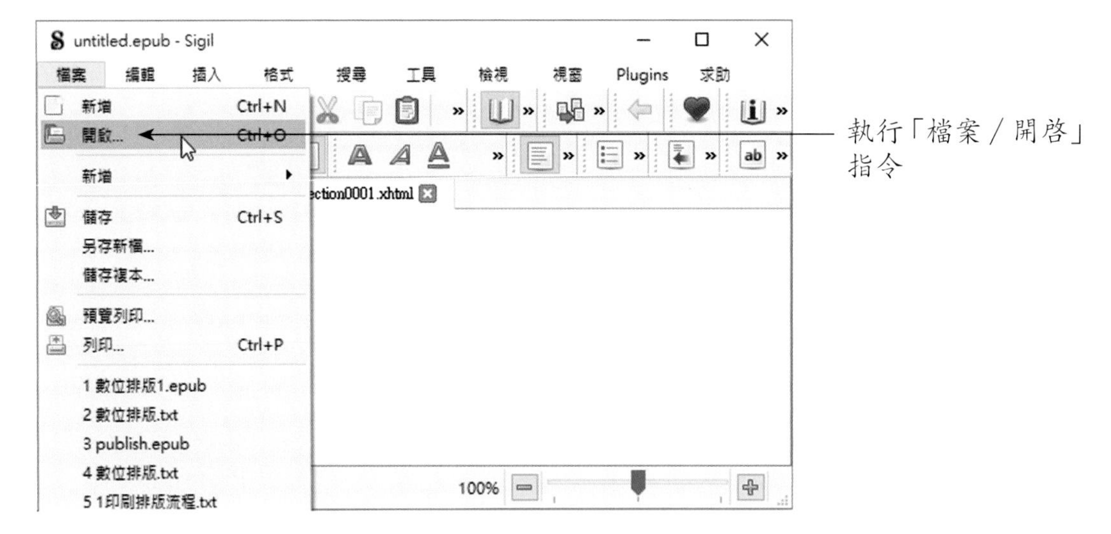
untitled.epub - Sigil
檔案 編輯 插入 格式 搜尋 工具 檢視 視窗 Plugins 求助
新增 Ctrl+N
開啟... Ctrl+O
新增
儲存 Ctrl+S
另存新檔...
儲存複本...
預覽列印...
列印... Ctrl+P
1 數位排版1.epub
2 數位排版.txt
3 publish.epub
4 數位排版.txt
5 1印刷排版流程.txt
100%
執行「檔案／開啟」指令

2

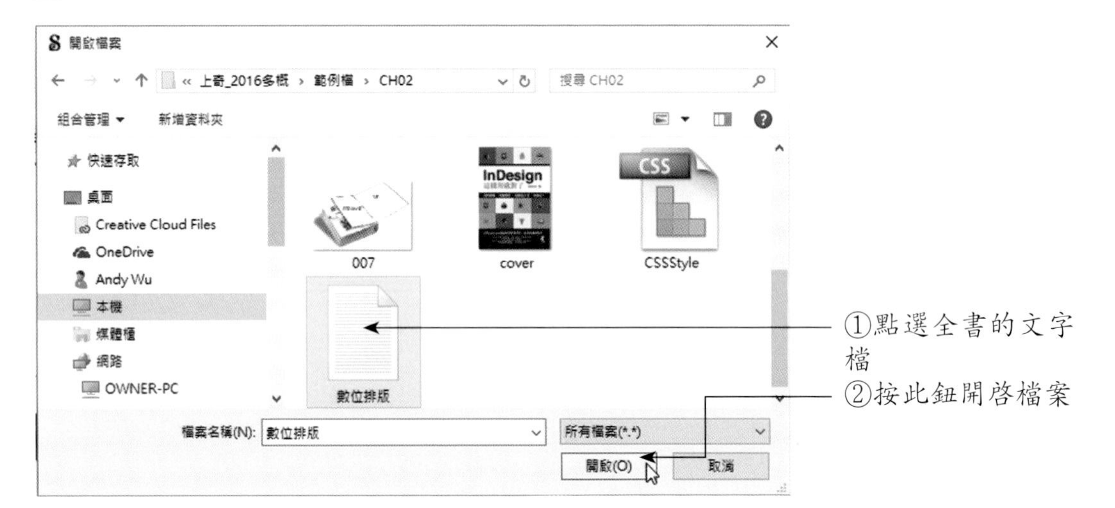
開啟檔案
« 上奇_2016多媒 › 範例檔 › CH02
搜尋 CH02
組合管理 ▾ 新增資料夾
快速存取
桌面
Creative Cloud Files
OneDrive
Andy Wu
本機
媒體櫃
網路
OWNER-PC
007
cover
CSSStyle
數位排版
檔案名稱(N): 數位排版
所有檔案(*.*)
開啟(O) 取消
①點選全書的文字檔
②按此鈕開啟檔案

3

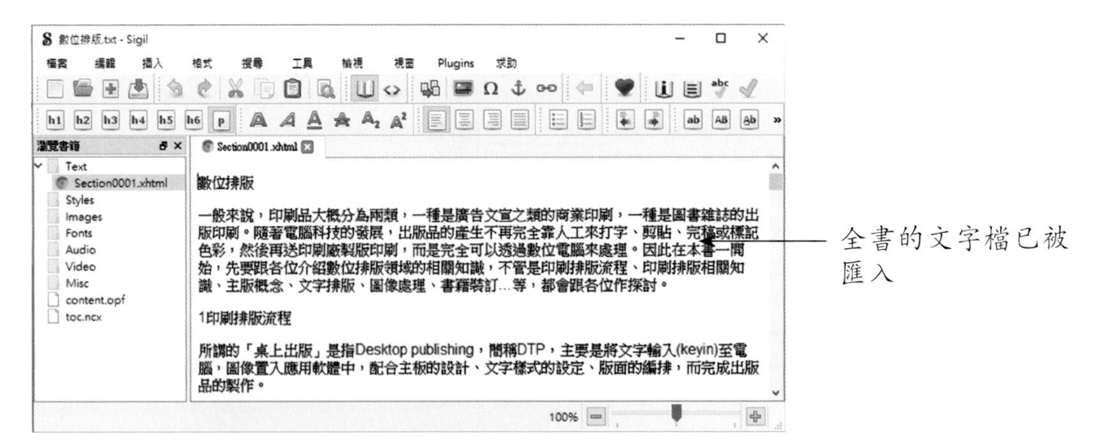
數位排版.txt - Sigil
檔案 編輯 插入 格式 搜尋 工具 檢視 視窗 Plugins 求助
瀏覽書籍
Text
Section0001.xhtml
Styles
Images
Fonts
Audio
Video
Misc
content.opf
toc.ncx
數位排版
一般來說，印刷品大概分為兩類，一種是廣告文宣之類的商業印刷，一種是圖書雜誌的出版印刷。隨著電腦科技的發展，出版品的產生不再完全靠人工來打字、剪貼、完稿或標記色彩，然後再送印刷廠製版印刷，而是完全可以透過數位電腦來處理。因此在本書一開始，先要跟各位介紹數位排版領域的相關知識，不管是印刷排版流程、印刷排版相關知識、主版概念、文字排版、圖像處理、書籍裝訂...等，都會跟各位作探討。
1印刷排版流程
所謂的「桌上出版」是指Desktop publishing，簡稱DTP，主要是將文字輸入(keyin)至電腦，圖像置入應用軟體中，配合主板的設計、文字樣式的設定、版面的編排，而完成出版品的製作。
100%
全書的文字檔已被匯入

2-3-6 從游標處分割成兩個檔案

文字檔開啓後，如果要切割電子書的章節，只要先設定由邊的位置，再按下「在游標處分割」鈕，就可以將文件一分爲二。

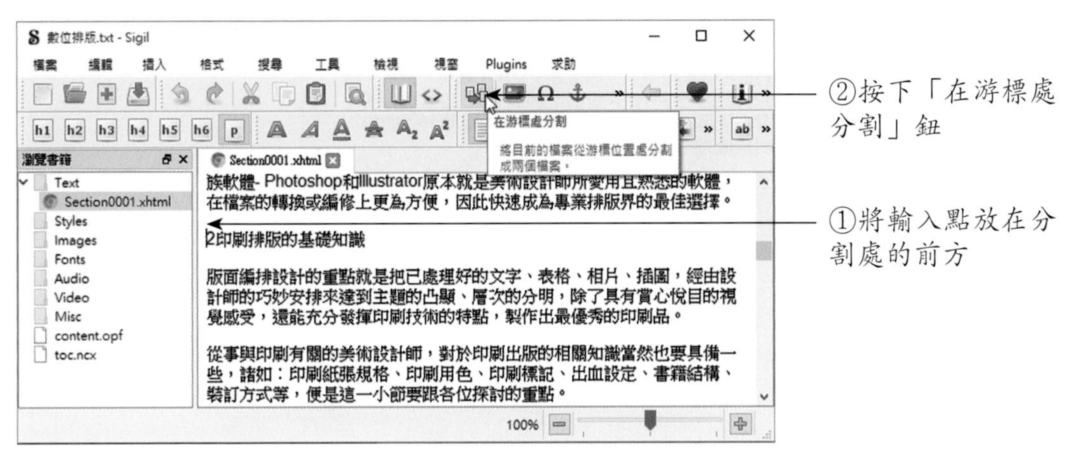

2

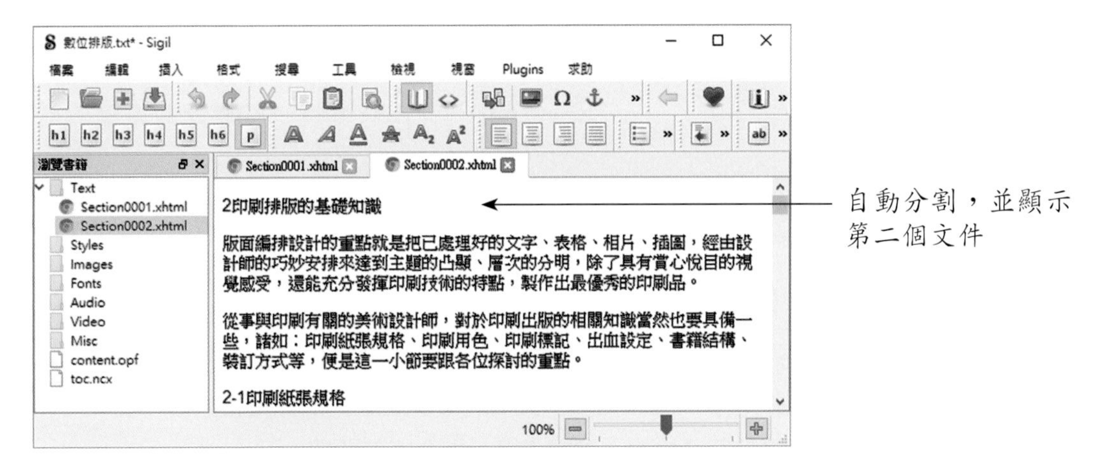

透過這樣的方式，各位就可以將全書的文字依序分割成若干個文件，而且不會怕有遺漏的地方。

2-3-7 儲存電子書

完成文件章節的分割後，先來儲存電子書，以免因爲不小心而辛苦的結果化爲烏有。Sigil 電子書的文件格式爲 EPUB（.epub），利用「檔案／儲存」指令，或是按下「儲存此書檔」鈕來指定檔名和位置。

1

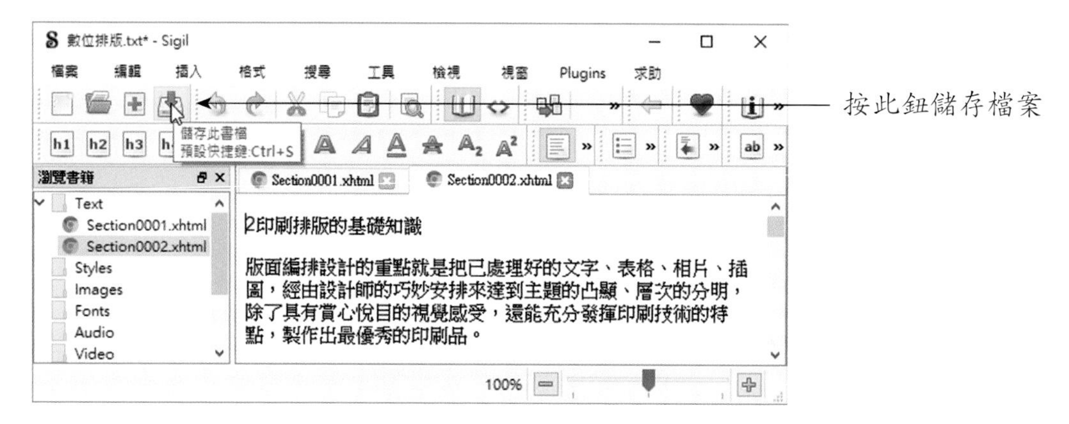

2

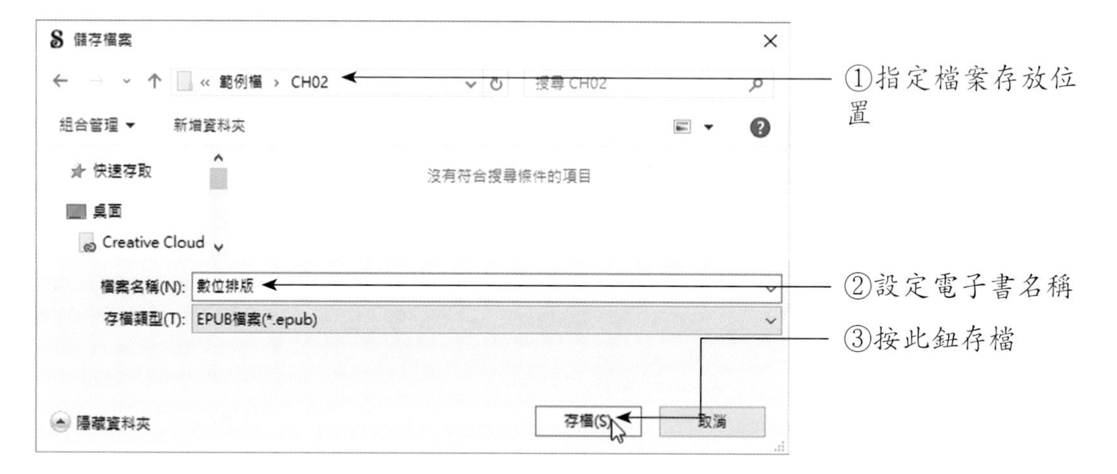

2-3-8 檔案的更名與新增

由於 Sigil 在新增檔案時，都是以「Section」加上三位數字做爲命名，爲了方便我們管理電子書，可以考慮對文件的名稱進行更名。更名時必須透過「瀏覽書籍」區作變更，如果各位沒有看到該區域，可執行「檢視 / 瀏覽書籍」指令將其開啓。

1

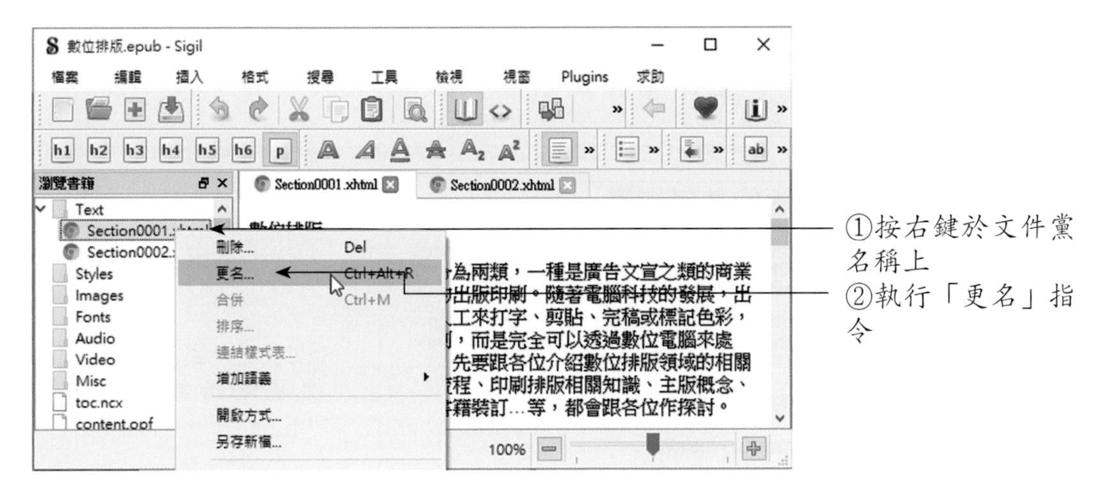

2

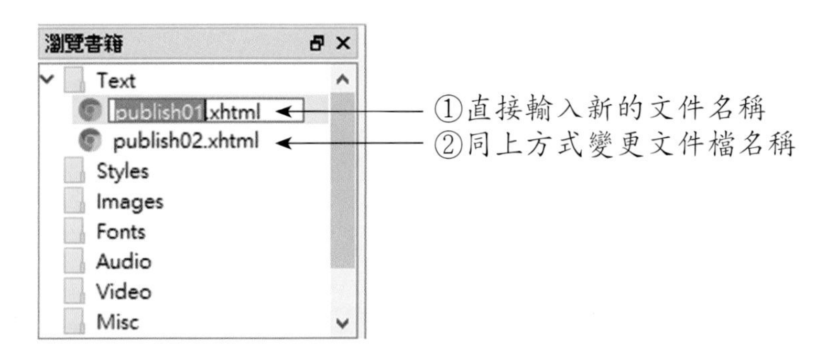

「瀏覽書籍」區除了可做文件更名外，如需新增空白的 HTML 檔，或是新增已存在的檔案，都可透過滑鼠右鍵來進行。

2-3-9 段落格式與清單設定

插入文字後，若要加入標題、設定段落對齊方式、縮排、字型格式、清單符號等，都可以直接透過上方面板的工具鈕作設定。

1

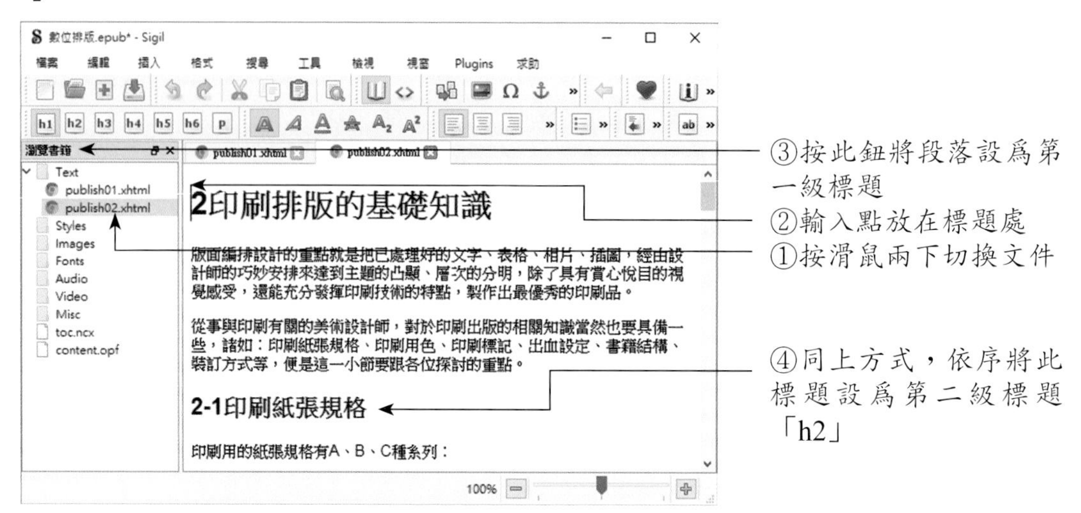
③按此鈕將段落設爲第一級標題
②輸入點放在標題處
①按滑鼠兩下切換文件
④同上方式，依序將此標題設爲第二級標題「h2」

2

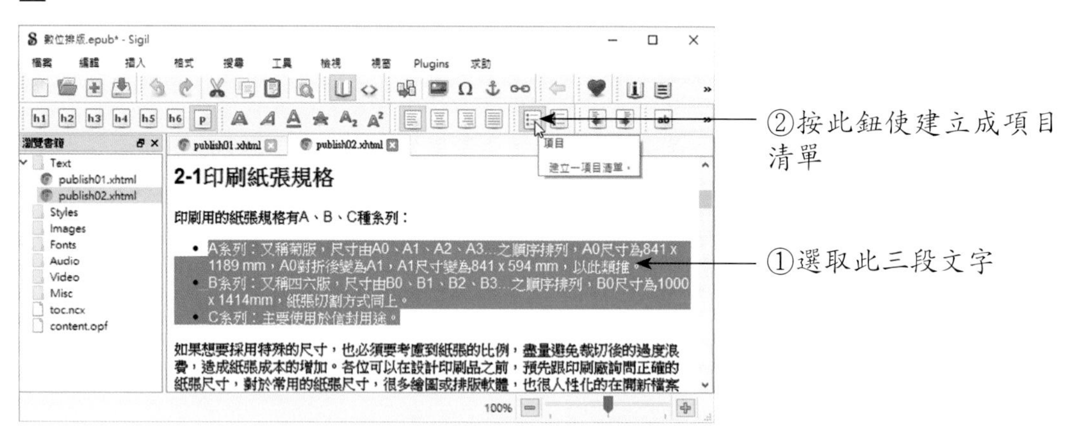
②按此鈕使建立成項目清單
①選取此三段文字

3

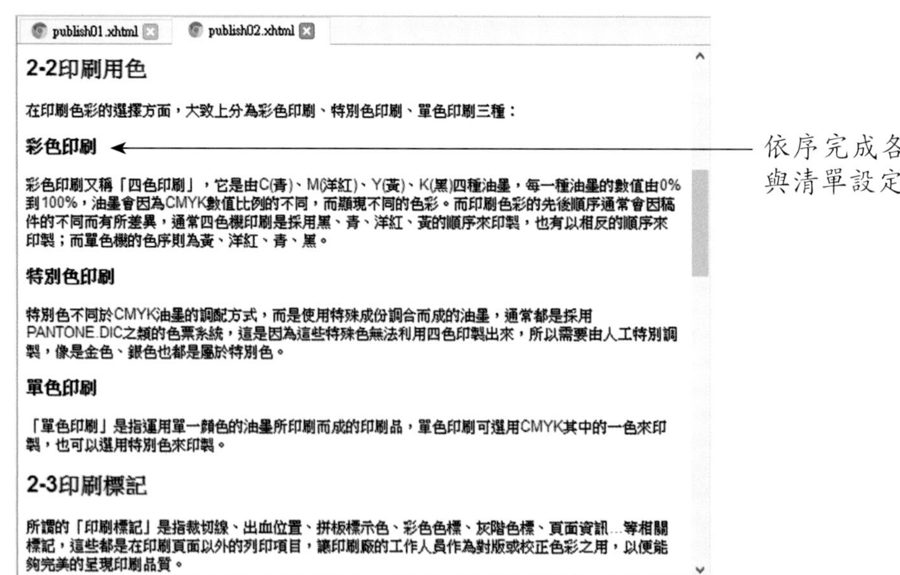
依序完成各文件的標題與清單設定

2-3-10 插入圖片

電子書中除了文字外，想要插入圖片、視訊、聲音等素材，只要執行「插入 / 檔案」指令，或是按下  鈕就可輕鬆加入。此處以圖片作爲說明：

1

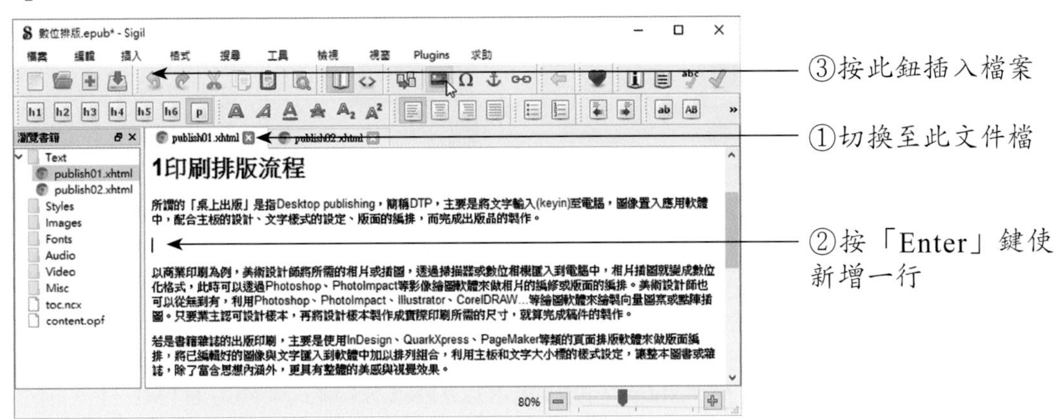

2

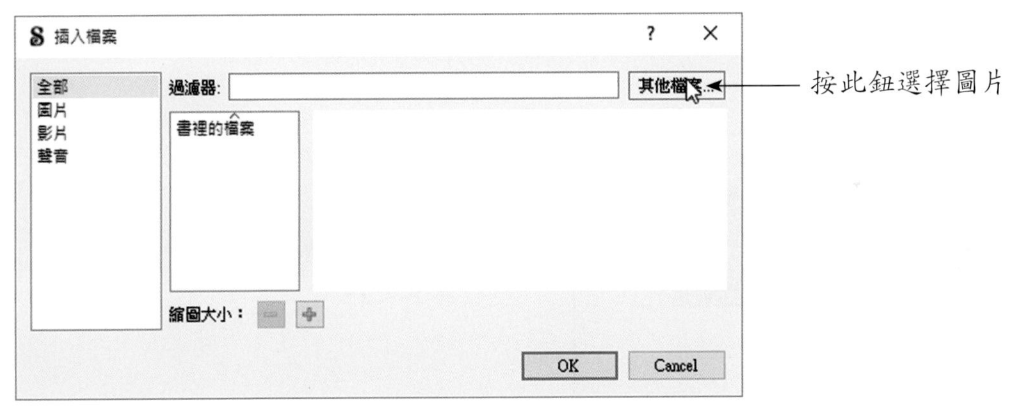

3

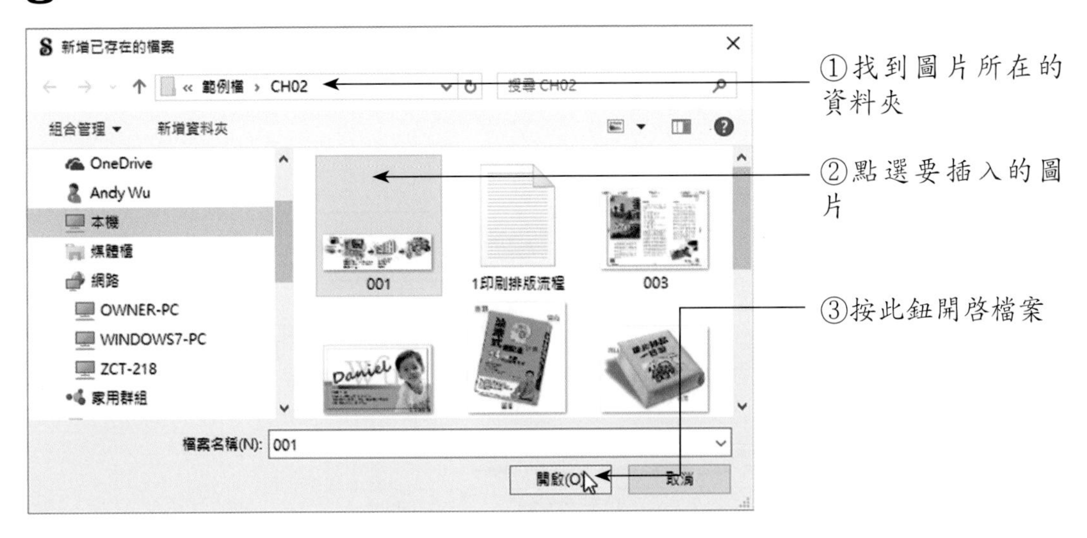

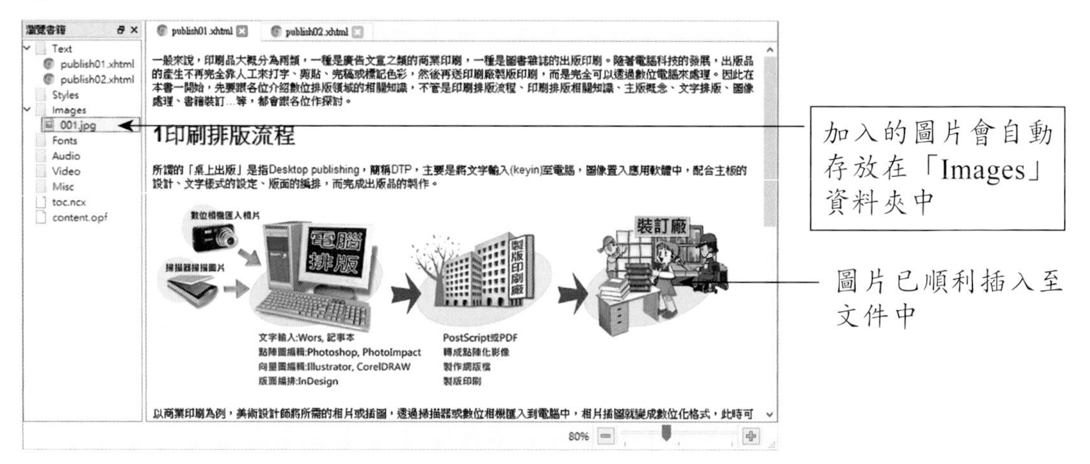

2-3-11 加入 CSS 樣式

Sigil 電子書的文件格式為 *.xhtml，所以也可以加入 CSS 樣式來補足 HTML 樣式設定的不足。這裡示範的是內嵌於 <head> 成對標籤之中的方式，並以 <style>...< / style> 標籤來顯示 CSS 樣式設定。其加入的技巧如下：

1

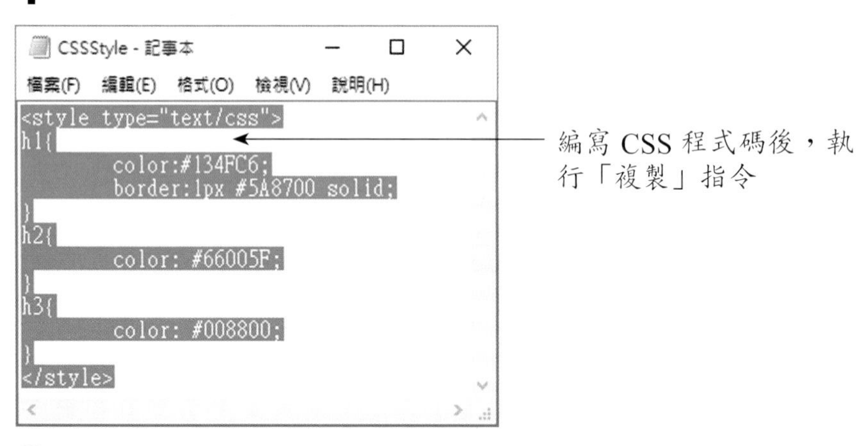

2

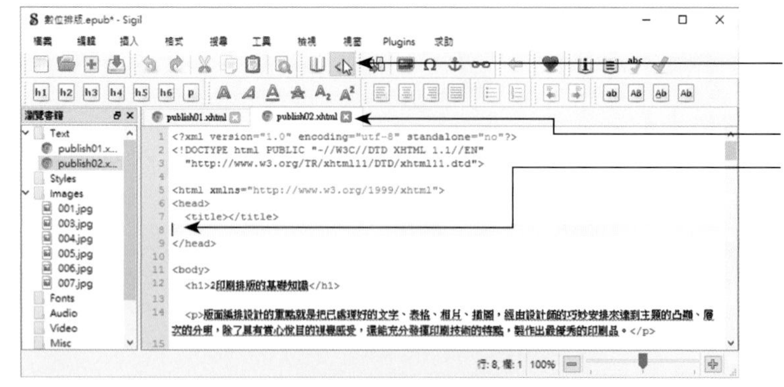

②按此鈕使顯現 HTML 程式碼

①切換至文件

③在 </title> 後方按下「Enter」鍵使新增一行，然後將程式碼貼入

3

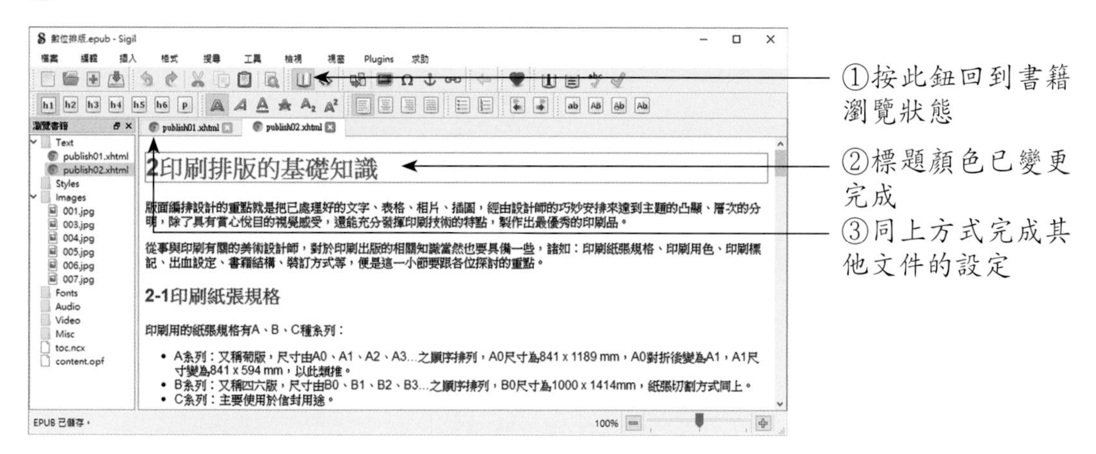
①按此鈕回到書籍瀏覽狀態
②標題顏色已變更完成
③同上方式完成其他文件的設定

2-3-12 產生目錄

當電子書的內容安排完成後，如果需要加入目錄，方便讀者查看，可透過「工具／目錄／產生目錄」指令來自動產生。請執行「檢視／目錄」指令，使開啓目錄窗格。

1

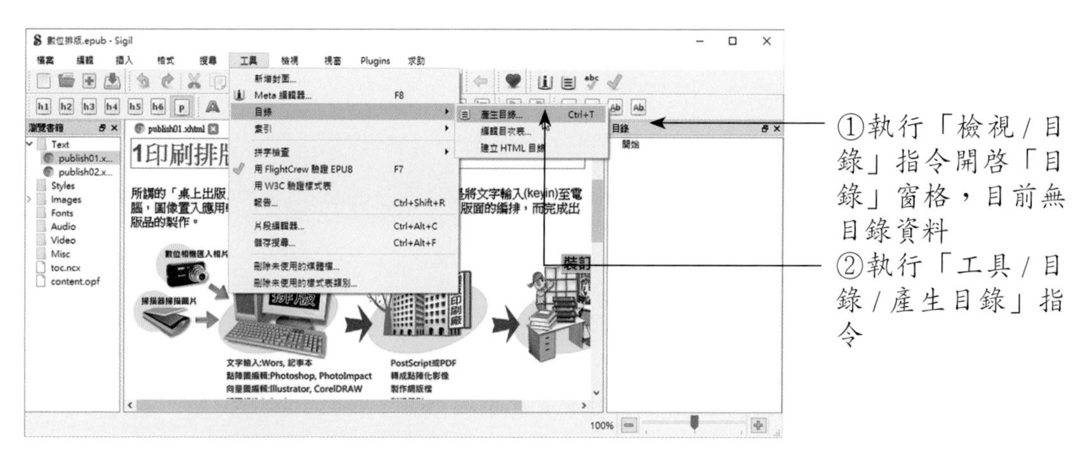
①執行「檢視／目錄」指令開啓「目錄」窗格，目前無目錄資料
②執行「工具／目錄／產生目錄」指令

2

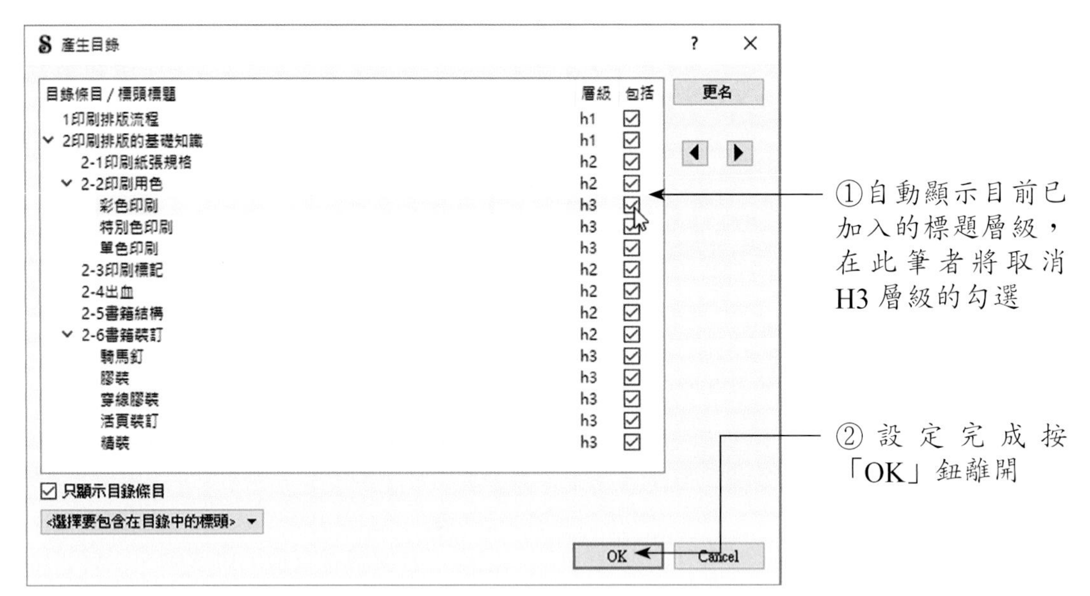

3

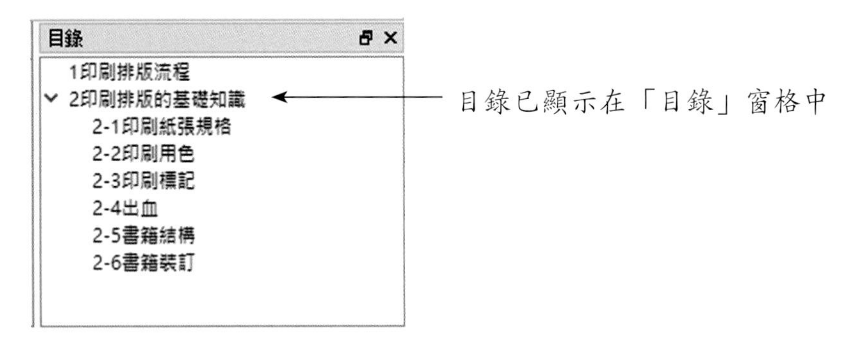

2-3-13 新增封面

目錄完成後，封面的加入當然也不可少，好讓瀏覽者了解電子書的特點。執行「工具 / 新增封面」指令就可以加入封面。

1

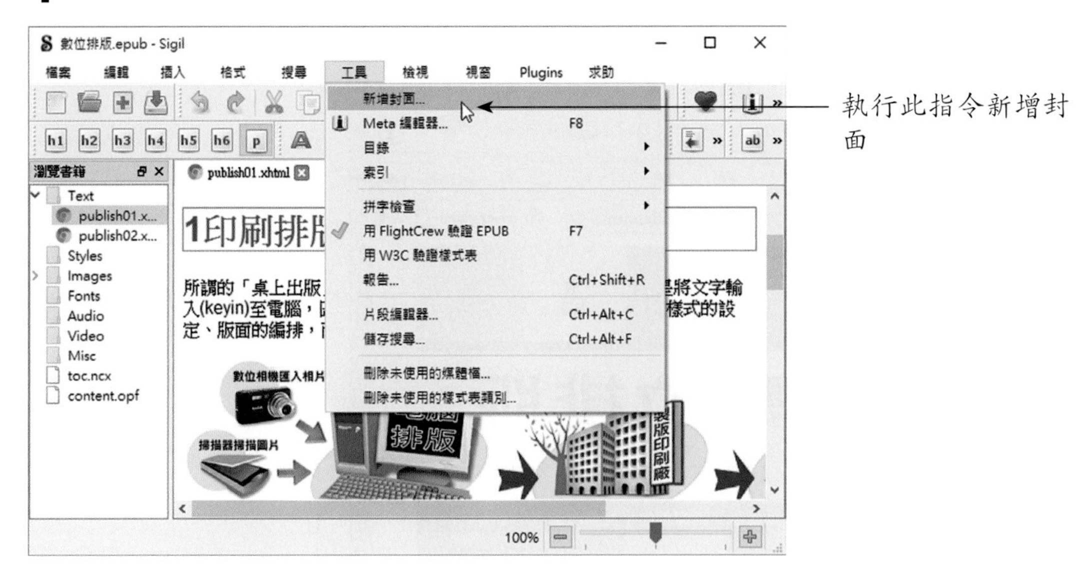

執行此指令新增封面

2

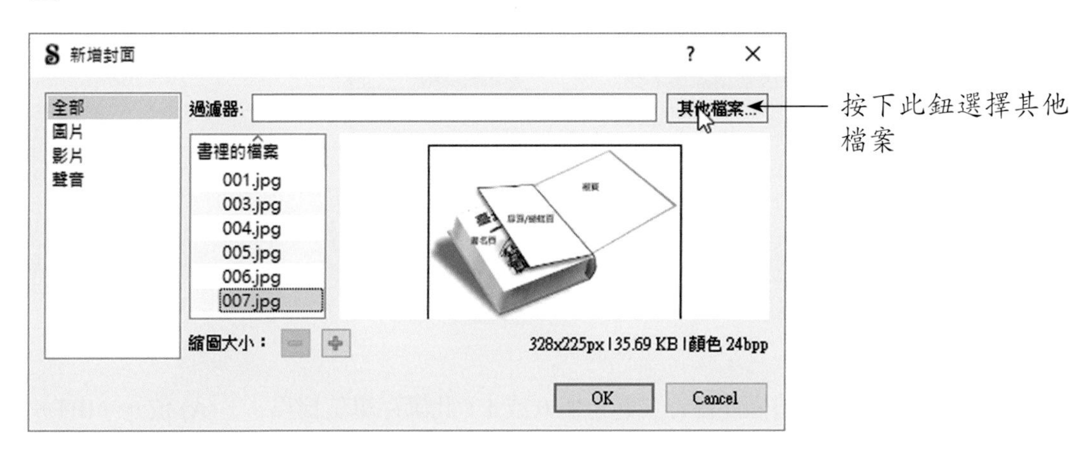

按下此鈕選擇其他檔案

3

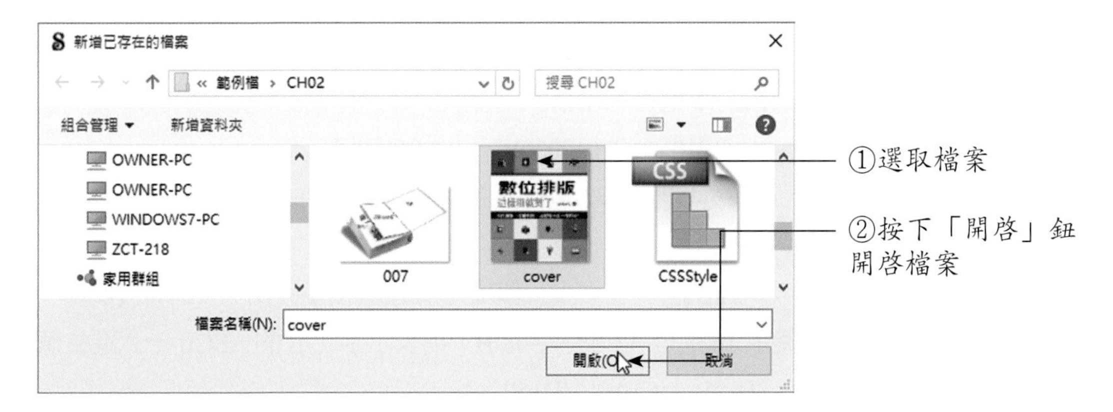

①選取檔案

②按下「開啓」鈕開啓檔案

4

【課後習題】

一、選擇題

1. ( ) 資料最小儲存單位僅能儲存二進位值 0 或 1，此儲存單位稱為：　(A) 位元（BIT）　(B) 位元組（BYTE）　(C) 字組（WORD）　(D) 字串

2. ( ) 於 KB（Kilo Byte）、MB（Mega Byte）、GB（Giga Byte）何者錯誤？　(A) 1KB < 1GB　(B) 1MB = 1024KB　(C) 1GB = 1024KB　(D) 1KB = 1024B（Byte）

3. ( ) 已知「A」的 ASCII 碼 16 進位表示為 41，請問「Z」的 ASCII 二進位表示為：　(A) 01000001　(B) 01011010　(C) 01000010　(D) 01100001

4. ( ) 以 2bytes 來編碼，最多可以表示多少個不同的符號？　(A) 2　(B) 128　(C) 32768　(D) 65536

5. ( ) 以 ASCII 碼來儲存「Win98」，需要多少個位元組？　(A) 9　(B) 7　(C) 6　(D) 5

6. ( ) 在標準 ASCII 中使用 16 進位 42 表示字元 B，則表示字元 L 的 ASCII 十六進位值為多少？　(A) 30　(B) 4B　(C) 4C　(D) 50

7. ( ) 請問（245）10 以 BCD 碼系統儲存的內碼為何？　(A) (000101000101)BCD

(B) (001001000101)BCD　(C) (001001000111)BCD　(D) (000101000111)BCD

8. (　) 美國國家標準局制定的工業標準碼，稱為美國資訊交換標準碼，它的英文簡寫是：
   (A) ANSI　(B) BCD　(C) ASCII　(D)EBCDIC

9. (　) 文數字資料表示法中，下列那一種編碼是目前最普遍使用於個人電腦？　(A) ASCII
   (B) BCD　(C) EBCDIC　(D) TCA

10.(　) ASCII 碼是利用____個位元表示出一個碼。　(A) 4　(B) 5　(C) 6　(D)7

11.(　) 一般計算機內，表示字元符號最常用的是哪兩種數碼？　(A) ASCII 碼及 BCD 碼
   (B) CCCII 碼及 CICSII 碼　(C) ASCII 碼及 EBCDIC 碼　(D) 數值碼及文字碼

12.(　) 在 ASCII 中以十六進位 41 表示 A，而表示字元 D 的 ASCII 十六進位值為多少？
   (A) 44　(B) 41　(C) 51　(D)61

13.(　) 個人電腦通常採用「ASCII 碼」作為內部資料處理或數據傳輸方面的交換碼，其編碼方式為何？　(A) 7 位元二進位碼　(B) 4 位元二進位碼　(C) 6 位元二進位碼
   (D) 8 位元二進位碼

14.(　) 英文字母「B」的 10 進位 ASCII 值為 66，則字母「L」的 10 進位 ASCII 值為？
   (A) 74　(B) 75　(C) 76　(D) 77

二、實作與問答題

1. 請將習題中所提供的高鐵時刻表，依「列印 PDF 文件」的方式，列印 1～2 頁的南下時刻表。如圖示：

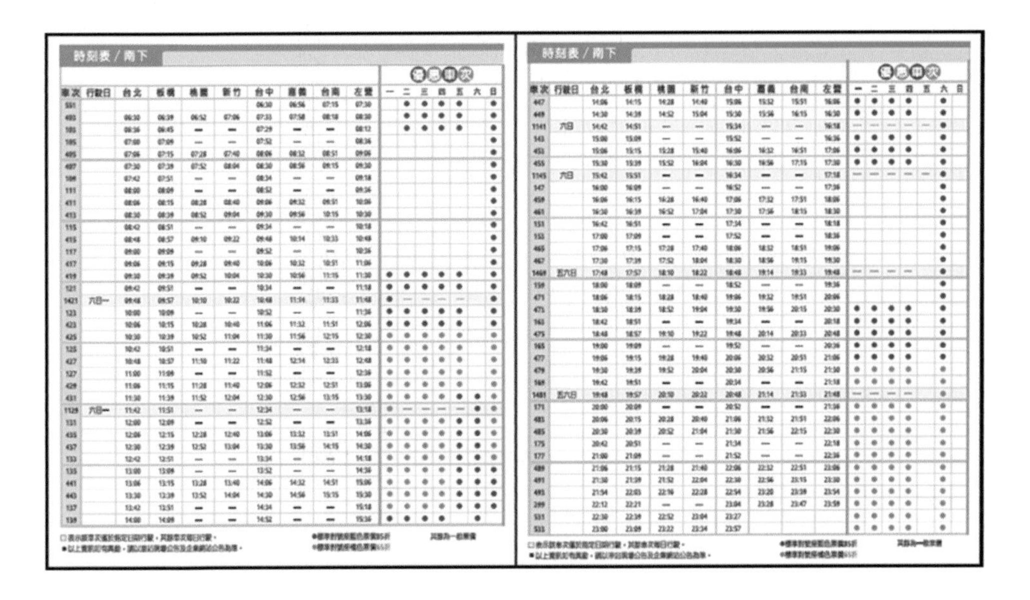

2. 何謂手寫辨識系統？有哪些應用？
3. 語音辨識（Speech Recognition）的目的為何？

4. 大多數中文系統用 2Bytes 而非 1Byte 來代表一個中文字，請問原因為何？
5. 一個 24×24 點矩陣的中文字型再記憶體中占有多少 Bytes？
6. 請列出至少 3 種常見的編碼系統。
7. 已知「A」的 ASCII 碼 16 進位表示為 41，請問「Z」的 ASCII 二進位表示為何？
8. 試說明中文內碼。
9. 請說明常見的字型表現方式。
10. 請詳述 Unicode 碼。
11. 試說明 PDF 格式。
12. Acrobat Reader PDF 應用程式檢視器的功用有哪些？
13. 試簡述 Sigil 的優點。

第三章 影像處理關鍵技巧

3-1 色彩學簡介

3-2 數位影像簡介

3-3 常見的影像處理軟體

3-4 影像素材的來源

人類的視覺很容易受到外界繽紛的色彩所吸引，影像是由形狀和色彩所組合而成的，而影像處理就是就是把一張平凡的影像，變成具有特殊視覺效果的表現。在日常生活中，影像運用的範圍相當的廣泛，不管是書籍、海報、傳單、廣告等，透過影像來傳達的效果。

影像效果十足的海報與賀卡

3-1 色彩學簡介

在日常生活中，我們每天所看到的任何景物都有它的色彩，不管是自然的或人工的物體，都有各種色彩和色調，色彩是我們認識周遭生活環境的一項重要訊息。對於電腦繪圖或數位影像處理的初學者來說，色彩學的使用是相當重要的入門磚。當我們看到某一個色彩時，通常都會對它產生某個印象，這是因爲藉由我們所看到的具體實物而產生的聯想。下表所列的，便是每一種色相所帶給人們的感情印象：

色相	紅	橙	黃	綠	藍	紫	黑	白	灰
具體象徵	火焰 太陽 血液 玫瑰	橘子 果汁 夕陽	月亮 香蕉 黃金 向日葵	樹葉 草木 西瓜 原野	海洋 藍天 遠山 湖海	葡萄 茄子 紫菜	夜晚 木炭 墨汁 頭髮	雪 白紙 護士 新娘	病人 噩夢 憂鬱 水泥 煙霧
抽象象徵	危險 熱情 炎熱 活力 興奮	快樂 溫暖 鮮明 甜美	明亮 希望 輕盈 酸味	活力 和平 理想 健康 安全	清涼 冷靜 自由 開朗 安靜	高貴 權威 病態 華麗 神秘	穩重 深沉 悲哀 恐怖 嚴肅	天眞 純潔 樸素 正確 寒冷	曖昧 憂鬱 無力

各位也可以將這些色彩的象徵意義應用於各種標誌設計或海報競賽的作品上，以這些色彩說明所要表達的創作意念，將會使多媒體作品的說服力更強。另外在調配顏色時，如果能考慮到美的形式，諸如均衡、律動、統一、強調、漸進、反覆、比例等形式，這樣會有更佳的效果：

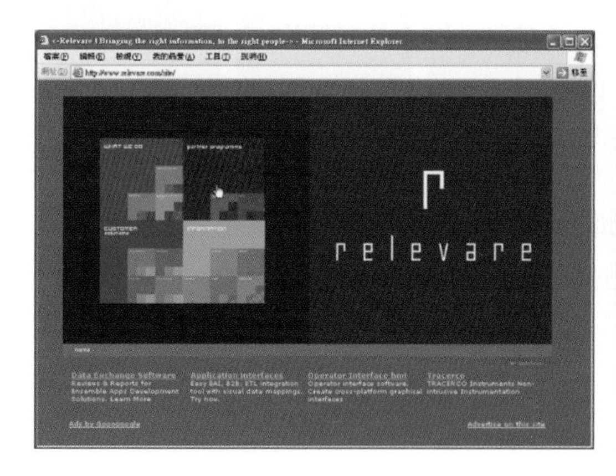

強調：畫面中只有一個重心

反覆：同樣色彩色系重複使用

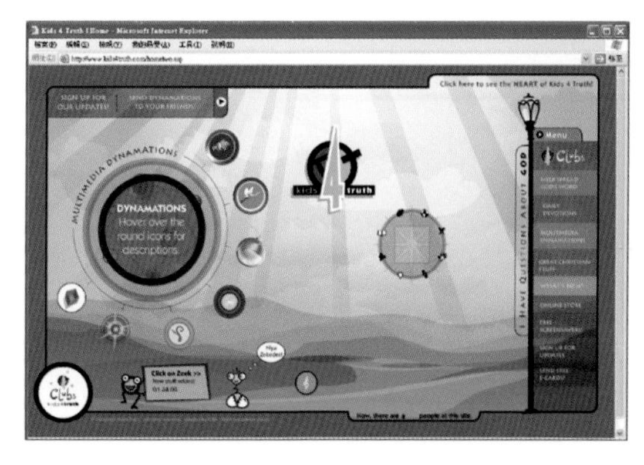

律動：如音樂上的節奏變化

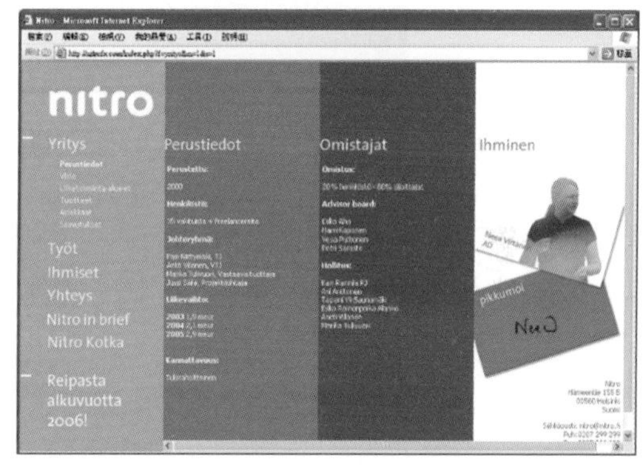

漸進：等差或等比級數色相來次第呈現

3-1-1 色彩屬性

色彩的三種屬性包括了色相、明度、彩度，任何一個色彩都可以從這三個方面進行判斷分析。如果要對色彩有更進一步的了解，首先就必須了解三種色彩屬性。說明如下：

■ 色相（Hue）

色相（Hue）是指區別色彩的差異度而給予的名稱，代表不同波長色彩的相貌，不同相貌的顏色，就有不同的名稱，也就是就是我們經常說的紅、橙、黃、綠、藍、紫等色。另外，顏色還區分爲「有彩色」、「無彩色」、「獨立色」，像黑、白、灰這種沒有顏色的色彩，就稱爲「無彩色」，其他有顏色的色彩，則都是「有彩色」，「獨立色」通常是指金與銀兩種顏色。影像處理的第一步就是要學習如何增加色彩判斷的敏感度，辨別正確的色相，並調出符合需要的正確色彩是相當重要的。

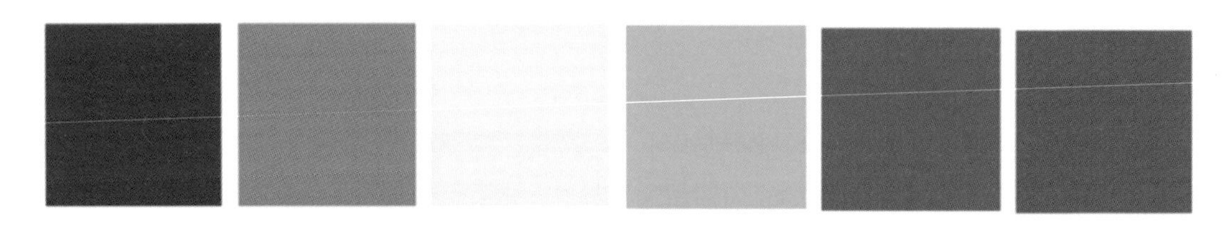

■ 明度（Brightness）

明度是指色彩的明暗程度，相當於色彩強度。例如：紅色可分爲暗紅色、紅色及淡紅色，愈暗的紅色明度愈低，愈淡的紅色明度愈高；因此每個色相都可以區分出一系列的明暗程度。

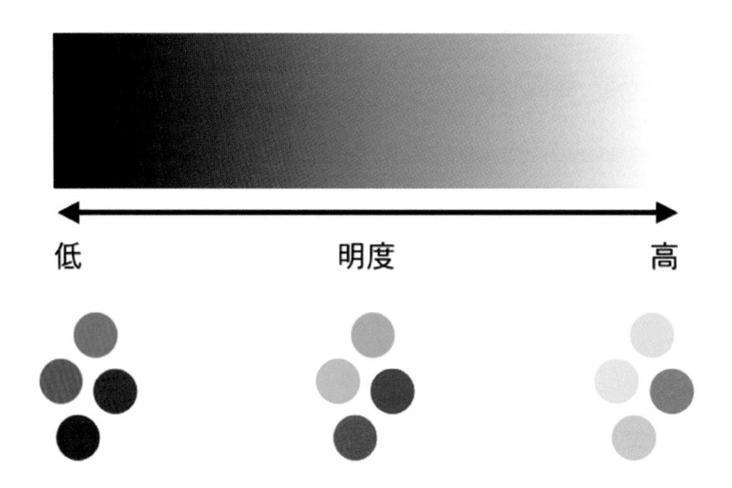

色彩的明度與光線的反射率有關，反射較多時色彩較亮。顏色之間也有明暗度的不同，其中以黑色的明度最低，白色的明度最高，顏色只要混合白色就能提高明度，混合黑色就會降低明度。運用色彩時，必須特別注意明度的變化與協調，如果覺得明度差不易辨識時，可以將眼睛稍微瞇一下，辨識就會變得容易些。例如下圖黃色的花與綠色的葉子乍看起來顏色鮮明，但是如果瞇著眼睛看或是將它轉成灰階時，由於黃色與綠色的明度接近，看起來反而並不顯眼：

■ 彩度（Saturation）

彩度是指色彩中純色的飽和度，亦可以說是區分色彩的鮮濁程度，飽和度愈高表示色彩愈鮮艷，純色因不含任何雜色，飽和度及純粹度最高。所以當某個顏色中加入其他的色彩時，它的彩度就會降低。舉個例子來說，當紅色中加入白色時，顏色變成粉紅色，其明度會提高，但是紅色的純度降低，所以彩度變低。紅色中如果加入黑色，它會變成暗紅色，明度變低彩度也變低。

右圖爲高彩度影像，左圖爲低彩度影像。

3-1-2 色彩模式

所謂的色彩模式，就是電腦影像上的色彩構成方式。在眞實世界中的顏色何止千萬種，而在畫圖時也不可能眞的去設計出這麼多種顏色，所以都是利用顏色比重的不同去調配出各式各樣的色系。而電腦影像中，經常用的色彩模式如下：

■ RGB 模式

RGB 是指光的三原色：紅色、綠色及藍色，例如電腦螢幕及電視都屬此類型的顏色模式。畫面上的每一個像素顏色都是根據 RGB 三種色光的不同光線強度所調配出來，每一種色光都有 256 種光線強度（也就是 2^8 種顏色），最強是 255，最弱是 0。三種色光正好

可以調配出 2^{24} 種顏色，這稱爲 24 位元全彩。而每一像素所占的資料量爲 3 個位元組。善用 RGB 色彩模式，可讓各位調配出 1 千六百萬種以上的色彩，對於表現全彩世界來說，已經相當足夠。

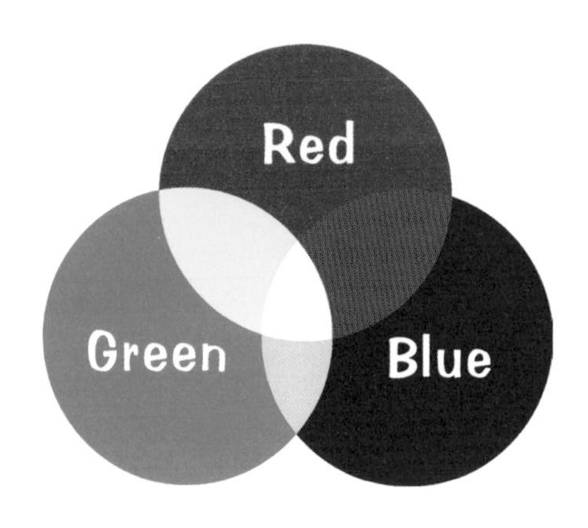

色光三原色圖

■ CMYK 模式

CMYK 分別代表四種印刷油墨的顏色，其中 C = 青色、M = 洋紅色、Y = 黃色及 K = 黑色，這種顏色模式通常是印刷輸出時所使用的模式。例如前面介紹的 RGB 模式是屬於色光效果，但是並無法作爲印刷之用，所以才會有 CMYK 印刷油墨色的色彩模式。由於 CMYK 是印刷油墨，所以是用油墨濃度來表示，最濃是 100%，最淡則是 0%，由於色料在混合後會愈渾濁，因此又稱減法混色。一般的彩色噴墨印表機也是這四種墨水顏色。在 CMYK 模式之下每一像素所占的資料量爲 4 個位元祖。

CMYK 模式所能呈現的顏色數量會比 RGB 模式少，所以在影像處理軟體之中所能套用的特效數量也會相對的減少。故在使用上會先在 RGB 模式之中套用所需要的特效，等最後要輸出時，必須轉換成爲 CMYK 模式。

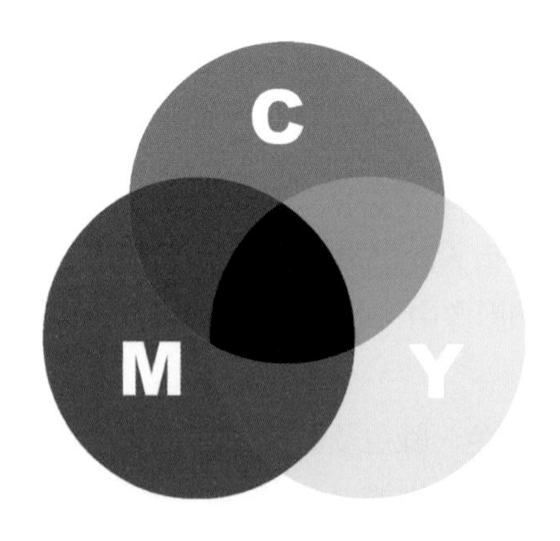

CMYK 色彩模式

■ HSB 模式

HSB 模式所代表的則是 H（色相）、S（飽和度）及 B（亮度）。HSB 模式可視為是 RGB 及 CMYK 的一種組合模式，也是指人眼對色彩的觀察來定義。

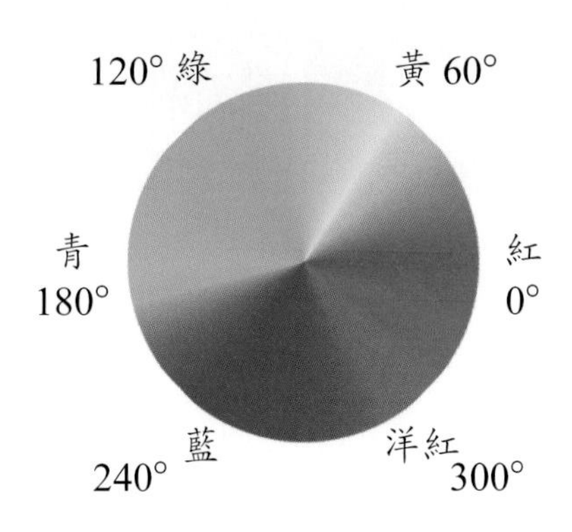

HSB 模式的色相環

3-2 數位影像簡介

電腦所處理的影像是由 0 或 1 的數位訊號所組成，當影像輸入系統將數位影像輸入電腦後，經由影像處理軟體來為影像增添效果。運用電腦來繪圖時，就必須牽涉到電腦資料的計算、色彩深度、色彩模式等問題。影像繪圖軟體能模仿傳統藝術家的媒體素材，透過電腦來做出筆刷、鉛筆和暗房技巧。

3-2-1 像素與解析度

電腦螢幕的顯像是由一堆像素（pixel）所構成，所謂的像素，簡單的說就是螢幕上的點。我們經常在繪圖軟體裡看到「位元」這個名詞，事實上這個「位元」（bit）是指電腦像素的最小計算單位。各位可以想像 1 個位元是由黑與白兩種可能性所組合而成的，而位元數的增加就表示所組合出來的可能性就愈多，而螢幕的顯像解析度的高或低通常要看顯示卡或螢幕設備是否有支援來決定。

一般我們所說的螢幕解析度為 1024×768 或是畫面解析度為 1024×768，指的便是螢幕或畫面可以顯示寬 1024 個點與高 768 個點。如下圖一為寬 640 像素，高 480 像素，下圖二為寬 120 像素，高 90 像素，各位可以清楚感受到下圖二影像比較粗糙，色彩細膩度差很多。另外，在檔案大小方面，圖一的檔案量為 104k，圖二只占 16k，相差有 9 倍之多。

圖一：640*480 像素

圖二：120*90 像素

影像大小與解析度會影響到影像處理的結果，當解析度設得高時，影像在單位長度中所記錄的像素數目就比較多，對於銳利的線條或文字的表現，就能產生較好的效果。影像解析度（ppi）的意思是指每平方英寸所包含的像素數量（Pixel Per Inch），以 300ppi 來說，表示每平方英寸裡有 300 個像素，解析度愈高表示構成圖片的像素愈多，圖形當然看起來就愈精緻了。

解析度對於影像處理的成果來說相當重要，不知道如何控制解析度，所設計出來的畫面就無法做完美的呈現，尤其是當製作成海報、DM 等印刷品，如果解析度設定得不夠，所印出來的畫面品質就會很差。

Tips

解析度單位為 DPI（Dot Per Inch）與 PPI（Pixel Per Inch）。DPI 是適用於平面輸出單位，例如掃描器與印表機解析度；PPI 則是螢幕上的像素單位，例如螢幕、數位相機解析度。

3-2-2 色彩深度

色彩深度代表影像中所能具有的最大色彩數目，是以「位元」來表示，像我們常說的 8 位元、16 位元、24 位元等。影像中的色彩數目愈多，相對地色彩的品質也愈高。而每種色彩深度所包含的最多色彩數目如下：

1 位元：2 種色彩

2 位元：4 種色彩

4 位元：16 種色彩

8 位元：256 種色彩

16 位元：65536 種色彩

24 位元：16777216 種色彩

下面我們將常用的影像色彩類型，簡略說明如下：

- 黑白：像素中只有黑白兩種情形。由於只要一個位元就能表現出來，所以圖檔量很小。

全彩轉換為黑白

- 16 色：以 16 種顏色的色盤來表現影像色彩，對於色盤中沒有的顏色，它會以最接近的色盤顏色替代，因此選定的色盤不同，表現出來的色彩效果也會不相同。

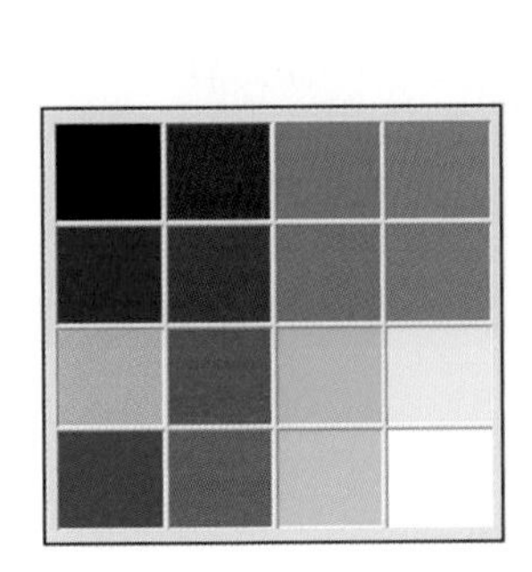

採用標準色盤及其呈現的影像效果

- 256 色灰階

  以 0～255，共 256 種不同深淺的黑白明暗度來表現影像的漸層關係，也就是在黑色與白色之間加上不同的明暗度。其中 0 表示黑色，255 表示白色。

256 色灰階影像

- 256 色

  以最多 256 種顏色的色盤來表示影像色彩，由於 256 種色已經可以豐富的表現影像顏色，檔案量也控制在一定的範圍內，所以經常使用於網路上的傳輸。

256 色標準色盤及其成現的影像效果

- 高彩

  高彩是用 16 位元來表示色彩資訊，可以表現 65536 種顏色，不過，多數的影像編輯工具並不支援此種色彩類型。

- 全彩

  全彩是用 24 位元來表示每個像素，其中紅、藍、綠各占 8 位元，所以可表現 16777216 種顏色。由於這種模式能豐富且完整的以一千六百多萬種色彩來表現影像，而且所有的影像編輯工具都支援它，因此被使用的機會最高。

一般都會在「全彩」的色彩類型下來編輯影像，等到影像處理完成後，再依需要轉換成其他的色彩類型。它的缺點是檔案資料量大，會占用較多的硬體空間，且需要較多的時間供電腦做運算。

全彩影像

3-2-3 點陣圖（bitmaps）

前面我們介紹的影像記錄方式，都是以「像素」爲基礎，透過每個點來記錄影像中所有使用到的顏色，最後再像拼圖一樣來組成整張影像，由於每張影像都是由像素拼接而成，當將影像放到最大時，就會看到鋸齒狀的邊緣，這就是點陣圖像的特點。

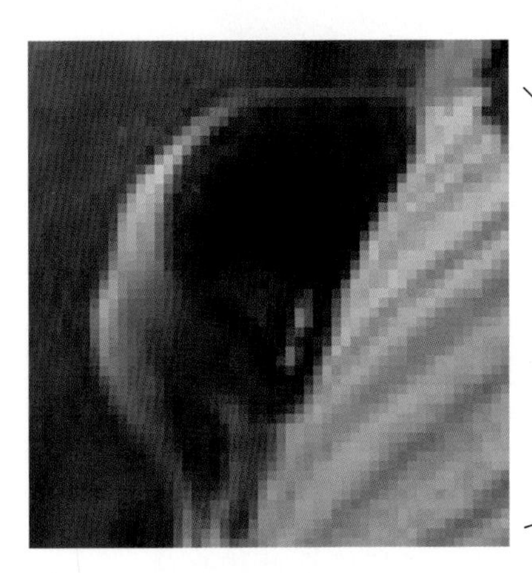

放大圖

點陣圖放大後會看到一粒粒的像素

點陣圖優點是可以呈現眞實世界的風貌，而缺點則爲影像經由縮放的處理後會有失眞的現象。如果您想要繪製像油畫般細致的影像效果，就可以選擇點陣圖爲主的繪圖軟體。例如 PhotoShop、Painter、PhotoImpact 及 PaintShopPro 等都是此類型的軟體。

3-2-4 向量圖（vector）

向量圖形則是利用數學運算產生的幾何曲線所構成，具有不論怎麼縮放都不會失眞的特性，因爲縮放之後，曲線仍然會重新運算繪出，但缺點是無法呈現眞實影像的效果。如果您想要靈活改變圖像而不會降低圖形的品質，那麼向量圖爲主的軟體將是您最好的選擇。例如 CorelDraw、Illustrator、FreeHand 等，均爲此類型的軟體。

向量圖的檔案大小決定在於圖形的複雜度上而非圖形的大小，所以在各位儲存檔案時，不論將向量圖拉得多大，檔案的大小仍然相同，因此向量圖非常適合使用在大型的圖形輸出上（如一般公司的 logo 圖形、商標文字等），而在圖形內各物件的編輯上也較具彈性，以上方的向量圖外觀圖示來說，您可以很輕易地更改翅膀的大小、墨鏡的塡色等，而不會對同一圖片中的其它物件產生任何影響：

向量圖放大時不會失真

■點陣圖與向量圖的比較如下表：

	點陣圖	向量圖
特性	由像素（pixel）組成	電腦演算定義圖形
優點	1.質感細膩、色彩變化豐富 2.能做較多樣化的處理	1.圖形可任意放大、縮小不失眞 2.檔案小 3.圖形可透過編輯節點來改變形狀

	點陣圖	向量圖
缺點	1.檔案較大 2.圖形縮放後會失真	1.不同圖檔格式轉換不易 2.色彩和形狀無法像點陣圖細緻 3.不同圖檔格式轉換，有時會發生資料流失的情況
應用	相片 精緻插畫	美工圖案 商標、標誌 統計圖表
常見軟體	Photoshop、photoimpact、paint、小畫家	Illustrator、CorelDRAW、Flash

3-2-5 影像儲存格式

由於檔案格式是一種標準的編譯與儲存資料的方法，很多繪圖檔案要求使用者必須了解並且要在特定的檔案格式上工作，一般性的檔案格式基本上可以在不同的應用程式或不同的作業系統上被開啓。檔案格式的重要性是因爲它們告訴程式這個圖型的特性，且必須如何去組織資料。接著我們來介紹常見的影像圖檔格式：

圖檔格式	相關說明
TIF	爲 Tagged Image File Format 的縮寫，副檔名爲 .tif，爲跨平臺的非破壞性壓縮模式，可以在不同作業系統的軟體上。其檔案格式較大，常用來作爲不同軟體與平台交換傳輸圖片，爲文件排版軟體的專用格式。
BMP	副檔名爲 .bmp，屬於非壓縮的影像類型，所以不會有失眞的現象，廣泛用於 PC 上的小圖示或桌布圖樣，大部分的影像繪圖軟體都支援此種格式。而且此格式支援 RGB 全彩顏色、256 色的索引色以及 256 色的灰階等色彩模型。因爲檔案較大，無法壓縮，並不適用於網路傳輸。
UFO	UFO 是友立資訊所研發的物件檔格式，是 PhotoImpact 軟體專用的檔案格式，這種格式能夠完整記錄該軟體處理過的圖片屬性，包括向量物件與圖層等資訊，檔案不壓縮、不會失眞，因此檔案量比較大。以 PhotoImpact 軟體製作的畫面儲存成此格式，則下次還可繼續編修物件的屬性，非 PhotoImpact 軟體則無法讀取該檔案。
PSD	PSD 是 Photoshop 軟體的專用檔案格式，它能記錄 Photoshop 中所使用到的圖層、色版、特別色等各種圖片特徵，方便將來圖檔的修改與再製。PSD 是一種非壓縮的檔案儲存格式，檔案量很大，但是它能與 Adobe 相關產品緊密的整合，諸如：Illustrator、InDesign、Premiere、Adobe After Effects 等，都可以直接讀入 PSD 格式，並且保存許多 Photoshop 的功能，對於專業設計師而言，在軟體整合的運用上相當便利。

圖檔格式	相關說明
JPEG	JPEG 是一般數位影像壓縮和儲存最常使用的格式，它的副檔名為「.jpg」或「.jpeg」。這種格式可以把一張原本檔案量很大的影像壓縮到很小，壓縮比率約在 10：1 到 40：1 之間，同時又能保有影像的細膩度，因此一般數位相機都以此種格式來記錄影像。它是一種失真壓縮格式，在使用過高的壓縮比例後，會使圖片的質量降低，所以處理時應在圖片品質和檔案量之間找到平衡點。目前 JPEG 格式經常於網路上的傳輸，各類瀏覽器都支援此格式，其他像是光碟讀物，也都能找到它的身影。
PCX	pcx 格式支援 1 位元，最多 24 位元的影像，它的影像是採用 RLE 的壓縮方式，因此不會造成失真的現象。
GIF	和 JPEG 影像一樣，經常用於網頁上，不過它將色彩減至 256 色以下。是目前網際網路上最常使用的點陣式影像壓縮格式，它有 GIF87a 及 GIF89a 兩種版本。而其中的 GIF89a 除了可作交錯圖和透明圖外，屬於非破壞性壓縮，並支援動畫效果的儲存，適合卡通類小型圖片或按鈕圖示。
PNG	包含了 JPG 與 GIF 二種格式的特點。也是一種影像壓縮格式，採用的是非破壞性壓縮，所以壓縮之後的檔案容量會比 JPG 大。另外也具有全彩顏色的特點，因此使用於像風景之類等需要豐富色彩的圖片也沒有問題。最後還支援和 GIF 格式相同的透明效果，可說是除了動畫效果以外幾乎全包含了。
WMF	是一種向量式圖檔，例如 Offiice 軟體中的美工圖案格式。

PNG 格式具有全彩效果

Tips

所謂影像壓縮，是基於使用者接受有少許失真的影像資料，就可以應用數學理論，將影像作有效率的壓縮，就是將影像資料中較不重要的部分去除，僅保留重要的資訊，那麼將可以獲得很好的壓縮率，例如數位餘弦轉換法（Discrete Cosine Transform, DCT）、向量量化（Vector Quantization, VQ）、賀夫曼碼（Huffman）等演算法。影像壓縮可區分為「破壞性壓縮」與「非破壞性壓縮」。「破壞性壓縮」壓縮比率大，但容易失真，而「非破壞性壓縮」壓縮比率小，不過還原後不容易失真。

3-3 常見的影像處理軟體

數位影像處理技術主要是用來編輯、修改與處理靜態圖像，以產生不同的影像效果，各位可以對一張電腦影像或照片使一些動作，像潤色、轉亮、變暗、變模糊以及更多其它的變化，這些功能在現實生活中就有賴於影像處理軟體。

3-3-1 Photoshop

Adobe 出品的 2D 點矩陣影像處理軟體——Photoshop，可將各種影像分層重疊，並且圖層間可做出各種的變化、格式轉換、影像掃描等，適合各種影像特效合成。透過 Photoshop 軟體的處理，可以將影像呈現特殊的效果，或是像藝術家所繪製的藝術作品一般。例如「影像 / 調整 / 去除飽和度」指令主要用來去除影像的彩度，它的效果就和黑白相片相同，看不到顏色：

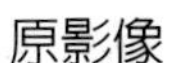

原影像

去除飽和度後，將形成灰階形式

Photoshop 具有美化影像的功能

3-3-2 CorelDraw

CorelDraw 則是以向量繪圖爲主，不但具有圖層編輯、立體式修飾斜邊、多樣色彩樣式等功能，新版的 CorelDraw X3 還多了 Office 影像格式輸出、動態輔助線、智慧行繪圖工具等新增功能。

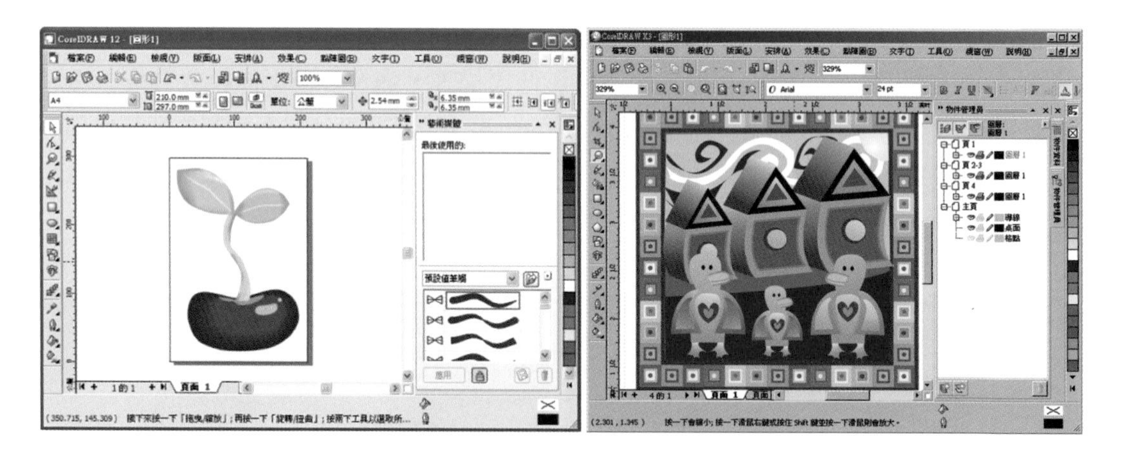

CorelDraw 設計成果範例

3-3-3 Illustrator

Illustrator 是 Adobe 家族的產品之一，由於它提供許多的向量繪圖工具，可自由設計造型圖案，又有圖表、3D 物件、特效、段落樣式設定、筆刷等功能，利用它可進行插畫、海報、文宣等設計，甚至於圖表或網頁也都難不倒它，功能之強大使它成爲美術設計師和網頁設計師所愛用的軟體之一。

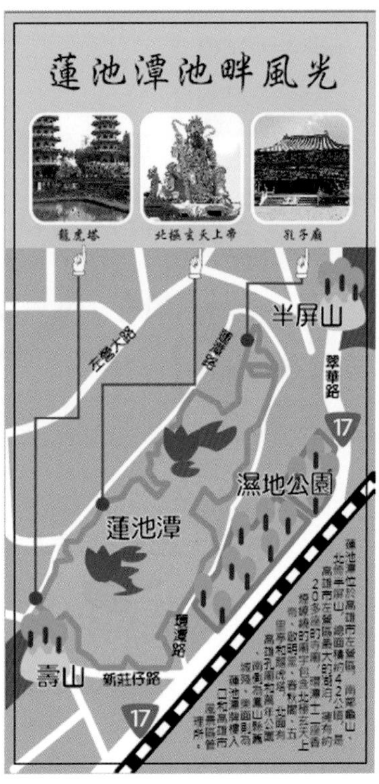

Illustrator 設計成果範例

3-4 影像素材的來源

前面的章節已介紹了數位影像的基本概念，接下來的章節我們來探討如何取得數位的影像資料。

3-4-1 由掃描器取得影像

早期電腦資訊還沒那麼的發達，通常影像資料的來源都是報章、雜誌、圖書、照片等印刷產品。因此，若要將這些平面的影像資訊變成電腦可以讀取的數位化格式，就必須使用掃描器。在形式上，掃描器因應不同使用領域也發展出各種不同型態的掃描器，最為大家熟悉的是平台式掃描器，它是透過內部的光電機組來進行掃描，不管是文件、書報、雜誌，只要能放在平台式掃描器的玻璃上，就可以進行掃描。有些平台式掃描器也支援幻燈片和底片的掃描，透過這樣的支援，也能夠將幻燈片或相片底片中的影像，變成數位格式。

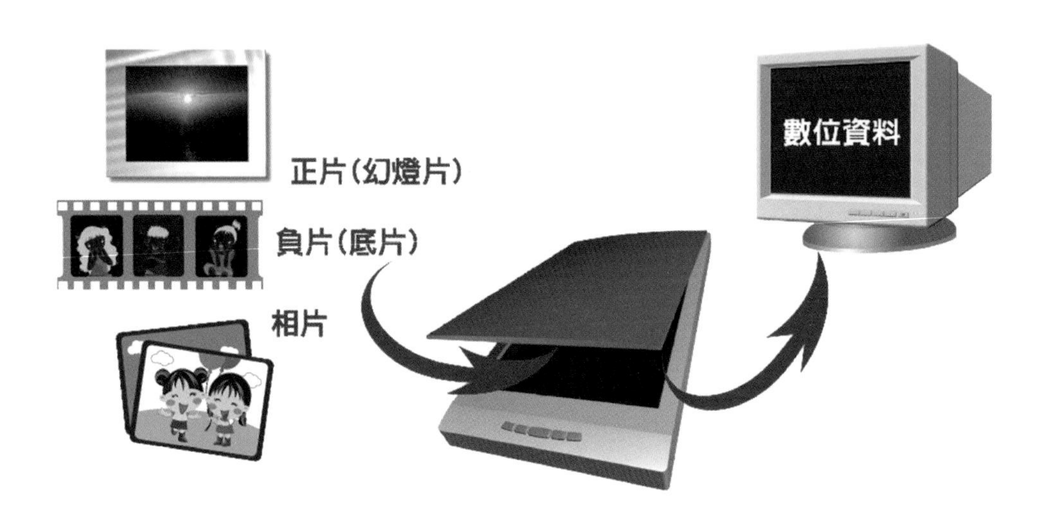

相片、幻燈片或底片都可以透過掃描器轉變成數位化的資料

一般來說，針對不同來源資料的色彩類型，選用的掃描方式也要的有所更動。一般人都熟悉使用「彩色」的方式來掃描圖片或影像，但如果來源資料是文稿或線稿，建議您要選用「黑白相片或文字」的相片類型會比較恰當，若是影印的稿件，則要選用「灰階相片」，這樣效果會比較好。

另外在掃描時，解析度設定的愈高，所掃進來的圖就愈精密，相對的會占用更多的硬碟及記憶體空間，同時掃描器處理的時間也會比較長，建議各位在可接受的品質範圍內，盡量選擇較低的解析度。

3-4-2 由數位相機取得影像

要取得數位影像的資料，又要沒有版權的問題，數位相機是最好的一個管道，走到哪裡拍到哪裡，又即時可以看到畫面效果，拍不好可以馬上刪除重拍，老花看不清楚，還可以使用 LCD 來取景，拍完要在電腦上看、要列印出來、或是燒錄光碟、做網頁、或 E-mail 與人分享，都非常的方便。

目前市面上大多數的數位相機都被視爲一顆外接式硬碟，通常在連接到電腦上，就可以直接存取記憶體中的影像。各位也可以直接透過影像處理軟體，將相機中的影像下載下來，這樣就可以馬上針對拍攝影像的缺失做修正調整。

3-4-3 擷取視窗畫面

網路上看到需要的影像畫面，通常按右鍵就可以將該圖片另存到指定的位置上，如果無法另存，也可以透過像 SnagIt 之類的抓圖軟體，將影像畫面擷取下來，當然也可以使用 PhotoImpact 等軟體來擷取視窗畫面，只要切換到「全功能編輯」，例如透過以下方式，就能設定擷取的範圍與方式：

1

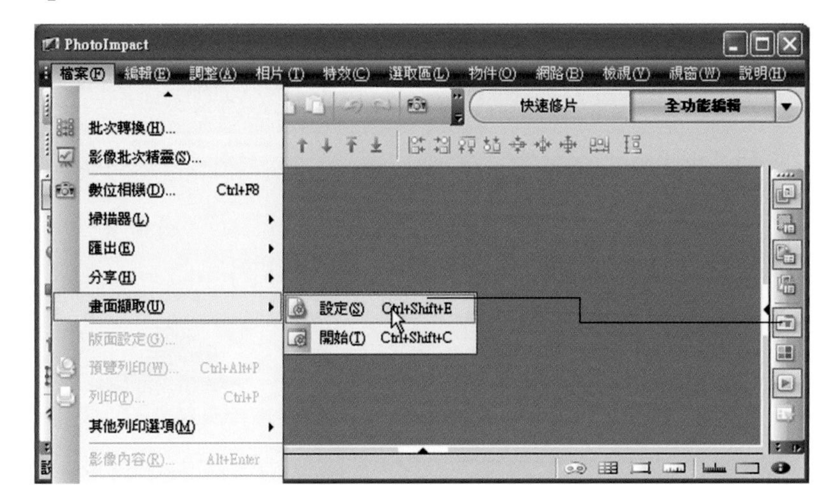

執行「檔案 / 畫面擷取 / 設定」指令

2

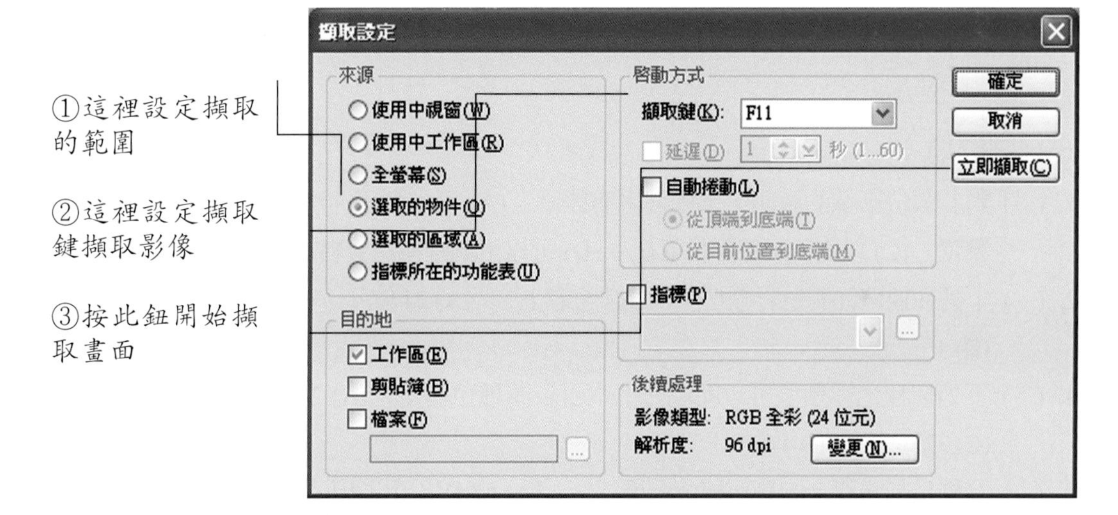

①這裡設定擷取的範圍

②這裡設定擷取鍵擷取影像

③按此鈕開始擷取畫面

3

切換到網頁畫面，按下所設定的擷取鍵「F11」

4

影像已顯示在 PhotoImpact 程式中

【課後習題】

一、選擇題

1. ( ) 對於數位影像的說明，下列何者有誤？ (A) 可以列印沖洗 (B) 可以直接用電腦瀏覽 (C) 以底片記錄影像資訊 (D) 可以用網路傳送資料
2. ( ) 下列何種位元的色彩類型又稱爲「全彩」？ (A) 24 位元 (B) 16 位元 (C) 32 位元 (D) 4 位元
3. ( ) 下列何種色彩類型可以顯現一千六百多萬種色彩？ (A) 24 位元 (B) 16 位元 (C) 32 位元 (D) 4 位元
4. ( ) 又稱爲加法混合的是何種色彩模式？ (A) CMYK 色彩模式 (B) RGB 色彩模式 (C) Lab 色彩模式 (D) 沒有限定
5. ( ) PSD 格式可以開啓於下列何種軟體中？ (A) PhotoImpact (B) Premiere (C) InDesign (D) 以上皆可
6. ( ) 下列何種格式可以支援動畫的製作？ (A) GIF (B) JPG (C)TIF (D) PNG
7. ( ) 用來將圖形或影像資料傳入電腦的周邊設備爲 (A) 掃描器 (B) 繪圖機 (C) 數據機 (D) 條碼閱讀機
8. ( ) 我們可以使用下列何種設備將圖片資料輸入電腦？ (A) 列表機 (B) 繪圖機 (C) 顯示器 (D) 掃描器
9. ( ) 小明說他昨天買了一台 1200*2400 的掃描器，更精確的說 1200*2400 應該是 (A)1200mm*2400mm (B) 1200dpi*2400dpi (C) 1200bps*2400bps (D) 1200 色*2400 色

10.( ) 印表機規格中，DPI 數愈高的印表機表示 (A) 列印速度愈快 (B) 列印顏色愈淺 (C) 列印圖形愈細緻 (D) 色彩愈鮮艷【乙檢】

11.( ) 下列何者是決定點矩陣列表機列印品質的最重要因素？ (A) 與主機連接介面 (B)DPI 的大小 (C) 緩衝區大小 (D) 送紙方面【丙檢】

12.( ) 如果有一台雷射印表機，規格為 1200 DPI，30 PPM，則打算印出 120 頁的標準 Word 文件，需時多久？ (A) 3 分鐘 (B) 4 分鐘 (C) 5 分鐘 (D) 6 分鐘

13.( ) 雷射印表機是一種 (A) 撞擊式表機 (B) 利用打擊色帶印字機器 (C) 輸入裝置 (D) 輸出裝置

14.( ) 雷射印表機的規格上註明 600 DPI 指的是什麼？ (A) 列印速度 (B) 解析度 (C) 色彩種類 (D) 置放紙張數

15.( ) 下列何種類型印表機屬於撞擊式印表機？ (A) 雷射印表機 (B) 噴墨印表機 (C) 點陣式印表機 (D) 以上皆是

16.( ) 印表機的列印品質，通常以下列何者為單位？ (A) DPI (B) ISP (C) PPP (D) PSP

17.( ) 假設你要購買一部印表機，印表機的規格中標示著 6 PPM，其中 6 PPM 所代表的意義為何？ (A) 每秒鐘傳遞 6KBytes 的列印資料 (B) 每分鐘列印 6 頁 (C) 每吋列印 6 個點 (D) 印表機的記憶體容量為 6MBytes

18.( ) DPI 是用來衡量下列何者之單位？ (A) 印表機解析度 (B) 磁碟精密度 (C) 記憶體大小 (D) 監視器品質

19.( ) 下列哪一項措施，無法有效增快印表機之列印速度？ (A) 加大緩衝區 (B) 改用單張送紙 (C) 更換為高速印表機 (D) 選用草稿列印品質

20.( ) 某公司經常需要電腦快速列印大量的即時性生管報表，應該購買下列何種印表機？ (A) 雷射印表機 (B) 噴墨印表機 (C) 點矩陣印表機 (D) 熱感應印表機

21.( ) 色階深度是指在影像上可表現的色彩數量，一般可分為黑白、灰階、16 色、256 色、全彩等。不同色階深度的像素，其位元數亦不同。若針對不同色階深度的像素，比較其位元數，下列敘述何者不正確？ (A) 全彩影像的像素比 256 色彩像的像素需要更多位元 (B) 256 色影像的像素比 16 色影像的像素需要更多位元 (C) 色彩像的像素比灰階影像的像素需要更多位元 (D) 灰階影像的像素比黑白影像的像素的像素需要更多位元

22.( ) 一個全彩 1024*768 的畫面占多少記憶空間？ (A) 18MB (B) 2.25MB (C) 0.75MB (D) 6MB

23.( ) 全彩是指 (A) R,G,B 三原色各占 1 bit (B) R,G,B 三原色各占 1 byte (C) R,G,B 各占 3 bits (D) 以上皆非

24.( ) 哪一個不是影像處理的優點所在？ (A) 適合修飾照片 (B) 能製作較眞實的照片

(C) 簡化了影像修改的處理程序 (D) 能輕易產生兩張一模一樣的圖片

25.( ) 只存圖形大、方向、位置等資訊是哪種圖的格式？ (A) 點陣圖 (B) 向量圖 (C) 統計圖 (D) 以上皆是

26.( ) 大部分數位相機拍攝的照片，可利用下列哪一種軟體加以編修？ (A) WinZip (B) Excel (C) PhotoImpact (D) Access

27.( ) 下列何者是向量式影像檔案格式？ (A) BMP (B) AI (C) GIF (D) JPEG

28.( ) 若有一種影像是以 6bits 來記錄顏色，最多可以記錄幾種顏色？ (A)512 (B)256 (C)128 (D)64

29.( ) 在 RGB 彩色模式中，將紅、綠、藍三色以色彩強度（255, 255, 255）混合，所得顏色為何？ (A) 白 (B) 黑 (C) 黃 (D) 紫

30.( ) 一張大小為 600×800 像素，顏色為 256 色灰階的影像，所需的記憶體為：(A) 480000 bytes (B) 960000 bytes (C)1440000 bytes (D)1920000 bytes

31.( ) 圖片中只包含黑到白不同明亮度的色彩，則此圖屬於 (A) 黑白圖 (B) 灰階圖 (C) 全彩圖 (D) 高彩圖

32.( ) 全彩（Full Color）是指每個像素（Pixel）以 RGB 三原色各 8bits 來表達，則一張解析度 600DPI，長寬各 5 英吋的全彩圖片，若不予壓縮，會占用多少磁片儲存空間？(A)15MB (B)24MB (C)25MB (D)27MB

二、問答與實作題

1. 一個 800×600 像素的全彩影像，所占的記憶空間大小為何？
2. 若一片裝有 3Mbytes 螢幕記憶體的顯示卡，被調設成全彩（24bits/pixel），則該顯示卡能支援的最高解析度為何？ (A) 640×480 (B) 800×600 (C) 1024×768 (D) 1280×1024
3. 以一張 256Mb 的數位相機記憶卡而言，則可以記錄存放 1024*768 尺寸大小的影像多少張？
4. 請說明點陣圖和向量圖的差異性。
5. 請說明影像素材的來源有哪幾種方式。
6. 如何決定數位影像的品質？
7. 試說明高彩與全彩的不同。
8. 何謂色彩的三要素？試說明之。
9. 何謂 CMYK 模式？
10. 試說明影像壓縮的原理。
11. 何謂 PSD 格式？
12. 請說明色相（Hue）的意義與內容。

第四章 音訊媒體

從各位早上起床開始，四周就充滿了各式各樣的聲音，例如說話或唱歌時所發出的聲音，是由於喉嚨聲帶的振動所造成。所以我們可以在聲音來源的四周都聽到聲音。

Live 演唱會與流行音樂深受年輕人的喜愛

當然如果環境中一切都是靜止的，那麼也就不會有聲音了。聲音是通過物體振動所產生，會通過經介質（如空氣或固體、液體），並以聲波（Sound Wave）的方式將能量傳送出去，並形成不同的波形。傳遞聲波的物質，就稱為「介質」，聲波一定要透過介質才能傳遞出去，在眞空狀態下就無法傳遞聲音。

4-1 音訊基本原理

音訊（audio）就是聲音，從物理的概念來看，它就是一段連續的類比波形訊號，離開音源愈遠，聲波愈分散，聽到的聲音也較弱。傳遞聲波的物質，就稱為「介質」。光波不需介質傳播，聲波則需要介質傳播，這些介質可以包括氣體、液體和固體，不過聲音是不能在眞空中傳播。

4-1-1 聲音的特性

在同一種介質中，波速是相同的聲波在不同介質的速率大小關係：固體 > 液體 > 氣體，眞空中速率為 0。基本上，聲音可分為音量、音調、音色三種組成要素。

音量是代表聲音的強弱，音量的單位通常以「分貝」（dB）來表示，分貝表示聲音的強度或響度，以聲波而言，就是振幅的高低或能量的強弱，聲波振幅愈大，表示聲音也就愈大聲。所謂零分貝的設定，是根據聽力正常人所能聽到的最小聲音所得。每增加 10 分貝等於強度增加 10 倍，一般的耳語大約是 20 分貝，台北東區熱鬧的十字路口約 85 分貝，飛機場跑道 120 分貝。

音調是代表聲音的高低，由振動的頻率決定，頻率愈高，音調也就愈高，音調較低聲波的頻率也較低，例如女孩子的音調通常就比男孩子來得高。至於俗稱的音色就是聲音的獨特性，決定於聲波的波形，不同的發音體產生不同的波形，而形成不同的音色。例如各種樂器奏出的聲音，所呈現的波形不同。

聲音還有許多特性，例如讓人感覺不舒服的聲音，它的波形沒有一定的規律，這種聲音稱爲噪音，長期處在超過 85 分貝以上的噪音環境中，就容易造成人耳聽力受損。迴聲則是當聲音發生反射現象時傳回的聲音，當聲波在遇到障礙物時，一部分會穿過障礙物，而另一部分聲波會反射回來形成回聲。迴聲的應用很廣泛，如海軍潛水艇上運用聲納回聲來探測海水深度或敵軍目標物的位置及方向。

4-1-2 音訊承載訊號簡介

語音在空氣中是以波的形式來傳遞，是一種連續性的自然界訊號（如同人類的聲音訊號），我們將這種波的訊號稱爲類比訊號（Analog signal）。類比音訊是指自然聲波本身在特定數值範圍內的數據全都轉換成強弱電壓來記載，包含有聲音的頻率及音量，而且它們隨時會改變。

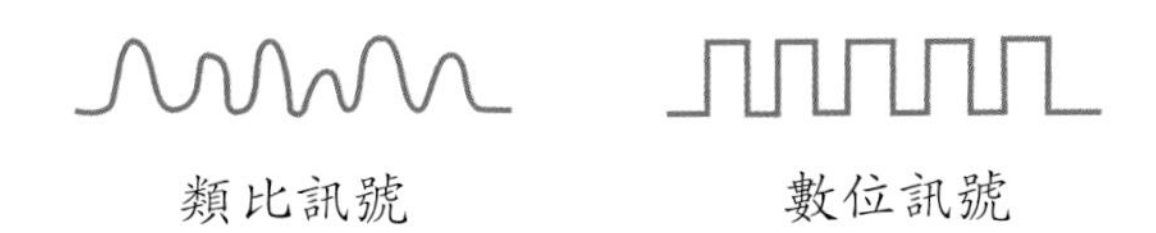

電腦無法直接處理類比訊號，因爲在電腦中，所有的資料都是以 0 或 1 表示。當訊號以數值大小表示時稱爲數位訊號（Digital Signal）。例如在早期使用 DOS 及視窗系統的個人電腦只能發出大聲的嗶嗶聲，到現在遊戲軟體中產生的背景音效，都是屬於數位訊號。

4-2 數位音訊

類比音訊在傳輸及資料處理有其兩大致命傷。第一個即是訊號衰減問題，第二個致命傷便是干擾問題（雜訊）。在以前使用類比音訊的年代，各位要複製錄音帶或是錄影帶時，會發現拷貝的版本次數愈多，拷背後帶子的雜訊比相較於母帶就會愈大。然而在數位化世界裡，數字轉換爲二進位，無論資料複製多少次，都可以達到不失真的目標。

各位身邊可見的一個例子就是錄音帶與音樂 CD 的差別，錄音帶中的資料就是屬於類比音訊資料，而音樂 CD 或 MP3 中的資料則是屬於數位音訊資料。

語音訊號在進入電腦前是一種連續性的類比音訊，電腦無法直接處理類比訊號，當我們將聲音轉換成數值之後的數位訊號就稱爲數位音訊（Digital Audio），數位音訊所記錄的資料是僅包含 0 與 1 的資訊。

在目前數位化的 21 世紀，所有的資料、影像、音訊等皆被數位化。數位化的最大好處是方便資料的傳輸和保存，避免造成資料的失真，且方便在電腦中進行儲存、傳輸、編輯、後製等作業。

4-2-1 取樣

當各位進行聲音錄製時，像是我們的聲音由麥克風捕捉後，將聲音資料儲存於電腦上，就是屬於類比轉數位的過程，必須透過「類比數位轉換器」（Analog-to-Digital Converter, ADC）來成為數位音訊。當我們利用電腦與喇叭將音效數位檔案播放出來，就是數位轉類比的過程，必須透過「數位類比轉換器」（Digital-to-Analog Converter, DAC）。

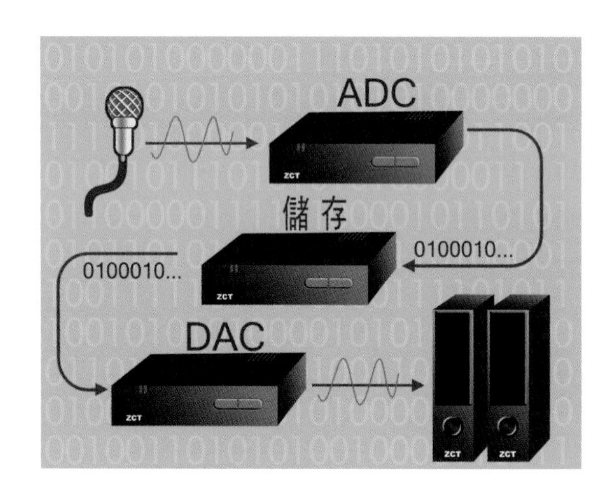

類比與數位的轉換關係示意圖

我們要將聲波資料數位化的過程，稱為「取樣」，通常取樣頻率愈高，音質愈好，音頻訊號失真愈小，所須要占用的資料量愈大。請看下圖說明：

1. 圖中的粉紅色曲線就是音波曲線，現在圖形中所呈現的就是在未進行取樣前的自然聲波圖。

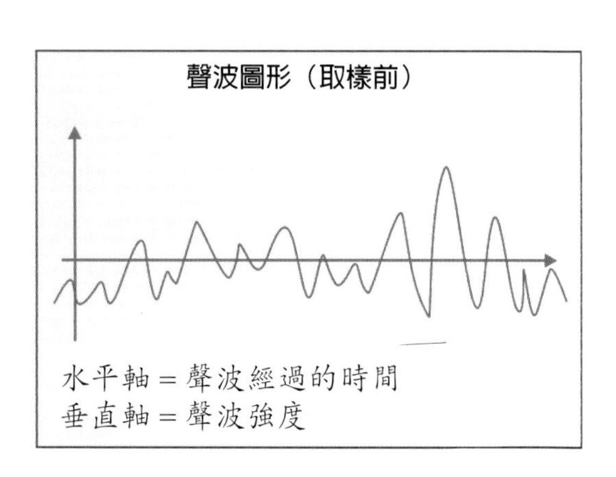

2. 開始進行取樣動作，我們採用長條圖的方式來將聲波進行切割細分。這個切割的密度我們稱之爲「取樣率」，而每一個長條所占的資料量則稱爲「解析度」。

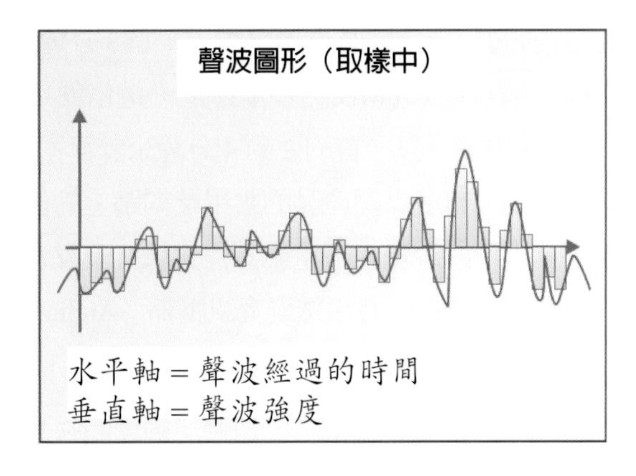

Tips

取樣率就是每秒對聲波取樣的次數，或稱頻率，以赫茲（Hz）爲單位。解析度是每一個取樣結果的資料量長度，以位元爲單位。常見的取樣頻率可分爲 11kHz 及 44.1kHz，分別代表一般聲音及 CD 唱片效果。由於人耳的聆聽範圍是 20Hz 到 20kHz，理論上只要取樣頻率大於原始訊號頻率的兩倍以上，就可達到和原始聲音極爲類似的音訊。市面上常見的音效卡取樣頻率有 8KHz、11.025KHz、22.05KHz、16KHz、37.8KHz、44.1KHz、48KHz等，而這個取樣率的值愈大，則聲音的失眞情況就會愈小。

3. 最後將粉紅色曲線拿掉，就可將所剩下的長條圖數值直接換成數位音訊資料，也就是完成取樣動作。

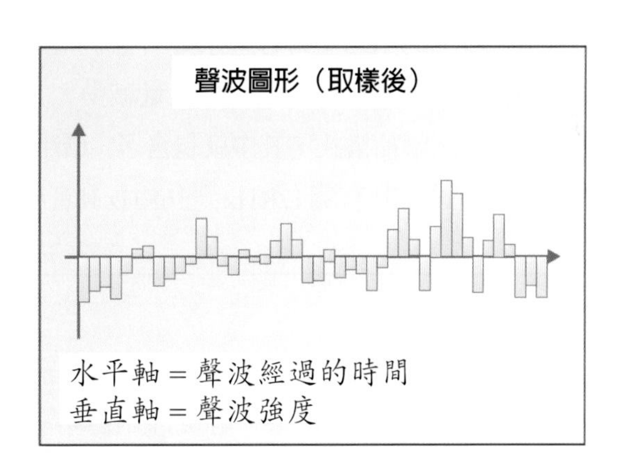

4-3 認識音訊壓縮與相關應用

沒有經過壓縮的影像和音訊資料容量非常龐大，例如要把原先在錄音帶上的音樂直接轉換成電腦可以儲存的數位音樂檔案，一分鐘大約需要 10MB 的空間。目前流行的音樂光碟，通常只是單純將類比音訊數位化，而沒有經過壓縮的程序，因此將聲音錄進電腦裡所需的檔案空間很大。以CD音樂來說，一首3分鐘的歌曲，大約就占據30MB左右的空間，一片光碟片通常以650MB爲基本單位，這也就是爲什麼一般的音樂CD最多只能容納約15到20首的歌曲（以一首約2到4分鐘來計算）。

這樣的結果對多媒體產品的應用及網路上的傳輸，產生了相大的障礙，音訊資料沒有經過壓縮，占用的容量會嚴重影響程式執行及聲音的傳送。爲了避免空間及時間的浪費，因此音訊資料在傳送前必須透過音訊壓縮（Audio Compression）技術來降低容量。

4-3-1 音訊壓縮原理

音訊壓縮的基本原理是將人類無法辨識的音訊資料去除，在不會被察覺的情況下，儘量減少資料量的同時，也能維持重建後的音訊品質。我們知道人耳的聽力可接受的頻率範圍介於20Hz～20kHz之間，這稱爲「最小聽覺門檻」。

音訊壓縮的基本原理就是將一些不易察覺且落在這個範圍以外的頻率的訊號移除，以達到降低資料量的目的，這樣對大多數的人而言，壓縮後音檔聽起來的感覺差異不大。

另外還包括一種「遮蔽效應」的應用，也就是人類聽覺神經具備強訊號會遮蔽鄰近頻率弱訊號的現象，這時壓縮演算法中就可以計算強訊號對附近弱訊號的遮蔽效應，保留較容易被注意到的聲音，去除鄰近不明顯的聲音，來達到大量降低資料容量的目的。

例如MP3是當前相當流行的破壞性音訊壓縮格式，全名爲MPEG Audio Layer 3，爲MPEG（Moving Pictures Expert Group）這個團體研發的音訊壓縮格式，就是採用MPEG-1 Layer 3（MPEG-1的第三層聲音）來針對音訊壓縮格式所製造的聲音檔案，可以排除原始聲音資料中多餘的訊號，並能讓檔案大量減少，非常適合在網際網路傳輸的應用，可說是目前最通行的音訊壓縮格式，其中就包含了「最小聽覺門檻」與「遮蔽效應」理論的應用，就是簡化或省略聲音中 有關12KHz到16KHz高音頻這部分的資訊，藉此來達到高壓縮比。

Tips

MPEG是Moving Pictures Experts Group的縮寫，成立於1988年，其組織成員皆爲數位影音訊號處理技術的專家，組織的目標則是致力於建立數位影音的標準格式。

通常使用MP3格式來儲存，一首歌曲的容量可以小於3MB，而仍然能夠保持高音質。像是各位喜愛CD中的音樂必須使用某些聲音轉檔軟體〔如鋸齒器（ripper）程式〕轉換成MP3的格式，才能張貼在網際網路，而其它流覽者再使用MP3播放程式播放聆聽。

4-3-2 常見音訊檔案格式

音訊數位化的結果就是產生了許多編碼（Encode）方式不同的各類音訊檔案格式，相信各位一定看得頭暈腦轉，根據相關軟體與應用領不同也有區別，有些是未經壓縮，有些是非破壞性壓縮，當然還有許多是破壞性壓縮的檔案格式。

這些格式的檔案都有不同的副檔名，例如 WAV、MP3 或 AU。如果要播放這些音效檔，必須先下載檔案，然後再使用音效播放軟體與適當地設定瀏覽器，即可在電腦上播放。

■ WAV

WAV（wave audio file format，或稱 WAVE）是微軟公司制定的一種數位聲音標準儲存方式，也稱爲波形音訊檔，副檔名爲 .WAV。主要是將聲音依強弱的程度，經由錄製聲音的電子設備，將其轉換成類比音訊，爲波形音訊常用的未壓縮檔案格式。

Tips

波形音訊是由震動音波所形成，也就是一般音樂格式，在它轉換成數位化的資料後，電腦便可以加以處理及儲存，例如旁白、口語、歌唱等，都算是波形音訊。

它是以取樣方式將所要紀錄的聲音忠實的儲存下來，所以音質不會出現失真的情況，相對地檔案容量也會較大。其錄製格式可分爲 8 位元及 16 位元，且每一個聲音又可分爲單音或立體聲，爲 Windows 中標準語音檔的格式，受到 Windows 平台應用軟體的廣泛支援。

■ WMA 檔案格式

WMA（Windows Media Audio）是微軟公司開發的一種數位音訊破壞性壓縮格式，是 Windows Media Player 的專用格式，具有良好的壓縮能力，壓縮率一般都可以達到 1：18 左右。跟 MP3 比起來，在同等品質下它的檔案會比較小，其檔案大小爲原來的 MP3 的 1/3 到 1/4 大小，比如一首 4MB 的 MP3 歌曲、轉換成 WMA 後大概只剩下 1～2MB 的容量，WMA 還支援 CD 及線上播放的能力，利用 Windows 內建 Windows Media Player 就可播放。

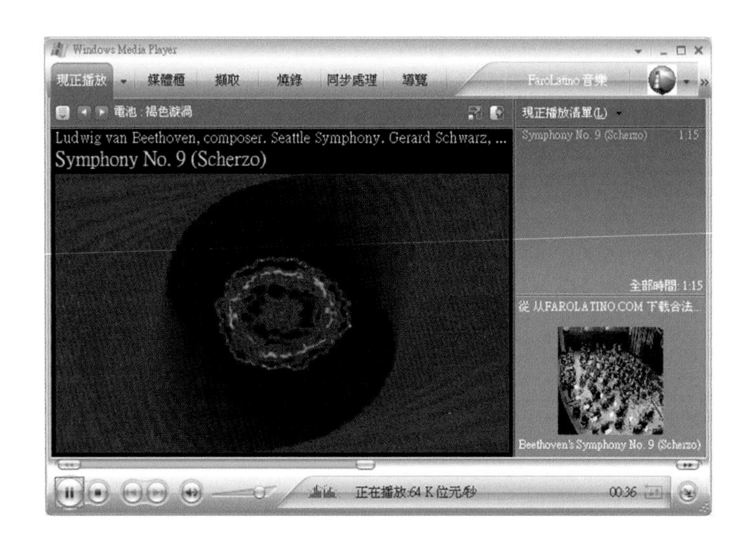

Window Media Player 音效播放軟體

■ AIFF

AIFF 是 Audio Interchange File Format 的縮寫，爲蘋果電腦公司所開發的一種聲音檔案格式，副檔名爲 AIF/AIFF，和 WAV 格式一樣，擁有很好的音效品質，屬於 QuickTime 技術的一部分，主要應用在 Mac 的平台上，並支援 16 位 44.1kHz 身歷聲。AIFF 檔大部分瀏覽器都能播放，可以透過 CD、錄音帶、麥克風等裝置錄製 AIFF 檔案，由於 AIF 檔案容量過大，使用瀏覽器在網路上播放，會嚴重限制播放的長度。

■ CDA 檔案格式

CD Audio (.cda) 是 CD Audio 的縮寫，也是一般音樂 CD 所使用的格式，由飛利浦公司訂製的規格，要取得音樂光碟上的聲音必須透過音軌抓取程式做轉換才行，也就是說，各位只能從光碟機中播放 .cda 檔案。

■ RA/RM/RMX 格式

RA 的全名是 RealAudio，爲 Real Network 所開發的專屬檔案格式，副檔名爲 .ra、.rm、.rmx，由於壓縮比相當高，仍然能保有相當程度的播放品質，容量甚至比 MP3 檔案還要小，可隨網路頻寬改變品質。所以在網路上以串流來處理檔案時，使用者端就可隨即欣賞，也就是可即時播放聲音檔案，不須先下載到個人電腦後再播放。在瀏覽器如果要播放這類檔案格式，必須下載和安裝 RealPlayer 輔助工具應用程式或外掛程式。

■ MP3

MP3 是一種採用 MPEG 編碼技術壓縮與解壓縮的聲音檔案格式，可以將 WAV、CD 音樂等檔案壓縮到很小，並且幾乎聽不出與原來的差異，非常適合在網際網路傳輸的應用。以前如果要播放 MP3 檔案格式聲音檔，必須另外安裝 MP3 播放軟體，現在由於 Windows 系統都內建 Windows Media Player 已支援 MP3 格式，所以 MP3 聲音檔案可說是現在非常當紅的聲音格式。以 WAV 純聲音檔來說，經由 MP3 的壓縮技術，而產生壓縮比例大約 1：10 的音樂聲音檔，是屬於失真性的壓縮格式。如果將 MP3 燒錄成光碟，則一片 CD 光碟可以儲存 100 多首的 MP3 歌曲。

■ AAC

全名爲 Advanced Audio Coding，是一種進階音訊編碼，出現於 1997 年，它是國際標準組織（ISO）所制訂的音訊標準格式，AAC 是一種基於 MPEG-2 的音訊編碼技術。它的取樣頻率選擇性更高（最高可達 96kHz，音訊 CD 爲 44.1kHz），再加上更高的採樣精度（支援 8bit、16bit、24bit、32bit，音訊 CD 爲 16bit）及壓縮比通常爲 18：1，可以大幅降低儲存空間及減少傳輸時間，相較於 MP3 格式，AAC 支援更多的聲道，非常適合新一代音樂產品使用，可說是最具人氣的音訊壓縮格式。

4-3-3 MIDI

MIDI（Multiple Instrument Digital Interface, MIDI）爲電子樂器與電腦的數位化界面溝通的標準，是連接各種不同電子樂器間的標準通訊協定。現今的 MIDI 音效不但結合了多媒體產品、甚至與傳統音樂以及現代表演藝術間也達到水乳交融的境界，依循 MIDI 規格協定製作而成的合成樂器稱之 MIDI 樂器，所創作出來的樂曲稱爲 MIDI 音樂。

MIDI 的優點是資料的儲存空間比 Wave 檔小了很多，不直接儲存聲波，而儲存音譜相關資訊，而且樂曲修改容易，很適合在網路傳輸，檔案大小只有 WAVE 的百分之一，不過難以使每台電腦達到一致的播放品質。因爲 Midi 格式檔案中的聲音資訊不若 Wave 格式檔案來得豐富，它主要記錄了節奏、音階、音量等資訊，單獨聽 Midi 音效檔案會覺得像是一個沒有和弦的單音鋼琴所彈出來的效果，甚至可以用難聽來形容。然而隨著軟、硬體技術的突飛猛進，使得電腦在播放 Midi 格式音效檔時，可以進一步利用軟體或硬體的計算功能，進一步模擬 Midi 音效播放時中間搭配的和弦效果，使得 Midi 音效也能提供十分悅耳的音樂。

4-3-4 語音辨識

語音辨識（Speech Recognition）最主要的目的是希望電腦聽懂人類說話的聲音，並執行所要求的動作。所謂語音，是泛指任何我們耳朵所能聽見的聲音，但不包括利用音樂處理晶片所製造的音樂，任何信號都可以波的形式表示，語音訊號也不例外，語音辨識就是要從這些動態的訊號中找出一定的規律性，進而把它們辨識出來語音辨識的基本原理，就是以這些特徵參數做基礎。

簡單來說，語音辨識也就是藉由轉換裝置將人類說話時語音的類比資料轉成電腦內部的數位資料儲存後，透過語音辨識程式來進行與事先預存的聲音樣本比對，最後執行相對應的工作。以前涉及語音信號處理的研究，大多是單一詞彙的辨識，對於連續的語音識別則較困難，錯誤率也較高。但經過多年的努力，目前有了較爲突破的進展。

4-3-5 VoIP 電話

VoIP（Voice over IP, VoIP）電話，也就是網路電話，是目前相當流行的網路工具，也是一種數位音效的應用，也就是一種透過開放性的網際網路，傳送語音的電信應用服務，讓使用者可以不需再透過傳統的公眾電話網路。VoIP 原理就是將原爲聲音的類比訊號數位化後，壓縮成數據資料封包後，直接利用 IP 數據網路（IP Network）傳送的語音服務，最特別的是可將資料封包在網路上傳遞過程中所發生的失眞或雜訊做適當修補，不僅做到了可即時提供高品質語音服務，更可連接至世界各地的任的軟體電話、手機或固網電話，因此可大大地節省個人或公司的通話費用，尤其是更能節省龐大的國際電話費用。

例如 Skype 是一套使用語音通話的軟體，它以網際網路爲基礎，讓線路二端的使用者都可以藉由軟體來進行語音通話，透過 Skype 可以讓你與全球各地的好友或客戶進行聯絡，甚至進行視訊會議與通話。Skype 軟體已發展到 6.2 版，它的通話品質比以前更好，不會出現語音延遲的現象，要變更語音設備也相當的簡單，無須再重新設定硬體設備，而且在 iPhone、Android 以及 Windows 10 上都可以使用 Skype。

想要使用 Skype 網路電話，通話雙方都必須具備 Skype 軟體，而且要有麥克風、耳機、喇叭或 USB 電話機，如果想要看到影像，則必須有網路攝影機（Web CAM）及和高速的寬頻連線，要能視訊的效果較佳，電腦最好可以使用 2.0 GHz 雙核心處理器。還有一項功能就是支援最多可 10 人同時進行多方視訊通話，對於有許多朋友位於異地進行開會或舉辦跨域性活動，是一套相當不錯的視訊工具。接下來各位可以選擇到下列網址下載 Skype 最新版軟體來安裝：

http://skype.pchome.com.tw/download.html

下載安裝完成之後，請先註冊您的 Skype 名稱，就可以開始使用 Skype 了。

4-3-6 杜比數位

杜比數位音效（Dobly Digital）就是所謂的 Dolby AC-3 環繞音效，是由杜比實驗室研發的數位音效壓縮技術。通常是指 5.1 聲道（六個喇叭）獨立錄製的 48Khz、16 位元的高解析音效。

所謂 5.1 聲道是指包含前置左右聲道、後置左右聲道與中央聲道，而所謂的 .1 是指重低音聲道，所以 5.1 聲道共可連接六顆喇叭。5.1 聲道增加了一個中置單元，這個中置單元是負責傳送低於 80Hz 的聲音信號，在影片播放的時候更有利於加強人聲，就是利用聽覺屏蔽的原理，將人的對話集中在整個環境的中央，以提升整體效果。目前 5.1 聲道已經被廣泛地運用在各種電影院及家庭劇院中。

此外，5.1 聲道的系統雖然可以表現出多數音場定位，但是對於後方定位效果仍然無法有較佳的表現，因此便再發展出後環繞聲道（Back Surround）的新系統。如果在後方增加一顆喇叭，便成爲 6.1 環繞聲道系統；在後方增加兩顆喇叭，則稱爲 7.1 環繞聲道系統。

4-3-7 網路廣播

網路廣播（Podcast）更是 Web 2.0 時代網路上相當熱門的新功能，Podcast 是蘋果電腦的 iPod 和 Broadcast 兩字的結合，同時具備 MP3 隨身聽與網路廣播的功能。Podcast 是數位廣播技術的一種，簡單來說，它就是一種「可訂閱、下載及自行發布的網路廣播」。它和傳統廣播的最大不同點在於用戶可以訂閱廣播網站所提供的網路廣播內容。因爲 Podcast 的檔案採用 MP3 格式，除了在網路收聽外，也能把節目的 MP3 檔下載，再傳輸到媒體播放器（如 iPod、MP3 播放器、手機或電腦）播放。如果各位要取得 Podcast 的節目，最快速的方式就是連到提供 Podcast 連結的入口網站，例如在「Odeo」（http://www.odeo.com）網站上就有數量龐大的 Podcast 節目連結，底下我們就以這個入口網站，示範如何進行網路廣播節目的訂閱與下載播放，首先請連上 http://www.odeo.com：

進到 odeo 的首頁，就可以直接點選首頁上提供的頻道，或是挑選自己有興趣的分類，例如下圖的「Entertainment」類別：

4-4 影音播放達人——iTunes

坐在電腦前一段時間，總是一件挺乏味的事。其實各位只要擁有喇叭、光碟機、音效卡與一片動聽的音樂 CD，您的電腦便能搖身一變成爲悅耳動聽的高級音響！當然這還需要一套優質的影音管理軟體。

iTunes 是 Apple 公司所推出的一套多媒體影音播放軟體，不但可以在 iTunes 裡的 APP Store 來購買影片音樂等，透過 iTunes 雲端服務，該音樂將會自動同步安裝到你所有的裝置。簡單來說，iTunes 本身就是一套數位娛樂媒體的資料庫系統。外觀上維持著 Apple 設計的一貫的風格，其播放音樂的質感更是令人讚賞，軟體中同時包含了 QuickTime，在安裝 iTunes 的過程中會同時進行安裝。請輸入網址「http://www.apple.com.tw/quicktime」，連結到 Apple 的中文網站後進行下載。

4-4-1 啓動 iTunes 功能

第一次啓動 iTunes 時會出現一個版權宣告的視窗，請點取畫面上的「同意」鈕。接下來會顯示「iTunes 設定助理員」視窗，它讓各位在使用 iTunes 前先進行一些相關設定，各位可以按下「取消」鈕取消此畫面，不過下次再開啓時又會再出現，直到你設定完成爲止，在此先點取「取消」鈕以進入到 iTunes 操作畫面：

iTunes 的主畫面

4-4-2 播放音樂 CD

要播放音樂 CD 時直接將 CD 放入光碟機，iTunes 會自動進行偵測動作：

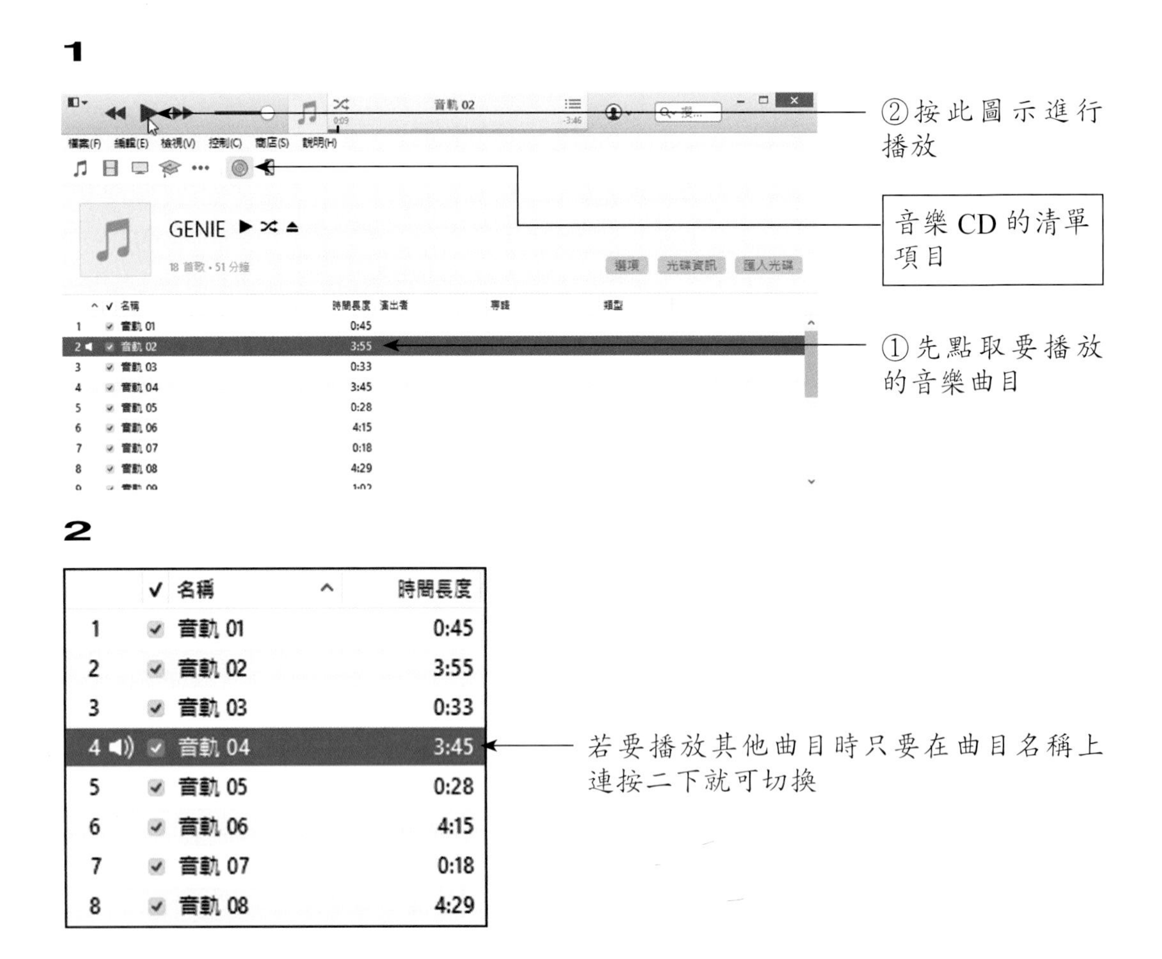

4-4-3 播放音樂檔案

各位可以將放置音樂檔案的整個資料夾拖曳到視窗左側的「來源」區域，此時資料夾名稱會變成「來源」區域中的一個音樂清單，再點取此音樂清單後，視窗右側會顯示出資料夾內所包含的音樂檔案，接著就可以直接播放了：

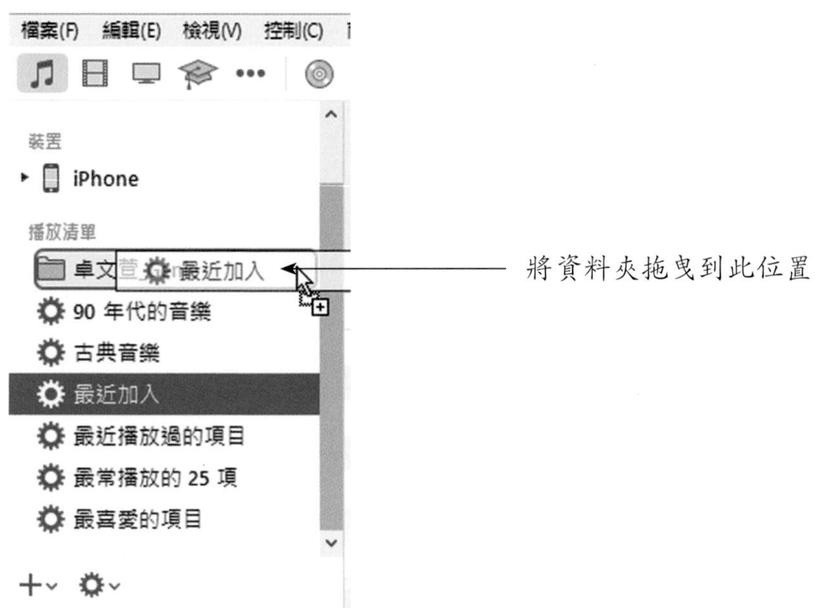

2

4-4-4 CD 轉換成 MP3

iTunes 除了音樂播放以外，也可以將音樂 CD 中的音樂檔案轉換成 MP3 格式，讓我們可以利用 MP3 隨身聽來隨時享受喜愛的歌曲：

■ 設定檔案格式

因為 iTunes 的預設轉換格式並不是 MP3，所以在轉換前要先進行設定，請執行「編輯／偏好設定」指令：

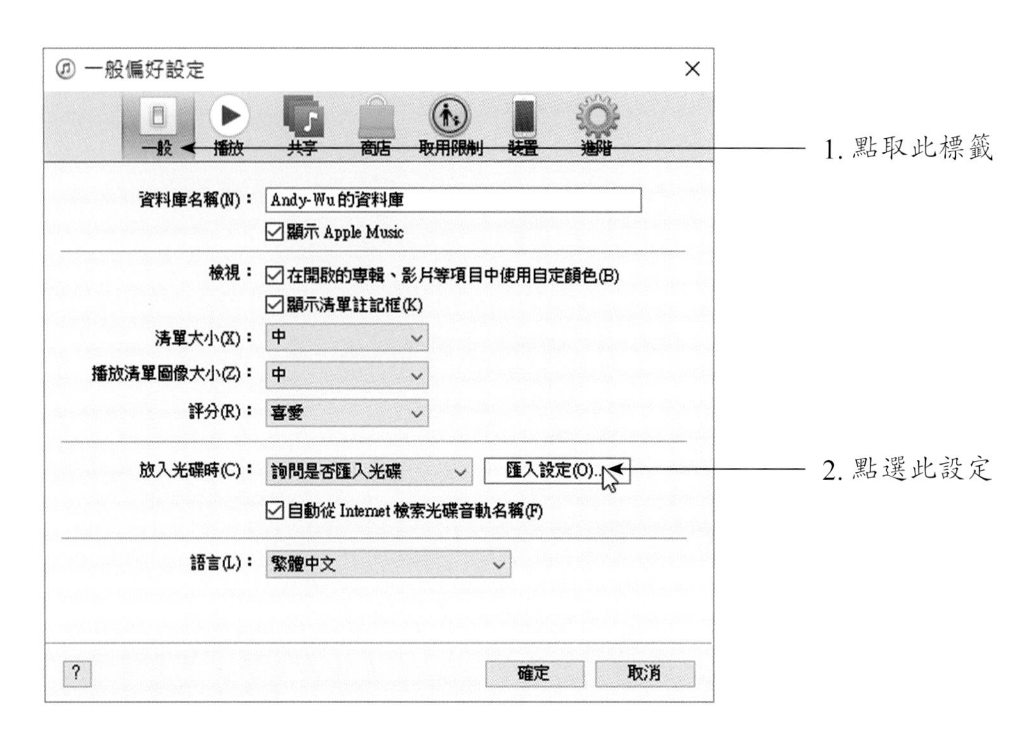

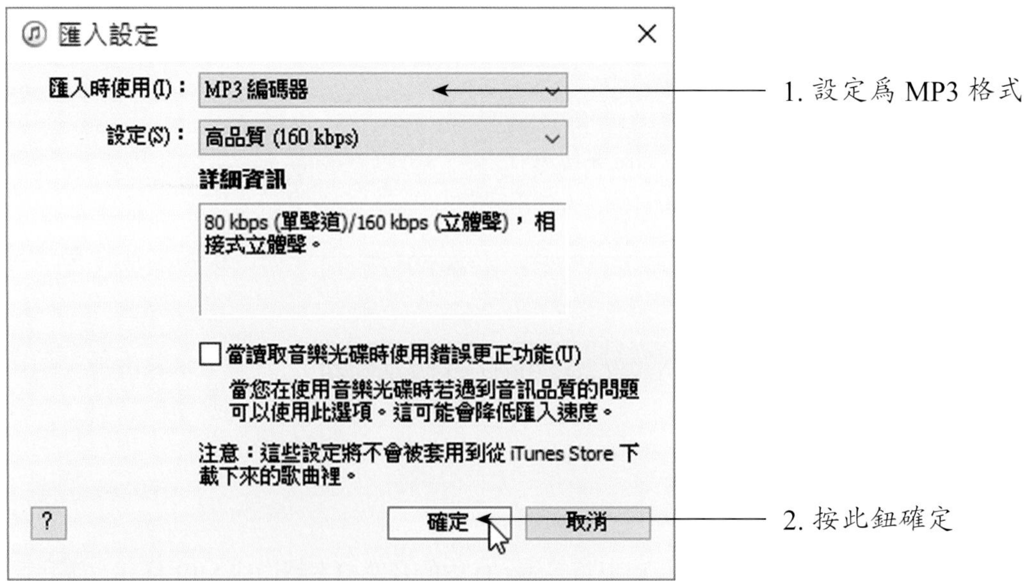

■設定轉換完成的檔案存放位置

一樣執行「編輯 / 偏好設定」。

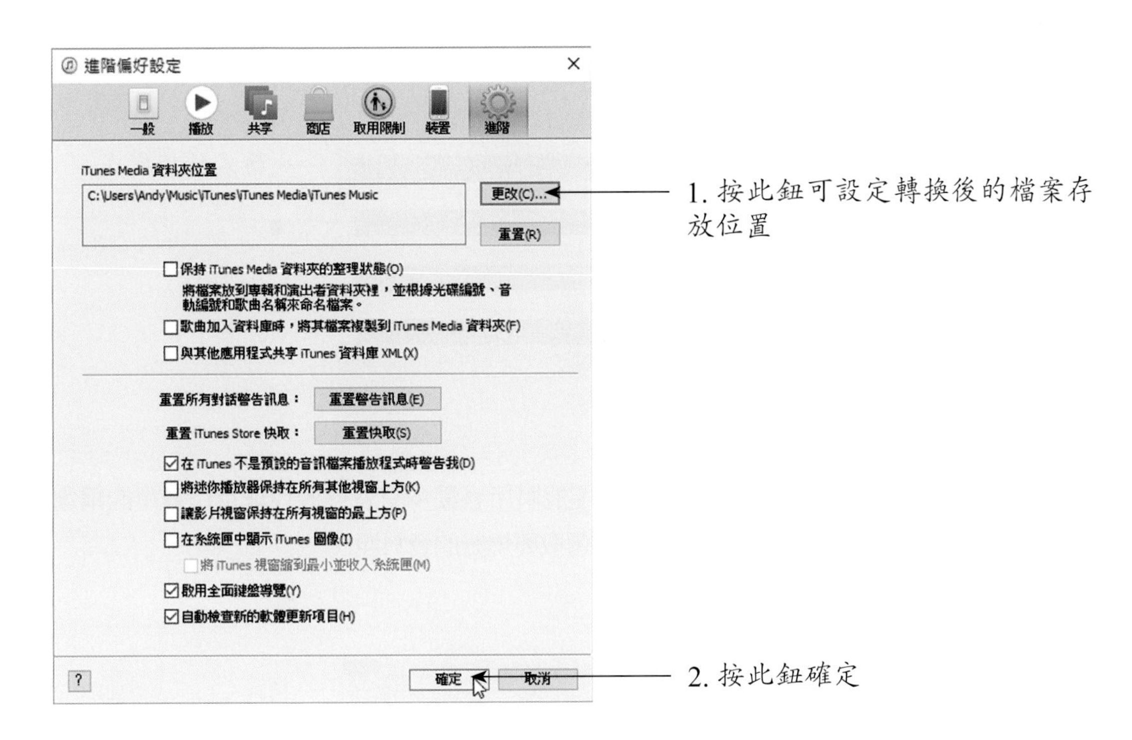
進階偏好設定
一般
播放
共享
商店
取用限制
裝置
進階
iTunes Media 資料夾位置
C:\Users\Andy\Music\iTunes\iTunes Media\iTunes Music
更改(C)...
重置(R)
1. 按此鈕可設定轉換後的檔案存放位置
重置所有對話警告訊息：
重置警告訊息(E)
重置 iTunes Store 快取：
重置快取(S)
確定
取消
2. 按此鈕確定

開始進行轉換

1

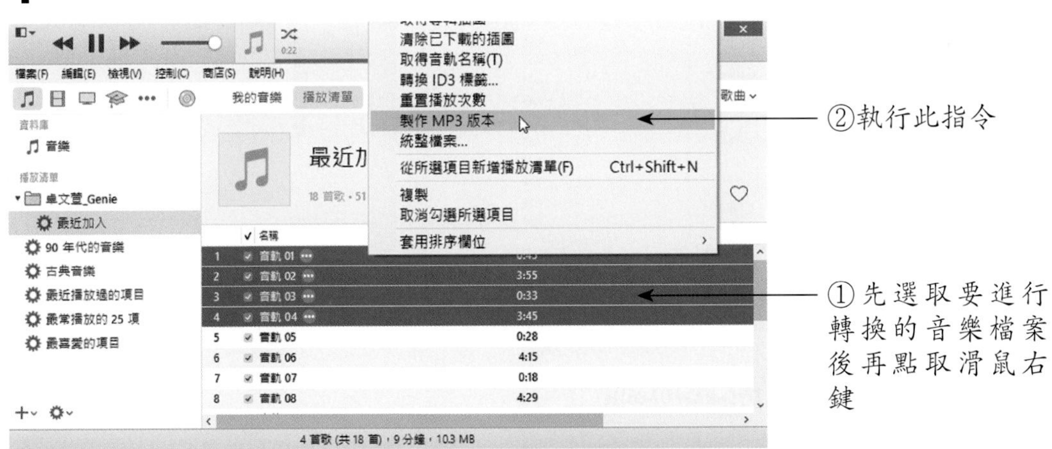
清除已下載的插圖
取得音軌名稱(T)
轉換 ID3 標籤...
重置播放次數
製作 MP3 版本
統整檔案...
從所選項目新增播放清單(F)　Ctrl+Shift+N
複製
取消勾選所選項目
套用排序欄位
②執行此指令
①先選取要進行轉換的音樂檔案後再點取滑鼠右鍵
4 首歌 (共 18 首)，9 分鐘，10.3 MB

2

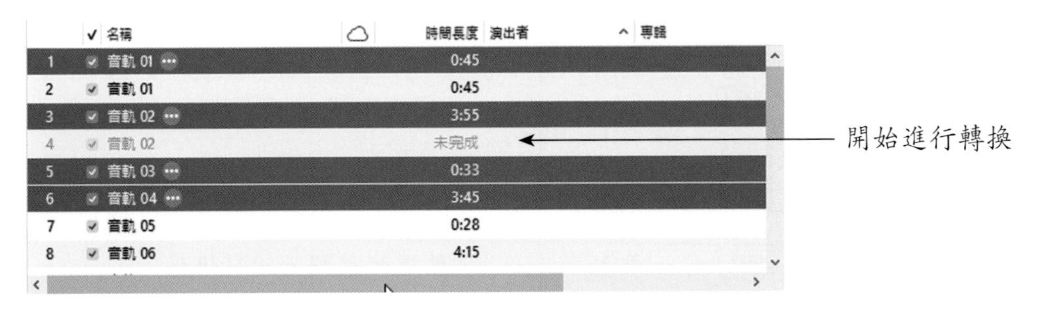
名稱
時間長度
演出者
專輯
音軌 01　0:45
音軌 01　0:45
音軌 02　3:55
音軌 02　未完成
音軌 03　0:33
音軌 04　3:45
音軌 05　0:28
音軌 06　4:15
開始進行轉換

3

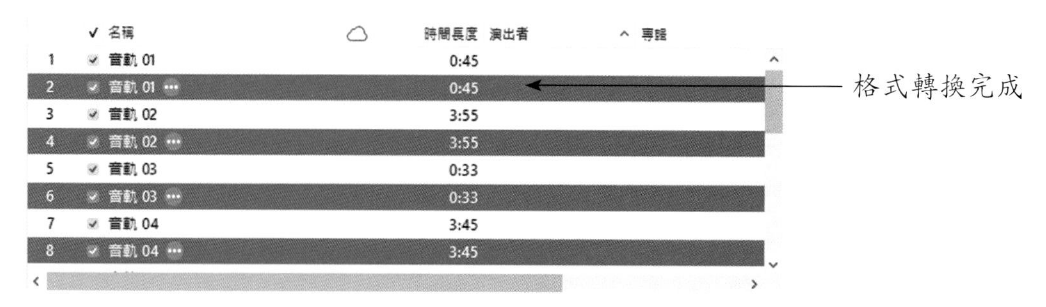

4-4-5 燒錄音樂 CD

除了轉換成 MP3 格式的功能外，各位還能將所喜愛多首音樂製作成自己專用的精選集，讓好歌一次聽個夠，請先從播放清單中選取要燒錄的資料匣：

1

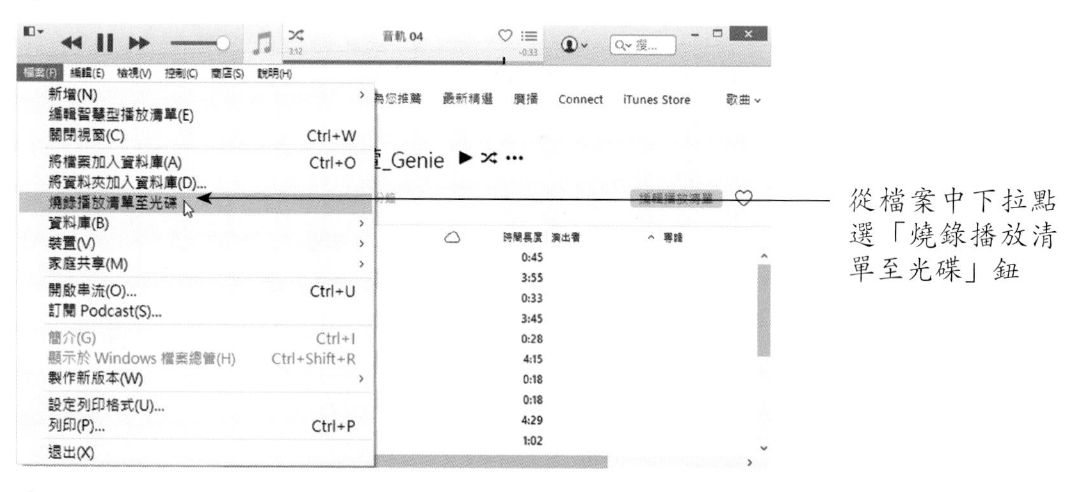

2

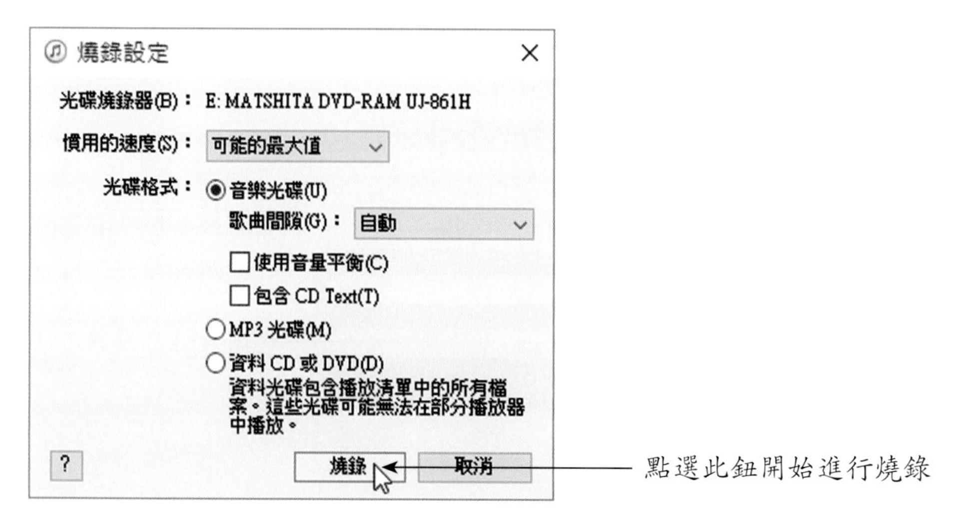

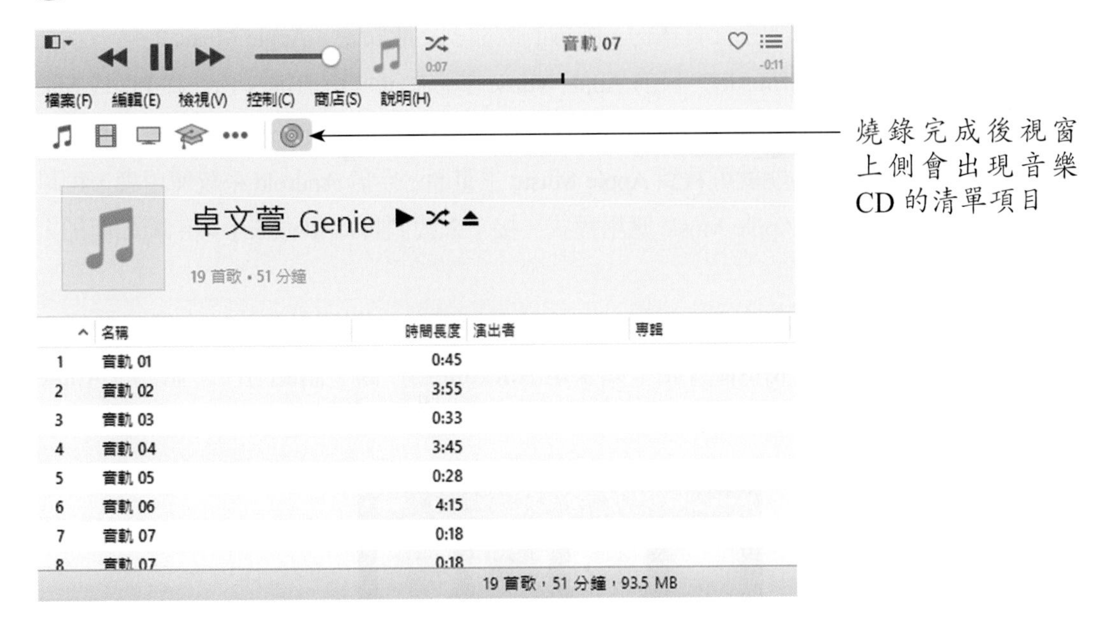

4-5 Apple Music

Apple Music 是一種類似 Spotify、KKBOX、Youtube、LINE MUSIC、Pandora 的串流音樂，可以讓我們在網路上聽歌，只要每個月支付固定費用，就可以收聽資料庫中的所有歌曲，Apple Music 提供的不僅是龐大的歌曲資料庫，最重要的是能夠分析使用者聽歌習慣的服務。Apple Music 的串流音質爲 256 kbps AAC 格式，並提供離線使用的機制，在透過 Wi-Fi 聽音樂時，可將音樂暫時下載到手機內。

Apple Music 支援多種平台，包括所有支援 iOS 8.4 以上的 iPhone/iPad/iPod touch/Apple TV 都可以使用 Apple Music 服務。只要各位擁有 Apple ID，就可以享受 Apple Music 3 個月的免費服務，當成爲 Apple Music 會員，Apple Music 會將個人所收藏音樂資料庫，存放在 iCloud 中。

目前 Apple Music 提供兩種方案：個人及家庭版，家庭版支援六位成員無限次聆聽，一個月只要 240 元，平均每位成員每月只要 $40 元。你只需在你的 iOS 裝置或 Mac 上設定 iCloud「家人共享」功能，就可以邀請你的家庭成員一同加入。另外，Android 用戶也可成爲家庭的成員。

Apple Music 上的音樂都有 DRM 版權保護，你不能將 Apple Music 抓出來分享給其他人，當訂閱時間到期後，如果沒有續約，離線的歌曲就不能聆聽。Apple Music 的官方網址爲 http://www.apple.com/tw/music/，目前 Apple Music 整合於 iOS 與 iTunes 內。在 PC 或 Mac 等桌面環境，只要更新 iTunes 即可使用 Apple Music。另外，使用 iPhone、iPad 等 iOS 裝置的朋友，開啓「音樂」功能就可看到 Apple Music 主畫面。至於 Android 系統使用者，可以到 Google Play 商店下載 Apple Music 應用程式。接下來我們將以 iPhone 手機示範如何加入 Apple Music 會員：

步驟 1：首先請將手機的更新到 iOS 8.4 以上的最新版本，開啓手機的「音樂」功能，就會出現 Apple Music 介紹（如果是 Android 用戶請，請點選所下載的「Apple Music」）。

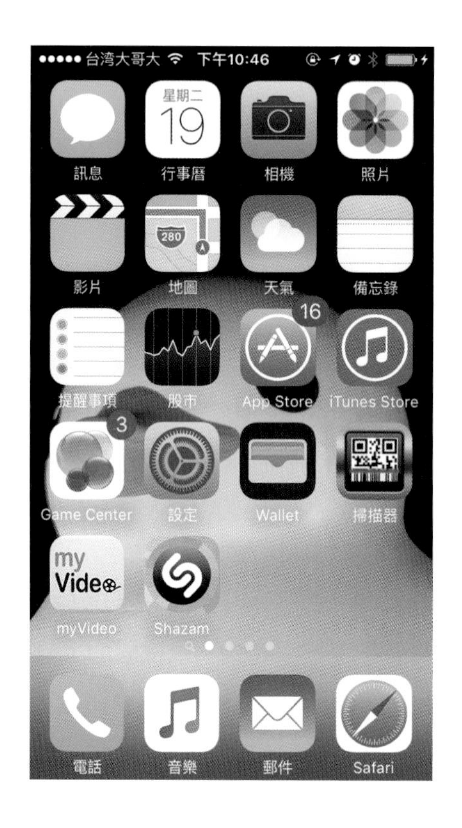

步驟 2：會看到 Apple Music 免費使用 3 個月的試聽，請按一下「開始爲期 3 個月的免費試用」，並在接著出現「選擇方案」畫面，依需求選擇適合的方案。

如果各位沒有先前已在 Apple 建檔的信用卡資訊，則會被要求輸入信用卡的付款資訊。再於條款約定點「同意」，即可開始試用 3 個月。第一次登入時，可以讓選擇喜愛的音樂類型及藝人，之後系統就會推薦你喜歡的音樂，在畫面右上方的放大鏡，可以用來輸入關鍵字搜尋更多的藝人。

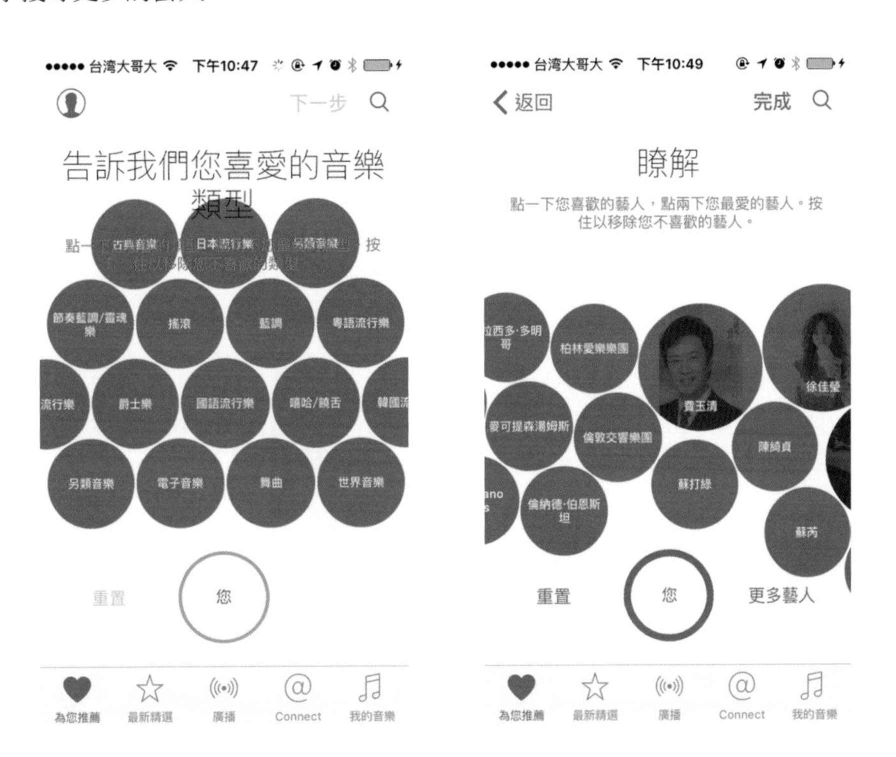

設定完後，就會看到 Apple Music 的主畫面，底下爲 Apple Music 功能摘要：

• 爲您推薦 提供高品質的推薦播放清單，還會推出五花八門的歌曲主題，並根據你所喜歡的音樂類型及藝人，提供適當的建議給你。	
• 最新精選 會出現與 Apple Music 新簽約的轉輯或藝人。	

<table>
<tr>
<td>• 廣播
全面改版 Beats 1 廣播電台，由蘋果精選優質內容，提供 Radio 全球化 24 小時不間斷的廣播服務。隨時打開就可以聽得服務，如果喜愛訪談無法馬上收聽時，還可以先將廣播保存下來，以便日後欣賞。</td>
<td>
</td>
</tr>
<tr>
<td>• Connect
類似歌手的 Facebook 平台，可以隨時看到喜愛藝人的最新動態、作品或留言互動。</td>
<td>
</td>
</tr>
</table>

• 我的音樂
在此可以聽自己裝置內的音樂，也可以在播放的同時將歌曲錄製下來，或者可以將歌曲燒錄到 CD 中。

請注意！訂閱 Apple Music 後，如果沒有事先取消自動續費，在服務到期後，便會自動從信用卡扣款。如果要取消自動續費，請開啓收到的 iTunes 訂閱確認的電子郵件，如下圖所示：

接著請按一下「檢視帳號資訊」鏈結，在接下來出現的設定視窗，請將「自動更新」功能關閉即可取消自動續費，之後如要繼約，可以回到此頁面選擇方案。

【課後習題】

一、選擇題

1. (　) 下列何者爲可播放的音樂檔案類型？　(A) wav　(B) www　(C) wmf　(D) wri
2. (　) 下列哪一個語音格式未經壓縮？　(A) MPEG　(B) CDA　(C) MP3　(D) MIDI
3. (　) 儲存樂團演奏一分鐘的音樂，下列何者所占空間較少？　(A) 用 WAV 格式存　(B) 用 MID 格式存　(C) 用 MP3 格式存　(D) 用 CDA 格式存
4. (　) 下列何者爲類比訊號？　(A) 人講話的聲音　(B) 印表機和 PC 之間傳輸之訊號　(C)CPU 可處理之訊號　(D) 以上皆非
5. (　) 將 1 秒的聲波做 20000 次的取樣和 10000 次取樣，做出的數位語音爲佳？　(A)20000 次　(B)10000 次　(C) 一樣　(D) 不能比較
6. (　) 下面哪一個不是聲音檔案的格式？　(A) AU　(B) GIF　(C) MIDI　(D) WAV
7. (　) Windows 中音效檔的標準格式是　(A) MID　(B) EXE　(C) BMP　(D) WAV
8. (　) 下列哪一個檔案格式屬於聲音檔案？　(A) wav　(B) bmp　(C) doc　(D) pdf

9. ( ) 在網頁上的音樂檔案為下列何種規格？ (A) dimi (B) bimi (C) midi (D) nidi
10.( ) 在各種多媒體播放程式下，下列何種檔案非屬可播放的音樂檔案類型？ (A).mp3 (B).wav (C).mid (D).jpg
11.( ) 各種不同的檔案類型其副檔名皆不同，請問 *.mp3 應是何種類型檔案？ (A) 圖片壓縮檔 (B) 影像壓縮檔 (C) 聲音壓縮檔 (D) 文字壓縮檔

二、問答與實作

1. 何謂 ADC？何謂 DAC？。
2. 請簡述音訊壓縮的基本原理。
3. 聲音的組成要素為何？
4. 試解釋取樣及取樣解析度兩者的不同。
5. 何謂語音數位化？語音數位化有什麼好處？
6. 請說明 MIDI 檔案格式的特點。
7. 請說明 MP3 檔案格式的特點。
8. 請說明常見的兩種音訊壓縮技術。
9. 試簡介取樣率與解析度。
10. 試簡介 AAC 格式。
11. 試簡介 VoIP 的原理。
12. 試簡介 iTunes 的功能。
13. 試簡介 Apple Music 的特色。

第五章　視訊影音原理與剪輯攻略

視訊，泛指將一系列的靜態影像以電子訊號方式加以捕捉，並很快的速度連續顯示在螢幕上。簡單來說，就是由會動的影像與聲音兩要素所構成，例如各位從電影、電視或是錄影機中所播放出來的內容都算是視訊的一種，包括連各位平常到 KTV 唱歌時的 MV 畫面都屬於視訊的一種。

電視與電影的畫面都是視訊的一種應用

5-1 視訊的基本原理

各位可以試著在書本每頁的右下角畫上幾個連續卡通人物圖案，之後再快速翻動書頁，就可以發現所現這個小圖案似乎有動了起來的感覺。這是因為人類的眼睛具有視覺暫留的特性，所以將連續的畫面內容快速的進行播放時，會讓我們造成畫面本身在動的錯覺，這種現象正是視訊播放的基本原理。

Tips

「視覺暫留」現象，也就是「眼睛」和「大腦」聯合起來欺騙自己所產生的幻覺。當有一連串的「靜態影像」在面前「快速地」循序播放時，只要每張影像的變化夠小、播放的速度夠快，就會因為視覺暫留而產生影像移動的錯覺。

視訊畫面播放可以視爲前後關連之靜態圖像快速替換，就像電影從工作人員使用攝影機在拍攝電影時，便是將畫面記錄在連續的方格膠卷底片，等到日後播放時再快速播放這些靜態底片。

視訊的資料型態可以分爲兩種：一種是類比視訊，例如電視、錄放影機、V8、Hi8 攝影機所產生的視訊；另一種則爲數位視訊，例如電腦內部由 0 與 1 所組成的數位視訊訊號（Signal）。

在科技發展不斷進步下，數位化視訊的風潮已經襲捲全球視訊資料在數位化之後，不但所能產生的效果更加豐富與更清晰的畫質，而且只要使用適合的編修剪輯軟體，一般人就能輕鬆學習到視訊資料的處理與製作。

5-1-1 類比視訊

類比視訊是一種連續且不間斷的波形，藉由波的振幅和頻率來代表傳遞資料的內容，不過這種訊號的傳輸會受傳輸介質、傳輸距離或外力而產生失眞的現象。以電視畫面的顯示來說，則是將視訊中一段段畫面轉爲電子訊號，利用很快的速度連續顯示在螢幕上，每秒中所顯示的畫面個數必須夠多，否則會有停頓不連續的感覺，通常每秒所顯示的畫格數愈多，動態的感覺愈流暢自然。通常電視每秒播放 30 張畫面，電影爲 24 張。電腦播放視訊時也期待以 30 張爲目標。

由於電視映射管的電子束移動的速度夠快，能夠在短暫的時間內就將螢幕上的每個點都撞擊過一遍，而且是以水平方向進行掃描，所以稱爲「水平掃瞄線」，視訊畫面中的水平掃瞄線愈多，所顯現的影像畫質就愈清晰細緻。

各位在購買影音產品時，經常會看到 NTSC 或 PAL 等字樣，這就是電視訊號系統的分類。不同的國家有不同的電視影片系統，每個系統各有不同的播放速度、掃描線數及掃描頻率，視訊品質的好壞在於視訊的解晰度（也就是掃瞄線的多寡）及畫面播放的速率。

視訊資料在無線或有線傳輸的環境下可都轉換成無線電波來傳送，例如目前全球常見的三大電視播放傳輸系統規格如下所示，不同的電視播放系統規格所做出來的影帶是無法在另外兩種規格上播放：

■ NTSC（National Television System Committee）

美國聯邦通訊委員會頒布實施的電視畫面播放標準，主要使用於美國、日本、南韓及台灣等地，每秒播放 30 個畫面，播放速度爲 29.97 fps，每個畫面有 525 條的水平掃描線，垂直掃描頻率爲 60 Hz。

■ PAL（Phase Alternation Line）

德國、英國、瑞士等西歐國家所制訂，主要使用地區爲歐洲、中國大陸、北韓及香港等地，播放速度爲 25 fps，每個畫面有 625 條水平掃描線，垂直掃描頻率爲 50Hz。

■ SECAM（法語：Séquentiel couleur à mémoire）

由法國所制訂的標準，採用的國家包含法國、希臘等部分歐洲國家，播放速度為 25 fps，每個畫面有 625 條水平掃描線，垂直掃描頻率為 50Hz。

由於不同的電視系統之各有不同的畫面尺寸，像 NTSC 系統有 720*480、640*480、352*240、320*240 等寸尺，而 PAL 系統有 720*576、640*576、352*288 等尺寸，所以各位在設計時必須要特別注意。

5-1-2 數位視訊

數位視訊是以視訊信號的 0 與 1 來記錄資料，這種視訊格式比較不會因為外界的環境狀態而產生失眞現象，不過其傳輸範圍與介面會有其限制。數位視訊資料可以透過特定傳輸介面傳送到電腦之中，由於資料本身儲存時便以數位的方式，因此在傳送到電腦的過程中不會產生失眞的現象，透過視訊剪輯軟體，使用者還可以來進行編輯工作。

例如數位電視（Digital TV, DTV）是指將傳統電視電台之電視畫面與聲音等類比資訊，利用類似無線網路的數位資料型態傳輸電視的訊號接收裝置，主要的差別是訊號處理方式的不同，操作及收視方式與傳統電視並沒有什麼不同，只要它的文字或影像屬於數位訊號，就能歸類為數位電視。

無線電視數位化是世界潮流，可以接收到較高品質的畫面及擁有更多的功能。目前家中的電視，並無法直接接收數位電視的訊號，要擁有數位電視的功能，只要在現有電視上加加裝「機上盒」（數位轉換器，Set-Top Box），就能夠享受數位電視的寬螢幕與高解析度的服務了。

現在世界各國的電視系統已逐漸淘汰類比訊號電視系統，美國從 2009 年開始推行數位電視，我國則在 2012 年 7 月起台灣 5 家無線電視中午正式關閉類比訊號，完成數位轉換。數位電視播出方式可分為高畫質數位電視（HDTV）及標準畫質數位電視（SDTV），HDTV 解析度為 1920*1080，SDTV 解析度為 720*480。

目前全球數位電視的規格三大系統：分別為美國 ATSC（Advanced Television Systems Committee）系統、歐洲 DVB-T（Digital Video Broadcasting）系統及日本 ISDB-T（Integrated Services Digital Broadcasting）系統，台灣數位電視系統是採用歐洲 DVB-T 系統。

5-2 視訊數位化

近年來視訊的應用領域有了空前的變化，如影音光碟、數位化多功能光碟、數位電視、視訊會議與網路電視等先進功能都迅速地走進我們的生活。跟傳統的技術相比，原因就在於採用全數位化的方式來處理視訊資料。視訊數位化的目的是將這些類比視訊畫面以數位方式依序轉換與儲存，由於電腦強大的運算與儲存能力，能夠快速協助視訊資料的分析與處理。將視訊資料數位化後，所儲存的資訊必須包含原來的視訊內容與規格。

5-2-1 視訊剪輯

如果想要從事影片視訊的設計編輯，當然要對視訊剪輯有個基礎的認識，有了基本的知識做爲後盾，就能讓各位在影片製作過程中減少障礙及摸索的時間。視訊剪輯過程如下：

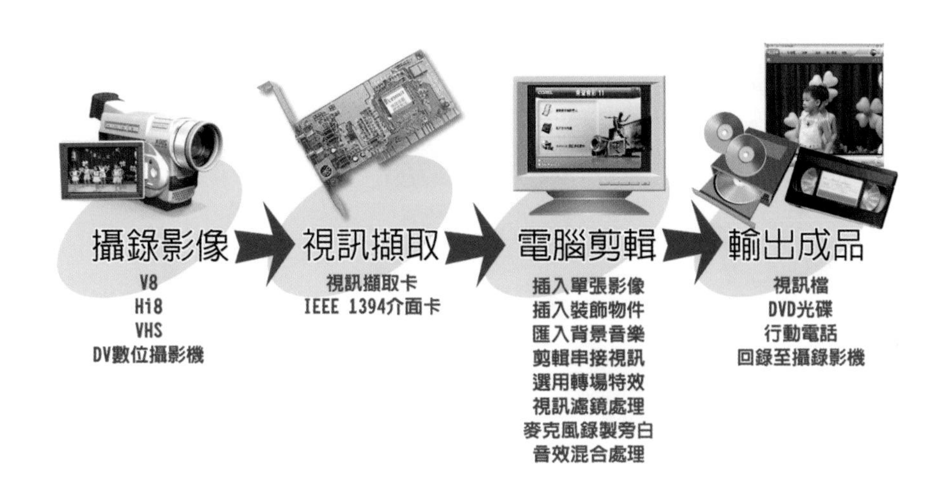

傳統的視訊剪輯是採用線性剪輯的作業方式，在剪輯的過程中，必須先把需要的片段從播放的剪輯機中拷貝到錄影的剪輯機中，如果想要加入一些轉場效果，還必須將兩個影帶放在不同的播放機中播放，之後再將訊號利用特效機來處理，最後再錄到錄影的剪輯機中。

因爲在編輯的過程中，最好先要有完整的腳本才能進行剪輯，而且剪接者也要有過人的剪接技巧，否則稍有閃失，不但要耗費很多時間來搜尋影片，而且反覆不斷的過帶也會讓訊息耗損，既繁複又耗時，剪輯設備也相當的昂貴，如果不是專業的視訊影片公司，根本無法負擔。傳統線性剪輯過程如下：

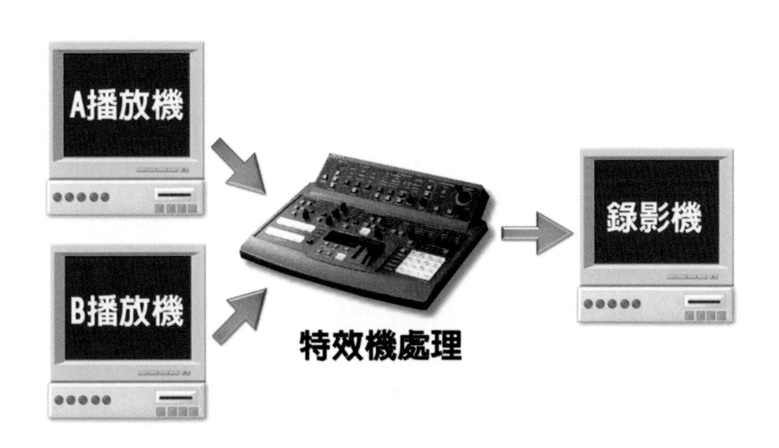

現在由於電腦技術的發展，非線性剪輯已取代傳統的線性剪輯系統，在硬體設備上，只要有一般家用的多媒體電腦設備，外加影像擷取卡及 IEEE 1394 來連接擷取卡和 DV 攝影機，這樣就可以變身成非線性剪輯的系統。過程如下所示：

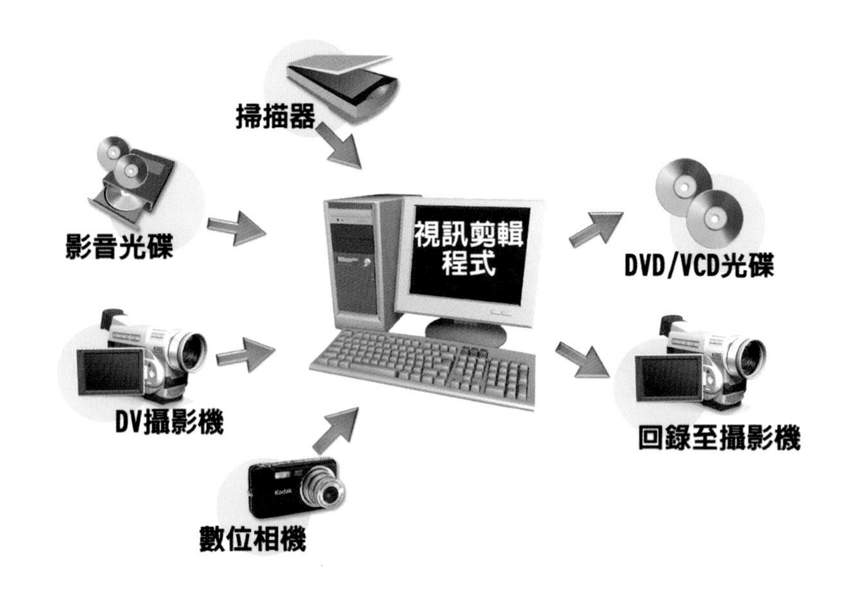

Tips

影像擷取卡可將 DV 或錄影帶中影片轉換成電腦可以讀取的檔案格式，由於視訊影片所占的檔案容量通常都很大，如果沒有經過壓縮就直接擷取到硬碟時，會占掉太多的硬碟空間。擷取卡本身就具有可以進行重新編碼及壓縮的晶片，這就是所謂的「硬體壓縮」方式，它的擷取速度會比較快，但是價格也較高。

目前也有很多的視訊剪輯軟體可供大家使用，像是專業等級的 Premiere，還有一般家庭視訊編輯的會聲會影、威力導演等，讓一般大眾都有機會享受影片編輯的樂趣。例如 Video Editor 則是 Media Studio Pro 多媒體視訊剪輯軟體中的一個程式，它主要用來對剪輯與編輯各種多媒體素材，並且輸出成一個視訊檔案。

Video Editor 能夠編輯的素材包含了視訊、聲音、影像、字幕等多媒體，並且內建多種轉場、濾鏡等特殊效果，絕對能夠讓您的創意與內容，製作成一支精彩的影片檔案，以放置於網路上供人欣賞，或是燒錄成 VCD 或 DVD 影片。還有一般家庭視訊編輯的會聲會影、威力導演等，讓一般大眾都有機會享受影片編輯的樂趣。而且以「非線性剪輯」來剪輯視訊時，由於它的編輯點都可以任意移動，不需要從頭開始做。不但節省時間，資料又都是數位格式，比較不會因為硬體的限制而出現失真情形。

5-2-2 視訊壓縮

對於數位視訊而言，存取數位資料需要相當大的儲存空間。例如以 640×480（pixels/frame），60 分鐘的一段全彩數位視訊而言，在 NTSC 規格下就要：

30*60*640*480*3（全彩影像需要 24bits/3bytes）*60 ⟹ 約為 92.7 GB

以上這段 60 分鐘的視訊資料竟然必須要接近 120 GB 的硬碟才可以裝下，可見所需要的儲存空間是相當驚人。因此數位視訊資料的儲存必需要加以壓縮處理，不然當辛苦完成視訊內容的製作後，如何有效率地儲存或傳輸就是接下來最大的問題。

視訊壓縮的主要目的是在盡可能保證視覺效果的前提下減少視訊資料率。視訊壓縮比一般指壓縮後的資料量與壓縮前的資料量之比。壓縮的原理是因為視訊是由一連串靜止畫面所組成，但其相鄰近的畫面間可能會有極高的相關性，因此在儲存上，只需要記錄其中的某些關鍵畫格即可。就是將後續畫格和關鍵畫格進行比較，而保存真正發生變化的畫格。其中破壞性壓縮方面，能提供較好的壓縮比例，雖然可能有某種程度的失真，但相對於人的眼睛而言，並沒有太大影響，這些都是視訊壓縮的基本原則。

5-2-3 MPEG 視訊壓縮格式

MPEG 協會是 Moving Pictures Experts Group 的縮寫，成立於 1988 年，其組織成員皆為數位影音訊號處理技術的專家，組織的目標則是致力於建立數位影音的標準格式。現在我們所說的 MPEG 泛指又該小組制定的一系列視訊編碼標準。主要技術是先利用動態預測（Motion Estimation）及差分編碼方式去除相鄰兩張影像相關性，陸續發展出來的各項標準規格較為大家熟知的有 MPEG-1、MPEG-2、MPEG-4、MPEG7 等。請看以下說明。

■ MPEG-1

MPEG-1 是 1992 年最早定義出的影音格式，發展出用於 VCD 及一些視訊下載的網路應用，可將原來的 NTSC 規格的類比訊號壓縮到原來的 1/100 大小，在燒成 VCD 光碟後，畫質僅相當於 VHS 錄影帶水準，可在 VCD 播放機上觀看。目前比較流行的音頻壓縮格式的 MP3，並不等於是 MPEG-3，其實是指音頻壓縮第三級（MPEG-1 Layer 3）。

■ MPEG-2

MPEG-2 並不是用來取代 MPEG-1 的格式，但無論是在畫質或音質方面，都比先前提到的 MPEG-1 規格要好的多，MPEG-2 則為高速頻寬應用，提供 720×480 像素和 1,280×720 像素的兩種解析度，每秒可播放 60 格。最常見到的應用為數位電視、DVD 以及 SVCD。

■ MPEG-4

MPEG-4 是一種影音串流視訊壓縮技術及商業標準格式，包含了 MPEG-1 及 MPEG-2 的絕大部分功能及其他格式的長處，優點是音質更加完美而壓縮比更大（最大可達 4000：1），MPEG-4 標準將衆多的多媒體應用集成於一個完整的框架內，包含了系統、視訊、音訊、電腦合成資料，常被應用在網路的傳輸。MPEG-4 的壓縮率是 MPEG-2 的 1.4 倍，影像品質接近 DVD，更有效將 CD 音樂音訊轉檔壓縮成的數位音樂格式檔，同樣是影片檔案，以 MPEG-4 錄製的檔案容量會小很多。所以除了網路傳輸外，主要運用於手持式裝置，如行動電話、PDA、個人媒體播放器等，都是以支援此種格式爲主。

■ MPEG-7

MPEG-7 並不是一個視頻壓縮標準，它是一個多媒體影音資料內涵的描述介面（Multimedia Content Description Interface），近年來視聽產品的大量增加使得線上視訊資料的查詢變得愈來愈困難，MPEG-7 主要目的是希望使用者能夠快速且有效地查詢與檢索不同的視訊資料。

5-3 串流媒體的原理與應用

傳統的網路封包傳輸往往受限於網路頻寬問題，如果是直接在網路播放視訊影片，常常會有畫面不流暢或畫質粗糙的問題。如果先將檔案完整下載，存放到用戶的硬碟中，除了占據硬碟空間外，也必須等待一段下載的時間，不過可以觀賞到較好的畫面品質。隨著寬頻網路的快速普及，串流媒體（Stream Media）的興起正是爲了解決上述問題所研發出來的一項技術，因爲它具有立即播放與鎖定特定對象傳播的特性。

串流技術的原理就是把連續的影像和聲音資訊經過壓縮處理，接著把這些影音檔案分解成許多小封包（Packets），再將資料流不斷地傳送到用戶端伺服器。使用者端的電腦上也同時建立一個緩衝區，再利用網路上封包重組技術，於播放前預先下載一段資料作爲緩衝。

當網路實際連線速度小於播放所耗用的速度時，串流媒體播放程式就會取用這一小段緩衝區內的資料，也就是在收到各媒體檔案部分後即進行播放，而不是等到整個檔案傳輸完畢才開始播放，避免播放的中斷，即時呈現在用戶端的螢幕上。

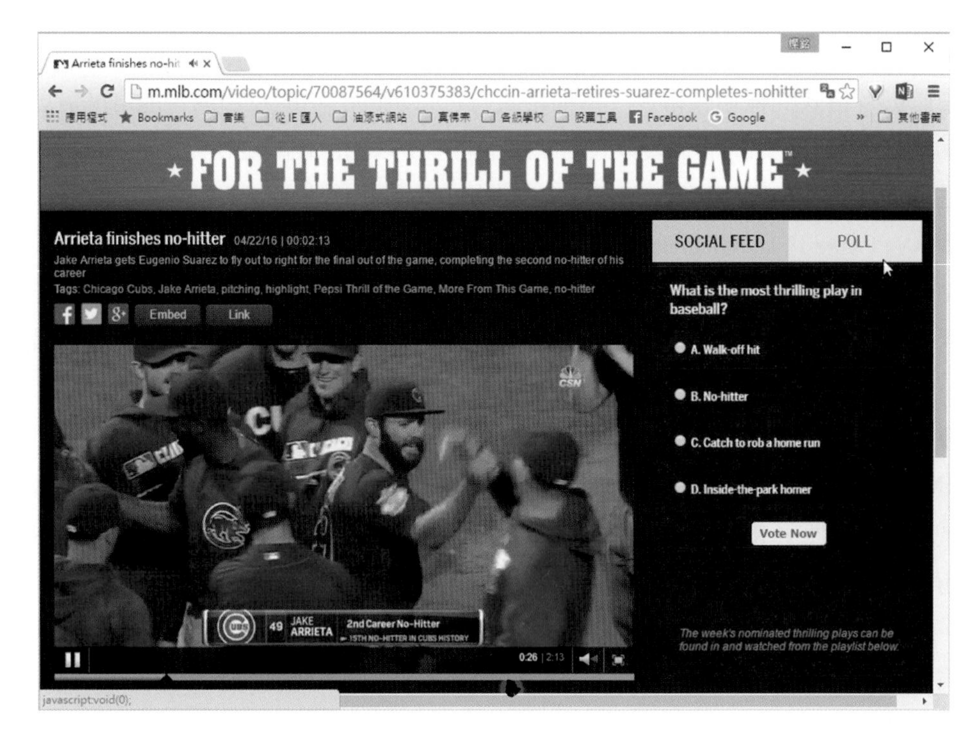

許多球賽時況轉播都是使用串流技術

使用者可以依照頻寬大小來選擇不同影音品質的播放，而不需要等整個壓縮檔下載到自己電腦後才可以觀看。目前一些串流媒體廠商就開發了自有的格式，以符合串流媒體傳輸上的需求，例如微軟的 WMV、WMA、ASF，RealNetwork 的 RM、RA、RAM，以及 Apple 所推出的 MOV 檔案等。網路上的主要串流媒體播放系統有下列三種，例如 Microsoft 的 Windows Media Player、RealNetworks 的 Real Player 與 Apple 的 QuickTime Player。

Windows media player 與 QuickTime Player

5-3-1 視訊檔案格式

由於影音格式的種類相當多，每種格式有它特定的的功能及用途，通常品質愈好的格式其壓縮比例小，相對的需要較大的硬碟空間，所以如何在品質和檔案量之間取得平衡點，就是使用者要考慮的重點了。目前大家常用的影音格式主要有下列幾種：

■ AVI（Audio Video Interleave）影片格式

AVI 影片格式由微軟所研發，是 Windows 作業系統中最普及的影片檔案格式，幾乎所有的播放軟體都支援它。這種格式並不會壓縮，所以非常占用空間，否則一下子硬碟空間就會不夠用。

■ RM/RMVB 影片格式

RM 跟 RMVB 都是網路上很常見的影片格式，都是由 RealNetworks 公司所開發的影片檔，一般都會使用 RealPlayer 播放器來播放。由於早期要觀看網路上的影片，必須先等到所有的影片內容都下載後才可以觀賞，而這種影音格式可在低頻寬的網路上即時播放影音，不需要讓瀏覽者花太多的時間在等待上，算是網路串流影片的始祖。RMVB 格式就是爲了讓 RM 影片播放更加順暢，其中副檔名多出的「VB」，是表示可變動的位元率（Variable Bit Rate），如果始終保持固定的位元率，會對影片品質造成浪費，RMVB 在保持品質（接近於 DVD 品質）的情況下最大限度地壓縮了影片的大小，副檔名爲 rmvb。

■ MOV（Movie Digital Video）影片格式

這是由蘋果電腦公司所研發出來的檔案格式，主要爲了能跨平台到微軟的作業系統而推出，具備一般串流影音即時播放的特性，讓 PC 電腦也可以播放 QuickTime 的視訊影片，QuickTime 擁有良好的壓縮技術，也具有串流影片的功能，相當受到電影公司的青睞，相對應檔案之副檔名爲 .mov。

■ WMV（Windows Media Video）影片格式

它是微軟所制定的串流影片視訊壓縮格式，具有邊看邊播放的特性，是目前網路上常用的影片格式之一，以直接利用 Windows 系統內建的 Windows Media Player 來播放，所以 Apple 或者 Linux 不相容播放，副檔名爲 WMV。

■ DivX

由 Microsoft mpeg-4v3 修改而來，使用 MPEG-4 壓縮演算法，最大的特點就是高壓縮比和清晰的畫質，可以將接近 DVD 畫質的影片壓縮到一張 CD 片，更可貴的是 DivX 對電腦系統要求也不高。

■ ASF

ASF 是 Advanced Streaming Format 的簡稱，是微軟針對串流技術所提出來的影音新規格。這個格式主要是爲了讓使用者可以直接在網路上觀看多媒體影音檔案，ASF 最大優點就是體積小，因此相當適合網路傳輸。

5-3-2 隨選視訊

隨著寬頻上網逐漸風行，網路傳輸速度的限制已不在是問題。因此愈來愈多人願意透過網路來觀看視訊類節目。隨選視訊（Video on Demand, VOD）是一種全新的多媒體視訊服務，提供使用者可不受時間、空間的限制，透過網際網路，從遠端連結隨選視訊伺服器（VOD Server），隨心所欲地欣賞各類數位影音檔案。由於影音檔案較大，為了能克服檔案傳輸的問題，VOD 使用串流技術來傳輸，簡單來說，就是不需要等候檔案下載完，就可以在檔案傳輸的同時就同步播放。目前 VOD 技術已被廣泛應用在遠距教學、線上學習、電子商務，未來還可能發展到電影點播、新聞點播等方面。至於中華電信的 MOD（Multimedia On Demand），稱為多媒體隨選視訊或數位互動電視，則是由中華電信推出的多媒體內容傳輸平台服務。

中華電信 MOD 精彩的內容

圖片來源：http://mod.cht.com.tw/

除了傳統的電視節目以外，透過 MOD 機上盒連接 ADSL 寬頻線路，在家中電視內就可以隨選欣賞與精采重現（類似家中放影機功能，如選擇、開始、暫停、快速前進或倒退等）多樣化及高品質電影或電視內容，讓消費者充分掌握家中電視播放時間與內容，還可包括金融轉帳、繳費、點歌歡唱、股市理財等。

5-3-3 網路電視（IPTV）

網路影音串流正顛覆我們的生活習慣，數位化高度發展打破過往電視媒體資源稀有的特性，正邁向提供觀眾傳統電視頻道外的選擇。網路電視（Internet Protocol Television, IPTV）就是一種利用機上盒（Set-Top-Box, STB），透過網際網路來進行視訊節目的直播，也是一種串流技術的應用，可以提供用戶在任何時間、任何地點可以任意選擇節目的功能，而且終端設備可以是電腦、電視、智慧型手機、資訊家電等各種多元化平台，不過影片播放的品質高寡還是會受到網路服務和裝置性能上的限制。

相當知名的網路電視串流平台——Netflix（網飛）正式進駐台灣

網路電視所創造的一個龐大的電視新生態正在蓬勃發展，Apple TV 是蘋果所推出的網路多媒體裝置，正式進軍搶食網路電視市場。Apple TV 包括一台長、寬各 10 公分的機上盒與一支像有觸控功能的遙控器，具備有藍芽 4.0 的功能，並且透過 AirPlay 的機制與 HDMI 線即可轉接家用電視機，連線到蘋果的線上影音服務，播映高畫質線上節目。當然對於家中有 iPhone、iPad 等 iOS 裝置的使用者來說，更可以選擇透過 AirPlay 將畫面直接無線傳輸到電視上，無論是上網、播放影片甚至是玩遊戲，都相當方便。

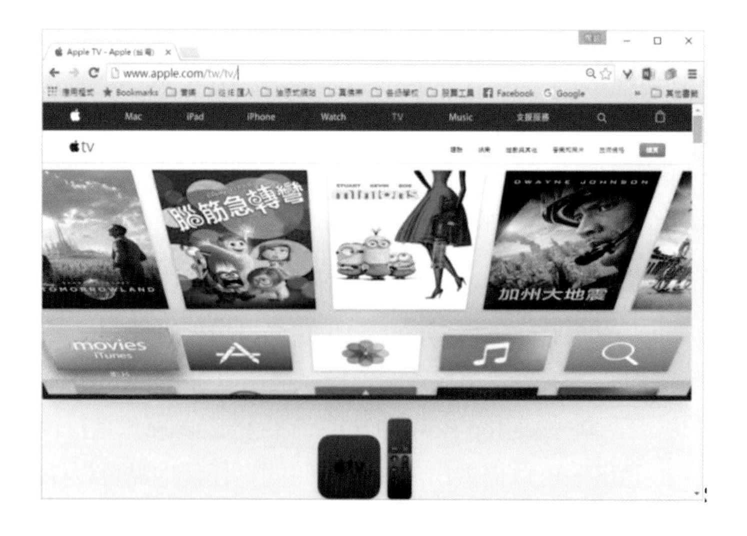

Apple TV 帶來了生活中不同的視覺饗宴

圖片來源：http://www.apple.com/tw/tv/

Tips

HDMI（High Definition Multimedia Interface, 高清晰度多媒體介面）是代表另一種新一代的全數位化視訊和聲音傳輸介面，被大量應用於消費性電子產品與影音家電，最遠傳輸距離 15 公尺，頻寬速度達到 5 Gbps，具有隨插即用的特點。相較於 DVI（Digital Visual Interfaced）體積偏大的接頭，HDMI 接頭更小，不需多條線材，只要一條 HDMI 線便可以同時提供各位高品質的影音服務，不像現在的類比端子需要多條線路來連接。

Airplay 是 Apple 於 2010 年所開發的一個無線影音串流協定（Wireless media streaming），讓你可以透過 AirPlay 在各種裝置之間以無線的方式來傳遞串流檔案，例如你可以從 iPhone、iPad 或 iPod touch 透過無線網路串流，經由 Apple TV 轉換到大螢幕的電視上觀看。

5-3-4 YouTube 串流影音王國

YouTube 提供了線上影音串流服務的最新世代的品質也是影音平台的首選，提到 YouTube，各位第一個想到的一定是影片，除了影片之外，音樂也是 YouTube 擁有的寶貴資源。YouTube 是設立在美國的一個全球最大線上串流影音網站，每月超過 1 億人次以上人數造訪，這個網站可以讓使用者上傳、觀看及分享影片，這樣的網上影片分享平台，成為任何一位網友網上影音創作的最佳平台。YouTube 提供了分享平台，讓大家可以自由上載影片，和他人分享，看 YouTube 影片、聽音樂已經成為許多人生活中不可或缺的一個動作。

除了作為個人的音樂分享平台之外，各位可曾想過每天擁有數億造訪人次的 YouTube 也可以是你的商業利器嗎？除了影片分享功能之外，它也可以成為強力的行銷工具，影音行銷成為近期很夯的行銷新手法。YouTube 帶來的商機其實是非常大，影片絕對是吸引人的關鍵，最重要是應該要提供讓別人感興趣想去看的影片。在 YouTube 上要讓影片爆紅當然除了內容本身占了 80% 以上原因，包括標題設定的好、影片識別度、影片的引導、剪接的流暢度等是原因之一。

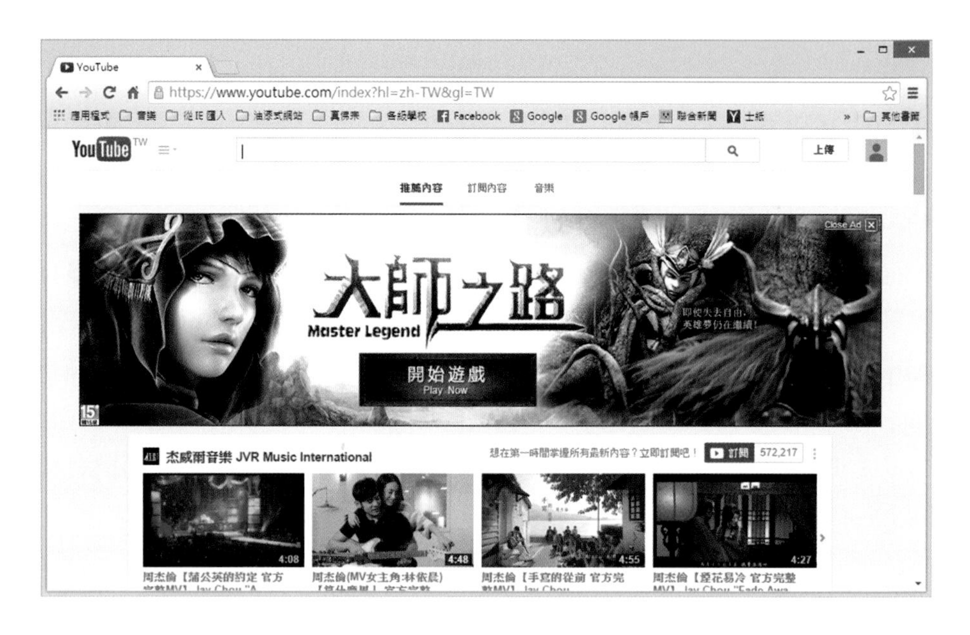

YouTube 片頭廣告效益相當驚人！

【課後習題】

一、選擇題

1. ( ) 傳統的視訊剪輯是採用何種作業方式？ (A) 線性剪輯 (B) 非線性剪輯 (C) 兩種都可以
2. ( ) 台灣地區採用的電視訊號系統為 (A) NTSC (B) PAL (C) SECAM (D) 沒限定
3. ( ) 下列哪種影片格是不具有串流的功能？ (A) RM (B) MOV (C) AVI (D) WMV
4. ( ) 會聲會影可對下列哪種視訊進行擷取的動作？ (A) 數位攝錄放影機 (B) DVD 影音光碟 (C) 行動電話 (D) 以上都可以
5. ( ) 下列何種編輯模式適合用來粗剪影片，或是順剪不需要太多效果的影片？ (A) 時間軸檢視 (B) 腳本檢視 (C) 音訊檢視

二、問答與實作題

1. 請說明視訊播放的基本原理。
2. 何謂 NTSC（National Television System Committee）電視影片系統？
3. 試述視訊壓縮的原理與技巧。
4. 請說明 MOV（Movie Digital Video technology）影片格式。
5. 隨選視訊（Video on Demand, VOD）的優點有哪些？

6. 請說明 HDMI（High Definition Multimedia Interface）與 DVI（Digital Visual Interfaced）之間的差異。
7. 試簡述 MPEG-7。
8. 全球數位電視的規格有哪幾種？台灣是採用哪一種？
9. 請說明 MOV（Movie Digital Video technology）影片格式。
10. 試簡述串流技術的原理。
11. 何謂 Airplay？試簡述之。
12. 請簡介網路電視（Internet Protocol Television, IPTV）。
13. 請介紹 RMVB 格式。

第六章 動畫媒體創意解析

6-1 動畫簡介

6-2 2D動畫

6-3 3D動畫

6-4 3D動畫設計流程

電腦動畫（Computer Animation）是目前多媒體中發展最快速的媒體，不但提供了設計者嶄新的表現空間，現在電腦動畫已經應用在各個領域中，不論是片頭動畫、動畫廣告、動畫短片、動畫電影，都為現代生活帶來炫麗無比的視覺饗宴。

近年來隨著電腦硬體與動畫技術已經日漸成熟，平價的 3D 設計軟體推出，電腦動畫技術最常應用於電影特效，並與傳統 2D 動畫的融合，逐漸往全 3D 的電腦動畫劇情片發展，例如海底總動員、超人特攻隊等，都眞正讓藝術與科技達到更創新多元的結合。當然電腦動畫應用的範圍不僅止於此，舉凡電視、廣告、遊戲、網路、電子書、行動裝置應用等。

圖片來源：http://www.disney.com.tw/

6-1 動畫簡介

動畫在近代的蓬勃發展，應該是來自卡通製作技術的改良。卡通（Cartoon）是一種能幫觀賞者創造出充滿想像的藝術表現方式，許多早期電影技術中無法表現的場景與動作，都可以在卡通世界中呈現。卡通影片的原理和視訊類似，都是利用人類眼睛的「視覺暫留」現象來表現。

卡通早期是以手繪的平面圖片進行拍攝，通常具有連續性劇情。一般來說，要讓人類產生較佳的視覺暫留現象，播放的速度至少為每秒 24 個靜態畫面。如果一秒鐘要畫二十四張圖片，那十分鐘的卡通片一張一張的手繪，那不是要很大的工程。但是隨著資訊科技的進展，設計者開始可以在電腦硬體平台上，利用電腦軟體能將使用者之想法及創意透過螢幕表現出來，這種視覺表現之技術與編輯形式，就是一般所通稱的電腦繪圖（Computer Graphic）。

6-1-1 動畫的原理

現代動畫在生活中結合了電影、美術、戲劇、電腦、音樂等許多不同的藝術層面，動畫的基本原理和視訊原理非常相似。簡單來說，就是由連續數張圖片依照時間順序顯示所造成的「視覺暫留」效果，也就是以一種連續貼圖的方式快速播放，所以看起來就好像圖片眞的動起來了。例如下圖的連續圖片，當快速播放時就會看見女孩正優雅的跳起舞了：

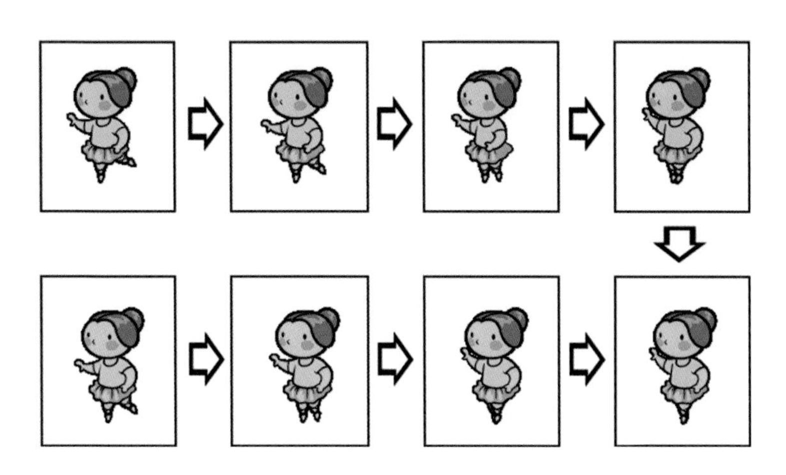

當圖片之間的動作變化愈小，動畫看起來就會愈順暢，相對必須製作較多張的圖片，耗費較多的製作時間。

6-1-2 電腦動畫的優點

使用電腦來創作與其他視覺藝術表現工具最大之差別，在於電腦繪圖不需要事先準備許多繪圖工具，亦可在繪製過程中依需求隨時修改與儲存，便利的軟體工具能快速將使用者之想法與創意表現出來。

電腦繪圖已逐步替代需要大量人力作業的繪圖工作，讓以往需精密繪製的圖得以經由電腦繪圖，做得更精密準確，並且讓需要視覺表現的圖樣或影像透過電腦繪圖，能夠無限發揮無窮的創意。

從廣義的角度來看，動畫原理和卡通類似，都是透過逐格（frame by frame）製作的圖片與足夠的速度順序播放，並利用視覺暫留原理來產生畫面流暢的動態影像效果，唯一的不同就是利用了更先進實用的電腦繪圖方法與工具。

我們知道播放動畫的速度單位為 fps（frames per second）稱為影格速率，表示每秒播放的影格數。影格速率太低，會讓動畫看起來不順暢；影格速率太高又會耗費系統太多的處理資源，一般建議最佳的影格速率為 24fps。

就以一個 5 分鐘的動畫來說，當影格速率為 24fps 時，就必須製作 7200 張圖片。有些動畫為求流暢或畫質精美，甚至會將影格速率提高到 60fps，如此一來，同樣 5 分鐘的動畫就必須製作 18000 張圖片了，這樣各位可以想像使用手繪方式會花多少的成本了。

目前電腦動畫的製作技術日趨簡單，例如相當普遍的 GIF 格式就是一種允許在電腦上看到動畫效果的圖檔格式。GIF（Graphics Interchange Format）格式是由 CompuServe 公司發展出來在網路上使用的圖形格式，有 GIF 87a 及 GIF 89a 兩種，而現在通用的是 GIF 89a。

當要製作一個動畫時，可使用有支援 GIF 檔案格式的繪圖軟體來製作圖檔，將這些構成動畫的連續數張圖檔分別儲存成不同檔名的 GIF 檔，然後再使用動畫製作軟體，只要輸入一張關鍵圖片，該軟體即可自動將其分解成數張圖片，而製作出該圖片特殊顯示效果的動畫，還可以設定每張圖片所停滯的時間，而造成不同的動畫顯示速度。

由於 GIF 最多只支援到 256 色，檔案也比 SWF 動畫大，因此並不適合拿來做較大型的動畫，通常應用於動態圖示（Icon）或簡單的動畫，例如之前 MSN 表情圖案就是屬於 GIF 動畫。製作 GIF 動畫的軟體有很多，例如 Adobe 公司的 Fireworks、ImageReady 以及友立 Ulead 公司的 GIF Animator 等。

Tips

SWF 動畫是由 Flash 軟體所製作出來的動畫格式，

由於它具有檔案小、向量格式不失真、可播放 MP3 音效以及具有互動效果等優點，是目前網頁製作領域裡應用最廣泛的動畫格式。

當然各位也可以利用程式語言來設計簡單的動畫效果，以下就是我們利用 C++ 語言，並以物體加速度運動的計算方式配合重力的觀念，從畫面中觀察小球從高處受到重力影響往下墜，與地面碰撞後彈跳至原先的高度，這是在理想的狀況下依循物理中能量守恆定理的結果。以下是設計小球下墜與彈跳動畫的程式執行結果：

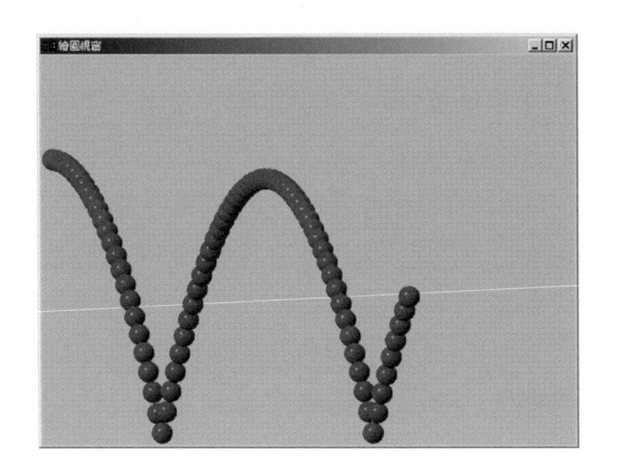

6-2 2D 動畫

早期 2D 動畫主要是以手繪爲主，強調手繪的美感與趣味，或稱爲平面動畫，就像當我們拿起相機拍照，拍攝出來的照片就是屬於 2D 影像。雖然照片看起來可以感覺到深度，不過仍然是平面的圖形，只是透過陰影使照片看起來有遠近的感覺罷了。

2D 圖形與影像屬於平面，只有水平和垂直兩種方向，以座標系統來看，只要 X、Y 兩個參數就能表示物件的位置，如下圖所示。

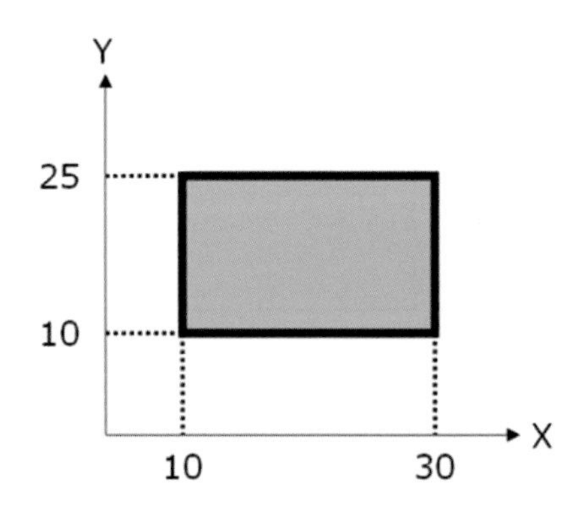

2D 動畫的製作事前必做一些規劃流程，和一系列準備設計工作，包括腳本設計、圖像動作分鏡、文字對白、造形設計、鏡頭畫面和背景繪製，需要不同的專業人才，彼此分工合作，由一個動畫設計者（導演）統籌掌握畫面品質，所以導演自身應同時具備審美素養和藝術內涵，且具備設計相關工作的知識。

6-2-1 腳本設計

腳本在動畫製作過程中是很重要的，所謂的腳本是指一連串的圖片、照片或文字敘述，用來說明動畫播放的先後順序及製作時該注意的事項，除了可以說明構圖之外，當遇到多人共同製作動畫時，也可以作爲彼此溝通及進度管控的重要依據。

其中文字腳本主要用來說明動畫劇情以及每個場景的來龍去脈。撰寫方式很簡單，只要將每一個場景用一小段文字具體敘述出來就可以了，內容最好能包含場次、場景大綱、人物、地點以及背景聲音，如此一來未來設計分鏡腳本時就可以輕鬆地將人物及場景繪製出來。底下是文字腳本的範例。

編劇：小宇　　動畫製作：陳小凌　　日期：102 年 11 月 1 日

場景大綱：
有一個農夫，天天餵他的豬吃餿水，一位「動物保護協會」的人看了，就開了一張罰單，原因是因爲虐待動物。

場次	出場人物	地點	背景聲音	秒數
第一場	農夫、「動物保護協會」人員	豬舍	豬叫聲	22

場景大綱：
農夫改餵豬吃「鮑魚」，結果「動物保護協會」人員來了，這次又開了一張罰單，原因是因爲「浪費食物」。

場次	出場人物	地點	背景聲音	秒數
第二場	農夫、「動物保護協會」人員	豬舍	豬叫聲	25

場景大綱：
「動物保護協會」人員又來巡視農夫，問農夫現在都餵豬吃什麼。
農夫說：「我不知道該餵什麼才好，所以我就每天給它 100 塊，讓它自己出去吃」。

場次	出場人物	地點	背景聲音	秒數
第三場	農夫、「動物保護協會」人員	豬舍	豬叫聲	22

當企劃的文字腳本的描述經由原畫的採稿呈現後，接著就是由美術部門將原畫的各個角色製作成數位圖檔。因此不管是承接原畫圖形、人物動畫製作、特效的製作與編輯、場景與建物的製作、介面的刻畫等，都是由美術團隊來完成。

6-2-2 分鏡設計

從文字腳本我們可以概略了解動畫的大綱，如果要清楚知道動畫的構圖則必須製作「分鏡圖」。所謂「分鏡圖」就是將文字腳本圖像化，包括場景、文字、聲音旁白以及動作等都可以在分鏡圖裡做清楚的描述。簡單來說，分鏡設計相當於一部電影的剪輯過程，運用邏輯排列順序的動作說故事，在製作分鏡腳本的過程中就應該要呈現出將來影片的雛形。

動畫分鏡頭設計不僅是描述主題下角色動作，與具體事件的外貌，還必須外接能向內發展的邏輯思考線，進而推動軸心主題發展，讓單元與單元間做有意義的串接。分鏡圖是繪出鏡頭畫面創作的重要依據，即背景景深縮放、光影方向的視點依據，各個不同角度透視點依據，揣摩已設定的物件角色在背景環境、時間、活動方式依據。分鏡圖的影像畫面可以用手繪或是用幾何區塊示意，只要能清楚表達畫面的構圖就可以了。如下圖所示：

1-4 為鏡頭編號

分鏡表

編劇：小宇　動畫製作：陳小凌　日期：102/11/1　Page No：1

場/鏡	影像畫面	動作	聲音	秒
第一場 1/1			旁白： 有一個農夫，天天餵他的豬吃餿水	7秒
1/2	某天……	1. 協會人員進場同時農夫往右下移動 2. 協會人員拿出罰單及出現協會人員的圖說文字 3. 豬冒出兩滴汗滴	旁白： 某天，一位「動物保護協會」的人看了，就開了一張罰單，原因是因爲虐待動物。	15
第二場 2/1		1. 轉場畫面由黑轉亮 2. 出現農夫的圖說文字	換場時先出現鳥叫聲。 旁白： 後來農夫改餵豬吃「鮑魚」	10
2/2	又一天……	1.出現「又一天…」文字 2.協會人員進場同時農夫往右下移動 3.協會人員拿出罰單及出現協會人員的圖說文字 4.豬的表情變化	旁白： 又一天，「動物保護協會」人員來了，這次又開了一張罰單，原因是因爲「浪費食物」。	15
第三場 3/1		1.轉場畫面由黑轉亮 2.「動物保護協會」人員進場 3.農夫進場 4.出現協會人員的圖說文字	旁白：「動物保護協會」人員又來巡視農夫 協會人員： 現在都餵豬吃什麼呢？	12
3/2		出現農夫想像圖(淡入)	農夫： 我不知道該餵什麼才好，所以我就每天給它100塊錢，讓它自己出去吃。	10

6-2-3 原畫設計

接著下一步就是將分鏡草圖交給原動畫與背景的繪製人員。原動畫也就是原畫，一些角色的基本設定以及動作，都是由原畫設計人員負責。人物經由原畫設定之後，美術人員會依照該人物的設定製作介面中所使用的草繪稿，場景中人物的各種行爲動畫，例如行走、跑步、交談與劇情中會使用到的各種動作。至於場景設定方面也分成兩個主要的部分，一個是場景的規劃（稱爲 layout），另一項是建物或是自然景的設定。

人物的造型草繪稿

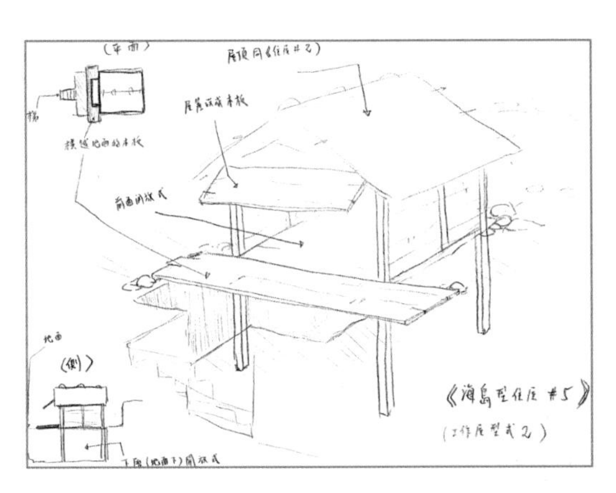
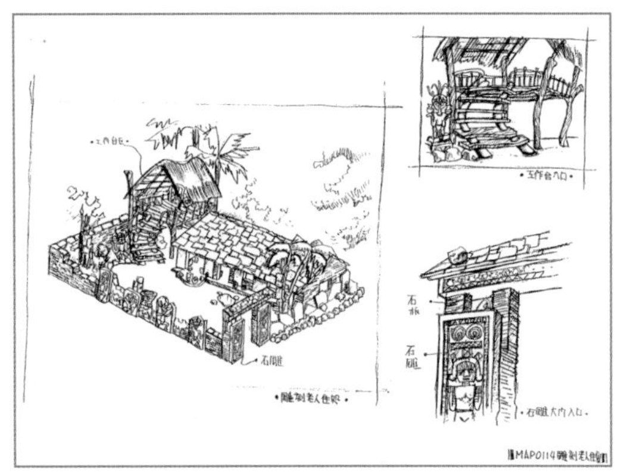

場景的造型草繪稿

在專業的設計人員將原畫描繪的同時，他們會依據原畫以及分鏡表等，來漸漸地改變每一張繪製的描圖，來達到動畫的效果，這整個動作就是動畫製作的核心工程。接著透過電腦軟體上色，然後根據所製作的分鏡腳本，尋找適當的背景音樂與音效配樂配音，並進行後製剪輯及選擇輸出格式，就能完成一部精彩的動畫。

6-3 3D 動畫

3D 動畫之應用範圍很廣，無論是廣告、動畫甚至遊戲製作，都能看見其蹤影。以廣告影片之製作來看，許多電視影片或新聞開場片頭都是利用 3D 電腦繪圖加上剪輯與配樂而成。

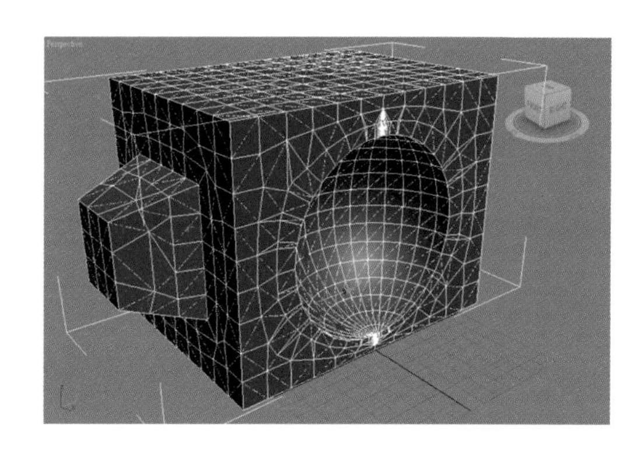

3D 動畫中的個別物件設計

3D 動畫（3D Animation）就是具有 3D 效果的動畫，製作方式有別於二維動畫的平面圖形繪製處理，3D 動畫需針對不同應用環境的需求，於影像的製作過程中，必須考量場景深淺，精準地掌握雙眼視差的特性。

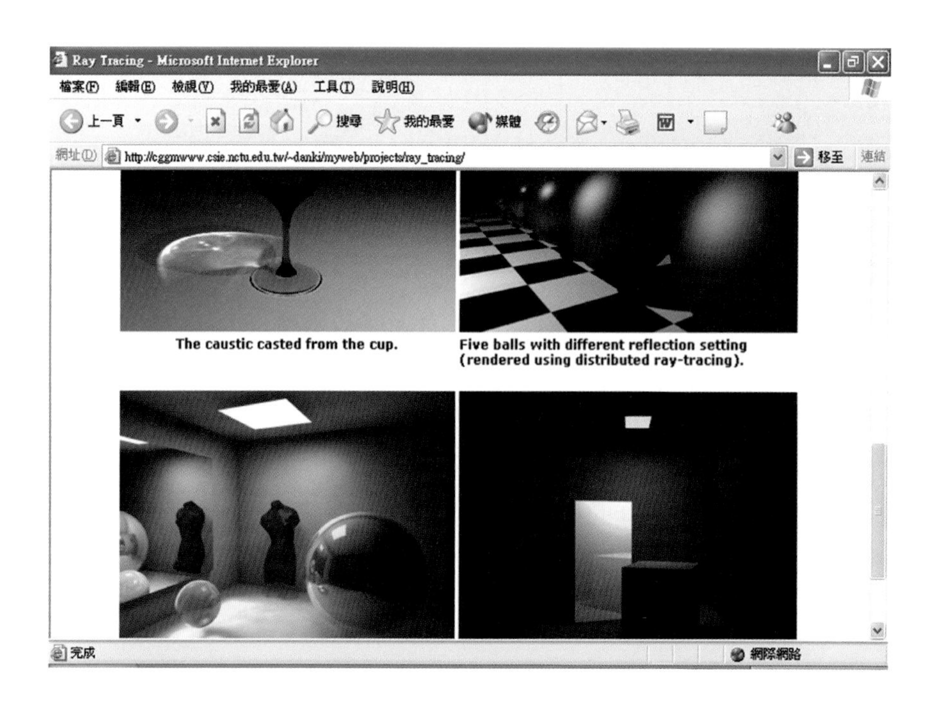

3D 物體的設計必須考慮到面的顏色與光源

6-3-1 3D 動畫原理

3D 是數學上的三維，就是立體的意思，立體效果來自於有深度的知覺。3D 圖形是立體的，座標系統中通常會有一個原點，從原點延伸出三個座標軸，形成特定的空間，即所謂的 3D 空間，與 2D 最大的差異在於多了「深度」，以座標系統來看，是以 X、Y、Z 三個參數來表示物件的位置，如下圖所示。

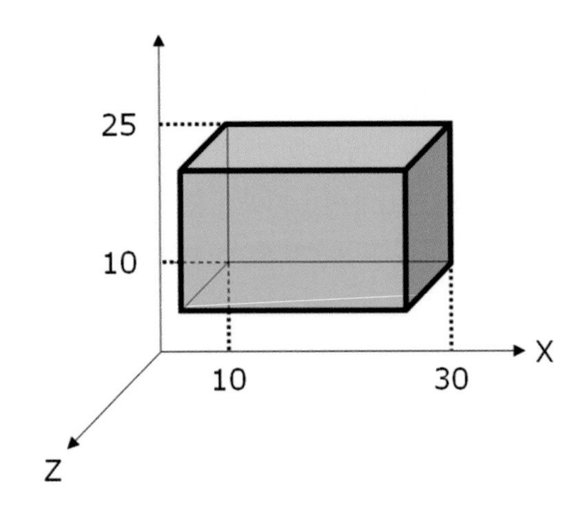

3D 圖形是在三度空間中所繪製出來的立體物件，因此只要繪製好物件，並設定好燈光、攝影機以及物體的運動路徑，其他的工作就交給電腦來處理。由於 3D 圖形是在虛擬的 3D 環境繪製，對於電腦來說只是儲存於記憶體的一大堆數據，並不具有實體，每次要變換影像時都必須重新運算，因此在軟體技術與硬體設備的要求就非常高。

製作 3D 圖形雖然辛苦，卻可以讓使用者感受空間與立體感的虛擬實境，因此常應用於產品設計、建築設計、室內設計等方面，包括目前熱門的線上遊戲及電玩遊戲，為了吸引玩家，也幾乎都是以 3D 技術來製作了。

6-4 3D 動畫設計流程

3D 動畫的設計不外乎就是建立模型，然後將模型貼好材質，布置好燈光背景，並調整好虛擬的攝影機（包括製造場景深度、空間感、走位效果、聲光效果等），設定動畫動作等。以下我們將以 3DSMax 的作業流程，簡單為各位說明 3D 動畫設計的基本流程，無論是動畫、遊戲或是影視方面效果之開發，均不會脫離這個流程，最多依照工作屬性不同而略微改變順序。

Tips

3DSMax 為 Autodesk 公司所生產之 3D 電腦繪圖軟體，是目前最受歡迎的 3D 繪圖及動畫設計的工具之一，目前 3DSMax 是全球用戶擁有最多之 3D 繪圖軟體，該軟體已成為遊戲、建築、影視等領域開發人員之首要選擇。

6-4-1 模型物件的建立（Modeling Objects）

3D 物件之建立是根據模型本身結構與外形進行編輯。一開始先建立基本之幾何元件，並使用 Modify 面板內所提供之指令，將模型的外形按步驟將其塑形出來。也可以利用 2D Shape，使用曲線方式先將外形建立出來後，再使用相對應之指令建構出模型。3DSMax 也提供其他許多模型建立的方式，可視使用者的需求自行使用。

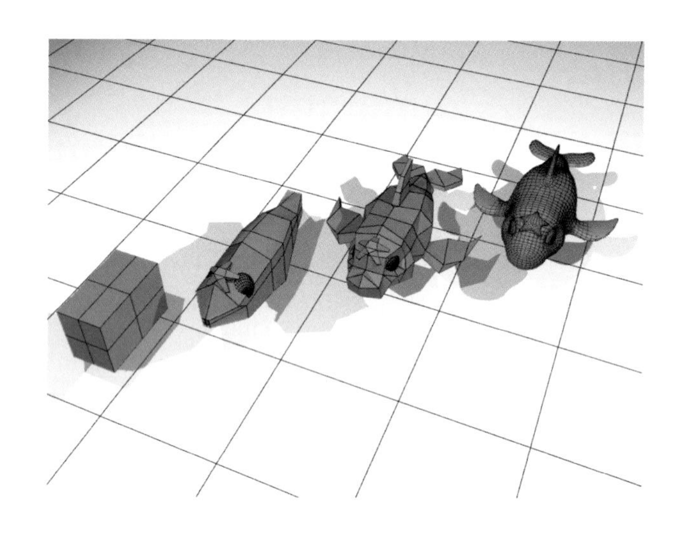

模型建立步驟示意圖

6-4-2 材質設計（Material Design）

在我們生活環境中，每個物件根據其屬性不同，表面會產生其獨特的質感，如木頭、石頭、玻璃等，而表現在質感上的的紋路或花紋就是 3DSMax 所謂的貼圖。簡單來說，3DSMax 是利用材質編輯器（Material Editor）設計角色的表面材質與質感。

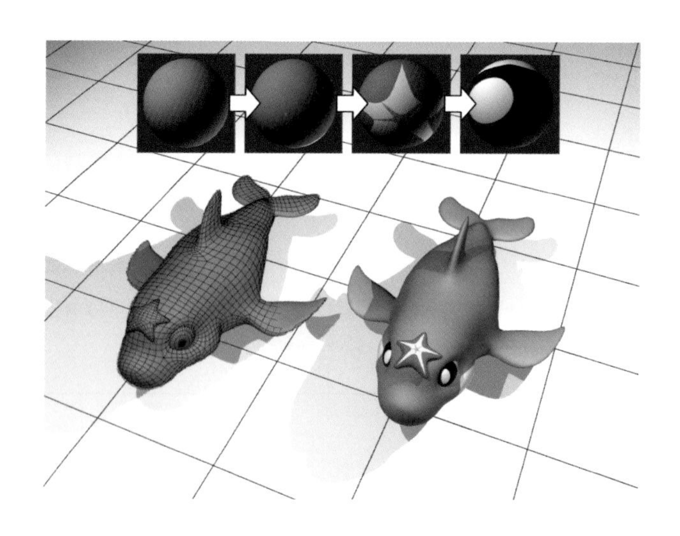

材質建立步驟示意圖

6-4-3 燈光與攝影機（Lights and Cameras）

3DSMax 允許使用者在場景中可以建立數個燈光及不同顏色之效果，所建立的燈光也可以製作陰影效果、規劃投射影像及環境製作、霧氣等效果。使用者也可以在自然環境的基礎下使用 Radiosity 等進階功能模擬出更眞實的環境效果。攝影機使用也跟眞實環境的攝影機一樣，可進行視角的調整、鏡頭拉伸及位移等功能。

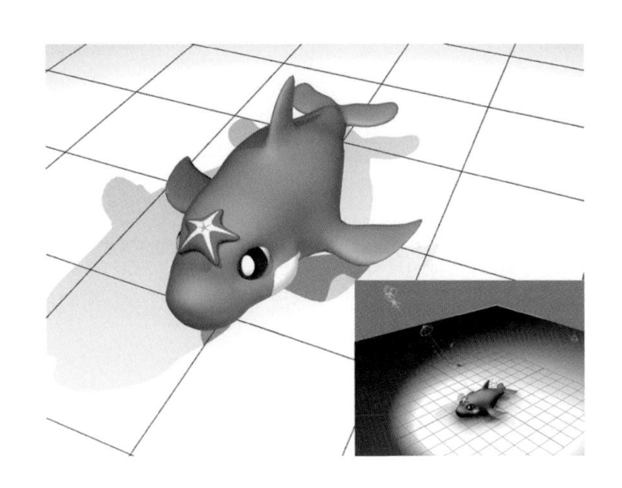

燈光與攝影機表現示意圖

6-4-4 動畫製作（Animation）

3DSMax 中使用者只要啓動 AutoKey，位移、旋轉、縮放甚至參數的調整就可隨時讓自己所設計的角色進行動畫製作。藉由燈光及攝影機的變化可擬造出極具戲劇性的效果呈現在視窗中。使用者也可使用系統所提供的 Track View 來提高動畫編輯效率或是更有趣的動態效果。

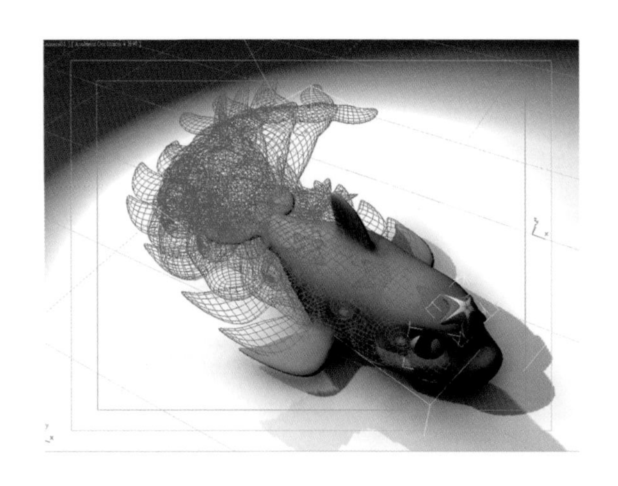

物件動態表現示意圖

6-4-5 上彩功能（Rendering）

3DSMax 的 Rendering 提供了許多功能及效果供使用者選擇使用，包括消鋸齒、動態模糊、質量光及環境效果等的呈現。在核心引擎除了預設的著色系統外，也加入了 Mental Ray Renderer 著色在系統中供使用者選擇。若使用者的工作是需要使用到網路算圖的話，3DSMax 也提供了完善的網路運算及管理工具讓使用者使用。

Rendering 表現示意圖

【課後習題】

1. 電腦繪圖與其他視覺藝術表現工具的差別為何？
2. 試說明動畫（Animation）的原理。
3. 何謂畫面的分鏡設計？
4. 試說明 2D 動畫，儲存方式可區分為哪兩種？
5. 3D 動畫的原理與特色為何？
6. 何謂 SWF 動畫？
7. 試簡述分鏡圖的功用。
8. 2D 動畫設計時，場景設定方面也分成哪兩個主要的部分？

第七章 網頁媒體設計總論

7-1 全球資訊網

7-2 網頁架設方式

7-3 網站開發工具簡介

近年來全球吹起了網際網路的風潮，從電子商務網站到個人的個性化網頁，一瞬間幾乎所有的資訊都連上了網際網路。然而這些資訊取得的介面大多靠的是五花八門的網站介紹，從企業電子商務網站到個人的客製化網頁，一瞬間幾乎所有的資訊都連上了網際網路，因此網站架設已成爲全民學習網頁媒體的浪潮。

http://www.momoshop.com.tw/main/Main.jsp

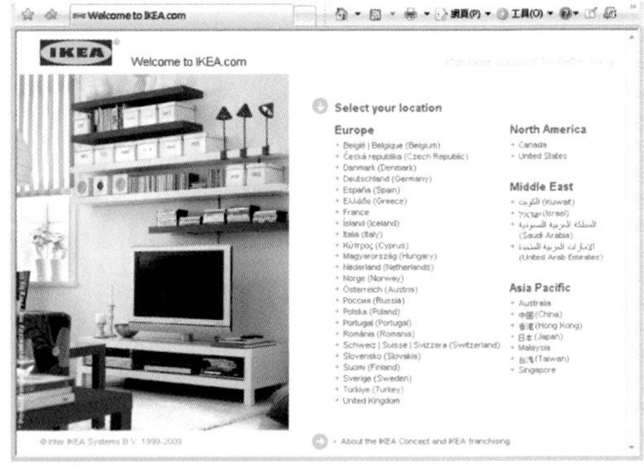

http://www.ikea.com/

五光十色的網頁儼然成為多媒體世界中的新興媒體

網際網路已經完全融入了我們的生活中，琳瑯滿目的網站提供了購物、學習、新聞等應有盡有的功能，然而這些資訊取得的介面大多靠的是五花八門的網頁介紹，因此網頁架設已成爲全民學習的浪潮，只要是網頁裡包含了文字、影像以及影片，也可稱爲「多媒體網頁」了。

7-1 全球資訊網

全球資訊網（World Wide Web，簡稱 Web 或 WWW）緣起在 1989 年位於瑞士日內瓦的歐洲粒子物理實驗室，是一種建構在 Internet 的多媒體整合資訊系統，它利用超媒體（Hypermedia）的資料擷取技術，透過一種超文件（Hypertext）上的表達方式，將整合在 WWW 上的資訊連接在一起，也就是說只要透過 WWW，就可以連結全世界所有的資訊！

Tips

超連結就是 WWW 上的連結技巧，透過已定義好的關鍵字與圖形，只要點取某個圖示或某段文字，就可以直接連結上相對應的文件。而「超文件」是指具有超連結功能的文件。至於瀏覽器用來連上 WWW 網站的軟體程式。

WWW 主要以主從架構的模式運作，當各位執行了客戶端網頁瀏覽器時，客戶端會聯繫網頁伺服器並要求所需的資料或資源。最後網頁伺服器會找出所需的資料並回傳給網路瀏覽器，也就是我們所看到的搜尋結果。

例如我們可以使用家中的電腦（客戶端），並透過瀏覽器來開啓某個購物網站的網頁，這時家中的電腦會向購物網站的伺服端提出顯示網頁內容的請求。一旦網站伺服器收到請求時，隨即會將網頁內容傳送給家中的電腦，並且經過瀏覽器的解譯後，再顯示成各位所看到的內容。

WWW 主從式架構示意圖

7-1-1 URL

當各位打算連結到某一個網站時，首先必須知道此網站的「網址」，網址的正式名稱應爲「全球資源定位器」（URL）。簡單的說，URL 就是 WWW 伺服主機的位址用來指出某一項資訊的所在位置及存取方式。簡單來說，IP 位址用來識別主機的特定位置，而 URL 則用來識別網頁的位置。URL 可在 WWW 上指明通訊協定及以位址來享用網路上各式各樣的服務功能。至於 URL 的標準格式如下：

「存取協定：// 網頁所在主機名稱 / 存放路徑 / 網頁名稱」，如下所示：

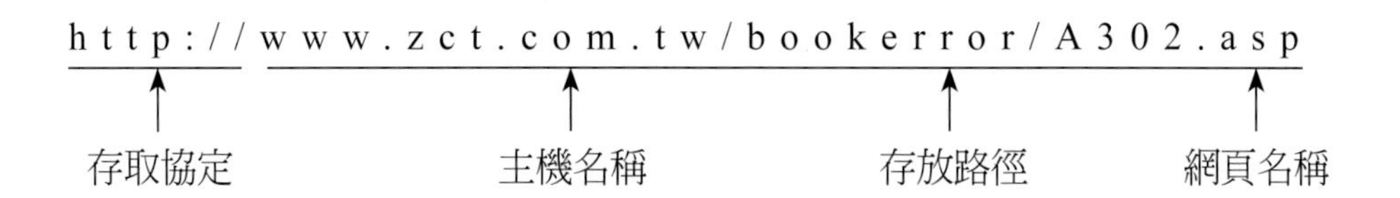

上述「存取協定」是指電腦相互之間進行資料通訊時，所必須訂立的共同協議。除了http 協定是用於存取全球資訊網的文件外，常見的協定如下：

通訊協定	說明	範例
http	HyperText Transfer Protocol，超文件傳輸協定，用來存取 WWW 上的超文字文件（hypertext document）	http://www.yam.com.tw（蕃薯藤 URL）
ftp	File Transfer Protocol，是一種檔案傳輸協定，用來存取伺服器的檔案	ftp://ftp.nsysu.edu.tw/（中山大學 FTP 伺服器）
mailto	寄送 E-Mail 的服務	mailto://eileen@mail.com.tw
telnet	遠端登入服務	telnet://bbs.nsysu.edu.tw（中山大學美麗之島 BBS）
gopher	存取 gopher 伺服器資料	gopher://gopher.edu.tw/（教育部 gopher 伺服器）

至於在使用 URL 時，我們可以設定存取協定的傳輸埠（port）預設值，以加速傳輸時的封包處理。以下是常見的傳輸埠預設值：

存取協定	傳輸埠預設值
ftp	21
http	80
telnet	23

7-1-2 Web 演進史

隨著網際網路的快速興起，從最早期的 Web 1.0 到邁入 Web 3.0 的時代，每個階段都有其象徵的意義與功能，對人類生活與網路文明的創新也影響愈來愈大，尤其目前進入了 Web 3.0 世代，帶來了智慧更高的網路服務與無線寬頻的大量普及，更是徹底改變了現代人工作、休閒、學習、行銷與獲取訊息方式。

Web 1.0 時代受限於網路頻寬及電腦配備，對於 Web 上網站內容，主要是由網路內容提供者所提供，使用者只能單純下載、瀏覽與查詢，例如我們連上某個政府網站去看公告與查資料，只能乖乖被動接受，不能輸入或修改網站上的任何資料，單向傳遞訊息給閱聽大眾。

Web 2.0 時期寬頻及上網人口的普及，其主要精神在於鼓勵使用者的參與，讓網民可以參與網站這個平台上內容的產生，如部落格、網頁相簿的編寫等，這個時期帶給傳統媒體的最大衝擊是打破長久以來由媒體主導資訊傳播的藩籬。PChome Online 網路家庭董事長詹宏志就曾對 Web 2.0 作了個論述：如果說 Web 1.0 時代，網路的使用是下載與閱讀，那麼 Web 2.0 時代，則是上傳與分享。

部落格是 Web 2.0 時相當熱門的新媒體創作平臺

在網路及通訊科技迅速進展的情勢下，我們即將進入全新的 Web 3.0 時代，Web 3.0 跟 Web 2.0 的核心精神一樣，仍然不是技術的創新，而是思想的創新，強調的是任何人在任何地點都可以創新，而這樣的創新改變，也使得各種網路相關產業開始轉變出不同的樣貌。Web 3.0 能自動傳遞比單純瀏覽網頁更多的訊息，還能提供具有人工智慧功能的網路系統，隨著網路資訊的爆炸與氾濫，整理、分析、過濾、歸納資料更顯得重要，網路也能愈來愈了解你的偏好，而且基於不同需求來篩選，同時還能夠幫助使用者輕鬆獲取感興趣的資訊。

Web 3.0 時代，許多電商網站還能根據網路社群來提出產品建議

> **Tips**
>
> 人工智慧（Artificial Intelligence, AI）的概念最早是由美國科學家 John McCarthy 於 1955 年提出，目標為使電腦具有類似人類學習解決複雜問題與展現思考等能力，舉凡模擬人類的聽、說、讀、寫、看、動作等的電腦技術，都被歸類為人工智慧的可能範圍。簡單地說，人工智慧就是由電腦所模擬或執行，具有類似人類智慧或思考的行為，例如推理、規畫、問題解決及學習等能力。

7-1-3 網頁與網站

透過瀏覽器在 WWW 上所看到的每一個頁面都可以稱為網頁（Web Page），進入一個網站時所看到的第一個網頁，通稱為首頁（Home Page），由於是整個網站的門面，因此網頁設計者通常會在首頁上加入吸引瀏覽者的元素，例如 Flash 動畫、網站名稱與最新消息等。

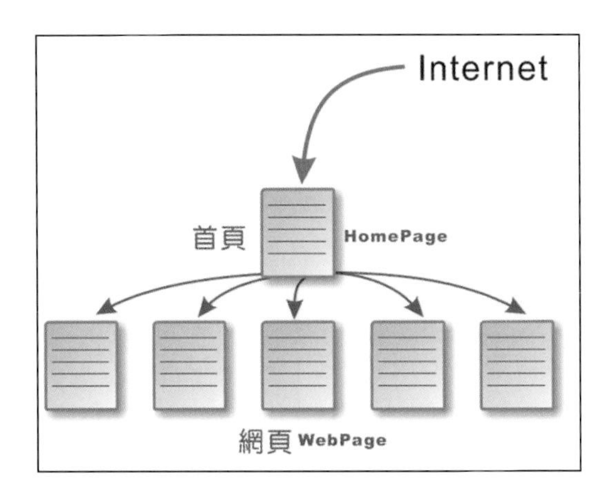

一般說來，網站中的網頁往往會因設計的主題不同而呈現多元化面向。不過構成網頁的基本元素，包含了文字、圖形和超連結三種，簡單說明如下：

網頁基本元素	特色與說明
文字	文字構成網頁主題，用來傳達網頁訊息，它包含了標題、大小、層次、樣式與顏色。
圖形	善用圖形能豐富網頁內容。常用的圖檔類型有 JPG、GIF、PNG，每張圖片的應用包含有標題、背景圖、主圖等。
超連結	超連結的使用，可讓上網者悠遊在不同網頁和不同網站。

首頁也是一個單純的網頁畫面，但由於首頁具有給瀏覽者最先接觸的特性，因此設計者會對首頁上的美化及網站主題性特別下功夫，以便給人良好的第一印像。

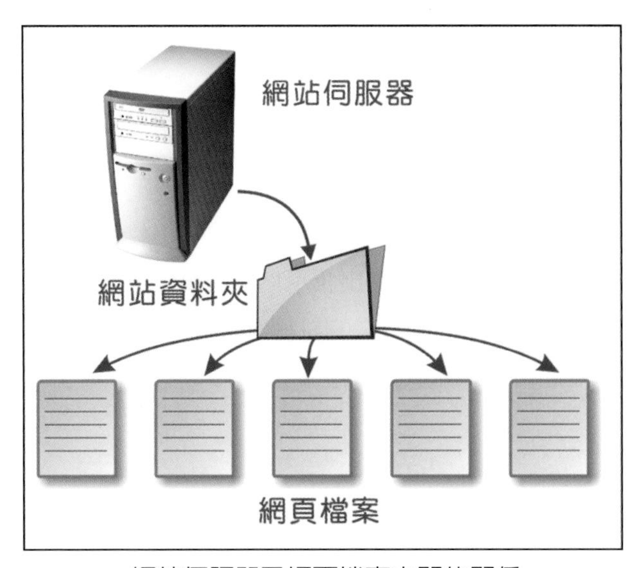

網站伺服器及網頁檔案之間的關係

「網頁」（Webpage）實際上只是一份文件，存放在網頁伺服器中，我們可以透過網址（URL）來存取網頁。網頁文件一般是由HTML語法所構成，必須經過瀏覽器（Browser）解析成我們平常所看到的網頁。

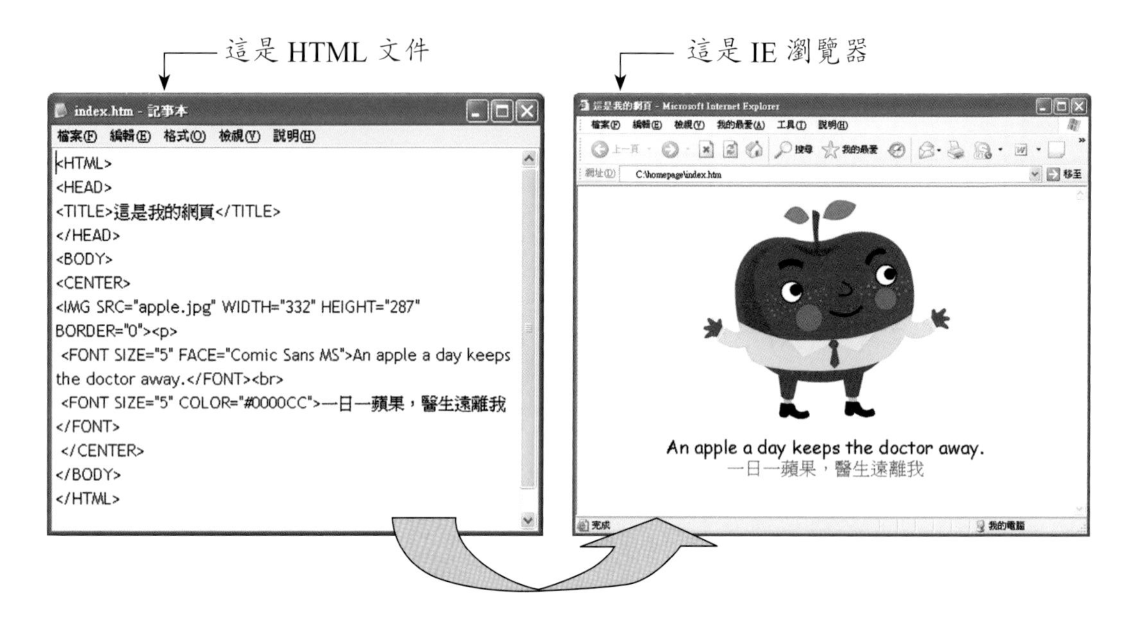

HTML 文件必須經過瀏覽器解析後才能看到完整的網頁

Tips

系統代理伺服器（Proxy Server），就是當我們準備瀏覽網頁時，便會先搜尋一下在主機內是否之前有留下這份網頁資料，這樣可以加速資料下載的速度。如果有，就直接將這份網頁傳送，如果沒有，除了傳送一份給我們，另一份資料則在 Proxy 中留起來備份。

7-1-4 多媒體設計風潮 -UI/UX

網站設計趨勢通常可以反映當時的技術與時尚潮流，由於視覺是人們感受事物的主要方式，近來在網站的設計領域，如何設計出讓用戶能簡單上手與高效操作的用戶介面式設計的重點，因此近來對於 UI/UX 話題重視的討論大幅提升，畢竟電子商務網站 UI/UX 設計的結果正成為顧客吸睛的主要核心感覺。

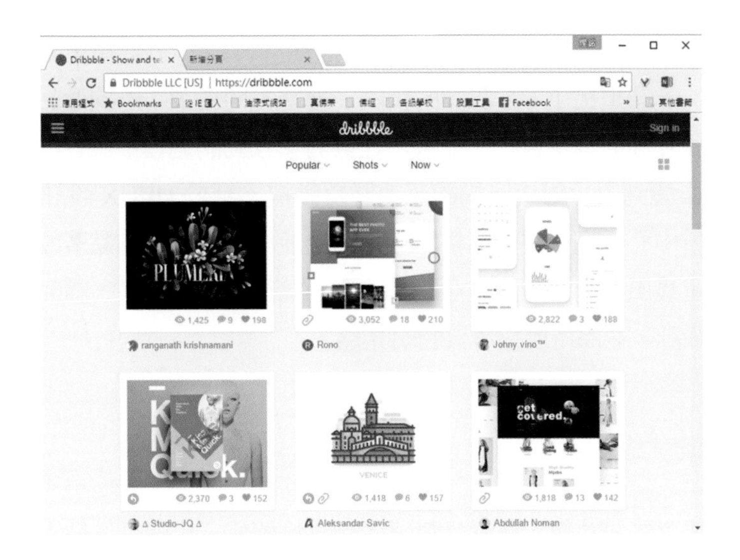

Dribble 社群網站有許多全世界最新潮的網站設計樣品

UI（User Interface，使用者介面）是屬於一種虛擬與現實互換資訊的橋樑，也就是人和電腦之間輸入和輸出的規劃安排，網站設計應該由 UI 驅動，因為 UI 才是人們真正會使用的部分，我們可以運用視覺風格讓介面看起來更加清爽美觀，除了維持網站上視覺元素的一致外，盡可能著重在具體的功能和頁面的設計。同時在網站開發流程中，UX（User Experience，使用者體驗）研究所占的角色也愈來愈重要，UX 的範圍則不僅關注介面設計，更包括所有會影響使用體驗的所有細節，包括視覺風格、程式效能、正常運作、動線操作、互動設計、色彩、圖形、心理等。真正的 UX 是建構在使用者的需求之上，是使用者操作過程當中的感覺，主要考量點是「產品用起來的感覺」，目標是要定義出互動模型、操作流程和詳細 UI 規格。

專門收錄不同風格的 APP 頁面設計

全世界公認是 UX 設計大師的蘋果賈伯斯有一句名言：「我討厭笨蛋，但我做的產品連笨蛋都會用。」一語道出了 UX 設計的精隨。通常不同產業、不同商品用戶的需求可能全然不同。通常就算商品本身再好，如果戶在與店家互動的過程中，有些環節造成用戶不好的體驗，也會影響到用戶對店家的觀感或購買動機。至於 UI/UX 設計規範的考量，也一定要以使用者爲中心，例如視覺風格的時尚感更能增加使用者的黏著度，近年來特別受到扁平化設計、主義風格的影響，乾淨明亮的介面往往更吸引用戶，講究儘量不打擾使用者，千萬別過度設計，並保持簡約清爽的明亮感。

7-2 網頁架設方式

網頁製作完成之後，首要工作就是幫這些網頁找個家，也就是俗稱的「網頁空間」。常見的架站方式主要有虛擬主機、主機代管與自行架設等三種方式：

7-2-1 虛擬主機

「虛擬主機」（Virtual Hosting）是網路業者將一台伺服器分割模擬成爲很多台的「虛擬」主機，讓很多個客戶共同分享使用，平均分攤成本，也就是請網路業者代管網站的意思，對使用者來說，就可以省去架設及管理主機的麻煩。

網站業者會提供給每個客戶一個網址、帳號及密碼，讓使用者把網頁檔案透過 FTP 軟體傳送到虛擬主機上，如此世界各地的網友只要連上網址，就可以看到網站了。一般而言，ISP 所提供的網路設備與環境會比較完善，使用者不需自己去購置網路設備，也可以避免錯誤投資造成損失的風險。租用虛擬主機的優缺點如下：

優點：可節省主機架設與維護的成本、不必擔心網路安全問題，可使用自己的網域名稱（Domain Name）。

缺點：有些 ISP 業者會有網路流量及頻寬限制，隨著主機系統不同能支援的功能（如 ASP、PHP、CGI）也不盡相同。

這個網站提供了虛擬主機服務

http://www.nss.com.tw/index.php

7-2-2 主機代管

主機代管（Co-location）是企業需要自行購置網路主機，又稱爲網路設備代管服務，乃是使用 ISP 公司的資料中心機房放置企業的網路設備，每月支付一筆費用，也使用 ISP 公司的網路系統來架設網站。中華電信就有提供標準電信機房空間供企業或個人置放 Web 伺服器，並經 HiNet 連接至 Internet 之服務。

優點：系統自主權較高，降低硬體投資成本，省去興建機房、申請數據線路等費用。

缺點：主機的管理者必須從遠端連線進入伺服器做管理，管理上較不方便。

7-2-3 自行架設

對一般中小企業來說，想要自已架設網頁伺服器，並不容易，必須要有軟硬體設備以及固定 IP，以及具有網路管理專業知識的從業人員。但是大型企業在商業機密的考量下，通常願意投入資源與人力來架設與管理電子商務網站。

優點：容量大、功能沒有限制，完全自主，易於管理與維護，也能配合企業目標。

缺點：必須自行安裝與維護硬體及軟體、加強防火牆等安全設定，需配置專業人員，成本也最高。

以下是三種方式的評估與分析表：

項目	架設伺服器	虛擬主機	申請網站空間
建置成本	最高（包含主機設備、軟體費用、線路頻寬和管理人員等多項成本）	中等（只需負擔資料維護及更新的相關成本）	最低（只需負擔資料維護及更新的相關成本）
獨立 IP 及網址	可以	可以	附屬網址（可申請轉址服務）
頻寬速度	最高	視申請的虛擬主機等級而定	最慢
資料管理的方便性	最方便	中等	中等
網站的功能性	最完備	視申請的虛擬主機等級而定，等級愈高的功能性愈強，但費用也愈高	最少
網站空間	沒有限制	也是視申請的虛擬主機等級而定	最少
使用線上刷卡機制	可以	可以	無
適用客户	公司	公司	個人

7-3 網站開發工具簡介

多媒體網站已是網際網路的重要應用領域之一，開發網站需要許多開發工具的支援，開始開發網站之前，最重要的事就是準備好自己的環境，安裝適合的開發工具和軟體將可以讓自己事半功倍，在此我們要來介紹一些常見的網站開發工具。

7-3-1 Dreamweaver CC

Dreamweaver 是目前網路世代中，最夯的網頁編輯程式，因爲它可以讓網頁設計師在不需要編寫 HTML 程式碼的情況下，透過「所見即所得」的方式，輕鬆且快速地編排網頁版面，對於程式設計師而言，也可以透過程式碼模式來快速編修網頁程式。此外，它也能輕鬆整合外部的檔案或程式碼，且網頁上傳功能也相當的安全，所以目前已成爲網站開發人員在設計網站時的最佳選擇工具。

在目前 Creative Cloud 版本中，安裝程式的方式跟以往有所不同，往昔都是透過光碟片來安裝程式，現在則是透過雲端程式來下載軟體，想要使用 Adobe Dreamweaver CC 程式，首先必須到 Adobe 網站申請並擁有一組 Adobe ID 和密碼，透過此組帳戶和密碼，才可進行 Adobe Creative Cloud 程式的下載。網址如下：https://creative.adobe.com/

首先映入各位眼前的是「歡迎畫面」，歡迎畫面裡主要包括如下幾項內容：

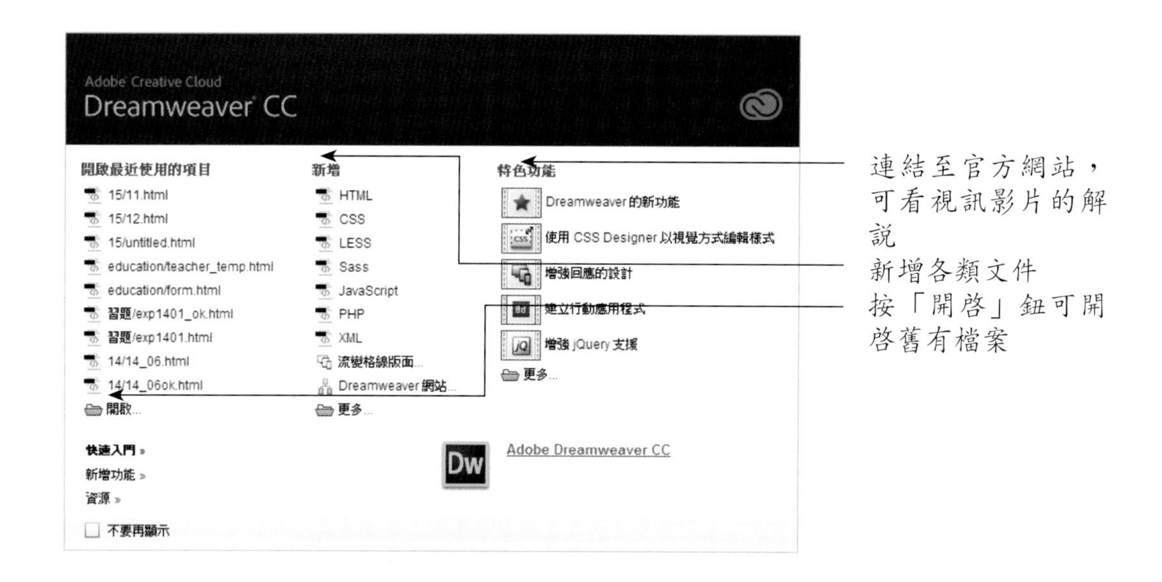

7-3-2 HTML/HTML5

HTML（Hypertext Markup Language）標記語言是一種純文字型態的檔案，它以一種標記的方式來告知瀏覽器以何種方式來將文字、圖像等多媒體資料呈現於網頁之中。通常要撰寫網頁的 HTML 語法時，只要使用 Windows 預設的記事本就可以了，然後輸入下面的文字資料：

```
<Html>
 <Head>
  <Title>首頁</Title>
 </Head>
 <Body>
  <H1>歡迎來到我的網站</H1>
 </Body>
</Html>
```

接著在存檔時輸入（htm）副檔名，最後按二下直接開啓剛才所儲存的檔案，畫面內容如下：

這個就是利用語法來設計網頁的方式，而這個語法稱爲「超文字標記語言，HyperText

Markup Language」英文簡稱爲 HTML，也因此網頁檔案的副檔名則爲 htm、html、asp 與 aspx 等。此外，也可以直接從瀏覽器視窗中來觀看網頁畫面的原始碼，請各位執行 IE 功能表中的「檢視 / 原始碼」，此時就會看到剛才輸入原始碼的畫面。

要了解 HTML 的基本結構，可以從二方面來著手。一種是語法的「對稱性」，另一種就是語法的「結構性」。分述如下：

■ 語法對稱性

HTML 屬於「對稱性」的語法，大部分語法都是成雙成對的，「<>」的作用代表著裡面的英文字是一個 HTML 語法指令，「<>」內沒有加上「/」表示是語法開始，有加上「/」表示是語法結束。

如圖中的 <Html> 和 </Html> 就是一組語法，其他的依此類推。同時語法中並沒有區分英文字母的大小寫，而語法前面的空白也可以視個人的習慣決定是否加入，不過這裡建議各位最好還是利用空白鍵來區隔出程式碼的內容結構，這樣在檢查語法內容時會方便許多：

```
<Html>
 <Head>
  <Title>首頁</Title>
 </Head>
 <Body>
  <H1>歡迎來到我的網站</H1>
 </Body>
</Html>
```

■ 語法結構性

HTML 語法的「結構性」則是指語法的擺放位置，這裡先列出前面所使用到的語法功能：

語法指令	用法
<Html>	在 <Html> 和 </Html> 之間輸入網頁畫面在設計時的所有語法文字。
<Head>	在 <Head> 和 </Head> 之間輸入與網頁畫面有關的設定文字（例如網頁的編碼方式）。
<Title>	在 <Title> 和 </Title> 之間輸入顯示在瀏覽器視窗左上角的標題文字，瀏覽器視窗畫面的標題文字（畫面上的首頁二字）是屬於設定文字而非內容文字，因爲其內容不會顯示在視窗畫面中，故其語法不會被包含在 <Body> 和 </Body> 之間，而是被包含在 <Head> 和 </Head> 之中。
<Body>	在 <Body> 和 </Body> 之間輸入有關網頁畫面內容的語法文字。

語法指令	用法
<H1>	<H1> 語法屬於文字格式的一種，也就是在 <H1> 和 </H1> 之間輸入要以 <H1> 文字格式來顯示的文字內容。

全球資訊網協會（W3C）於 2009 年發表了「第五代超文本標示語言」（HTML5）公開的工作草案，是 HTML 語法下一個的主要修訂版本。HTML5 是基於既有 HTML 語法基礎再發展而成，並沒有捨棄 HTML4 的元素標籤，實際包括了 HTML5.0、CSS3 和 JavaScript 在內的一套技術組合，特別是在錯誤語法的處理上更加靈活，對於使用者來說，只要瀏覽軟體支援 HTML5，就可以享受 HTML5 的特殊功能，而且開放規格統一了 video 語法，把影音播放部分交給各大瀏覽器互相競爭。

■ HTML5

透過 HTML5 的發展，將是網路上的影音播放、工具應用的新主流，雖然還不是正式的網頁格式標準，不過新增的功能除了可讓頁面原始語法更爲精簡外，還能透過網頁語法來強化網頁控制元件和應用支援。以往 HTML 需要加裝外掛程式才能顯示的特效，目前都能直接透過瀏覽器開啓直接在網頁上提供互動式 360 度產品展現。

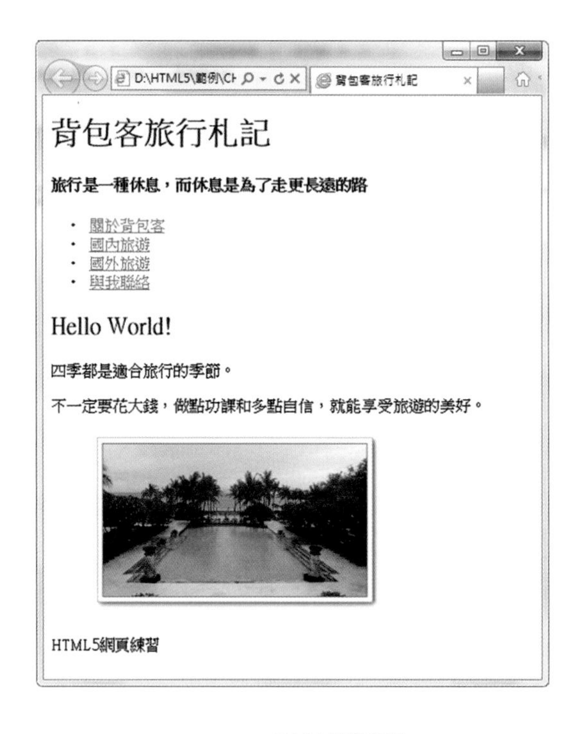

HTML5 實作的網頁

隨著行動裝置的普及，會寫 PC 上瀏覽的網頁已經不夠，愈來愈多人想學習行動裝置網頁設計開發，HTML5 也為了讓網頁程式設計者開發網頁設計應用程式，提供了多種的 API 供設計者使用，例如 Web SQL Database 讓設計者可以離線存取本地端（Client）的資料庫，當然要使用這些 API，必須熟悉 JavaScript 語法！

7-3-3 CSS

CSS 的全名是 Cascading Style Sheets，一般稱之為串聯式樣式表，其作用主要是為了加強網頁上的排版效果（圖層也是 CSS 的應用之一），因為在網頁設計初期，由於 HTML 語法上的不足，使得網頁上的排版效果一直無法達到令人滿意的境界。也因為這個緣故，才會在 HTML 之後繼續開發 CSS 語法，它可用來定義 HTML 網頁上物件的大小、顏色、位置與間距，甚至是為文字、圖片加上陰影等功能。

具體來說，CSS 不但可以大幅簡化在網頁設計時對於頁面格式的語法文字，更提供了比 HTML 更為多樣化的語法效果。CSS 最令人驚喜之處的就是文字方面的應用，除了文字性質之外，還可以藉由 CSS 來包裝或加強圖片或動態網頁的特效。例如使用 HTML 將背景加上圖片後，圖片只會自動重複填滿整個背景，如果使用 CSS 指令，則能直接控制水平或垂直的排列方式。

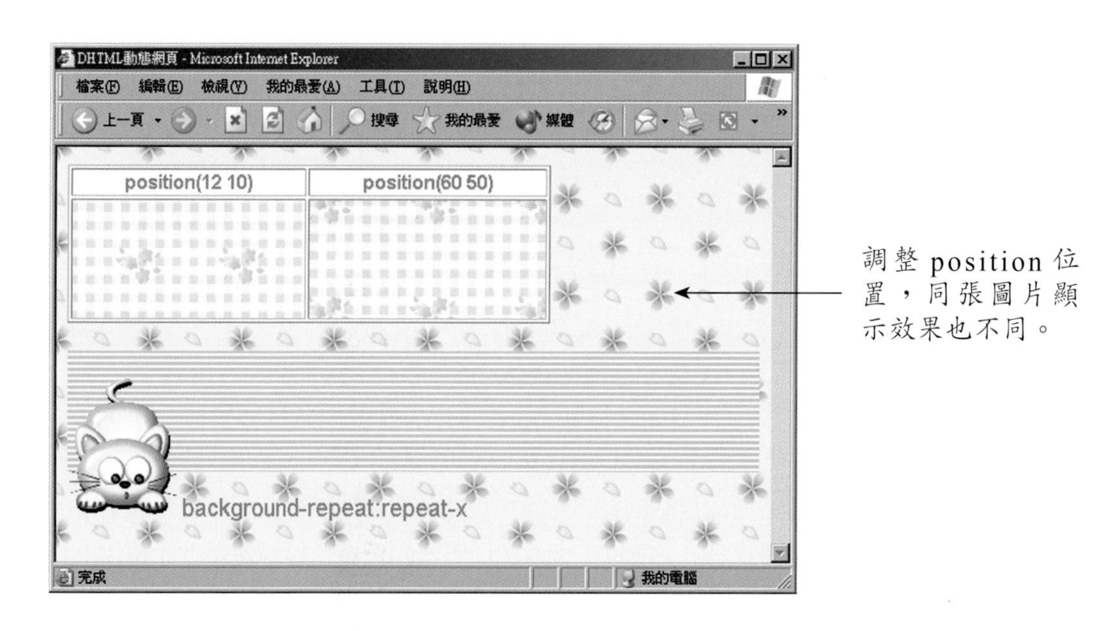

7-3-4 DHTML

DHTML 一般稱為「動態網頁」，全名是「Dynamic HTML」，不單指一項網頁技術，而是由不同的網頁技術所組成的，包括 HTML、CSS 與 JavaScript 等。可以讓使用者隨心所欲的調整網頁，依照 DHTML 觀念所產生的網頁可以有底下功能：

1. **動態排版樣式**：透過 CSS（Cascading Style Sheets，樣式表）可以設定字體大小、粗細等格式效果控制段落邊界、段首縮排等。
2. **動態網頁效果**：可以隨時動態新增、修改或刪除網頁中的文字、標籤等，例如當滑鼠移過文字時，網頁上新增一列文字等。
3. **動態定位**：透過 DHML 可以將網頁中的元件安排在任意位置，甚至透過 X、Y、Z 軸的位置控制，而達到元件移動的效果，例如：圖片隨著游標移動的效果。
4. **濾鏡效果**：DHML 可以爲網頁上的 HTML 元件加上特殊的濾鏡效果，例如圖形羽化、水面倒影、網頁換場特效等，可供使用的視覺化濾鏡特效多達 14 種之多。

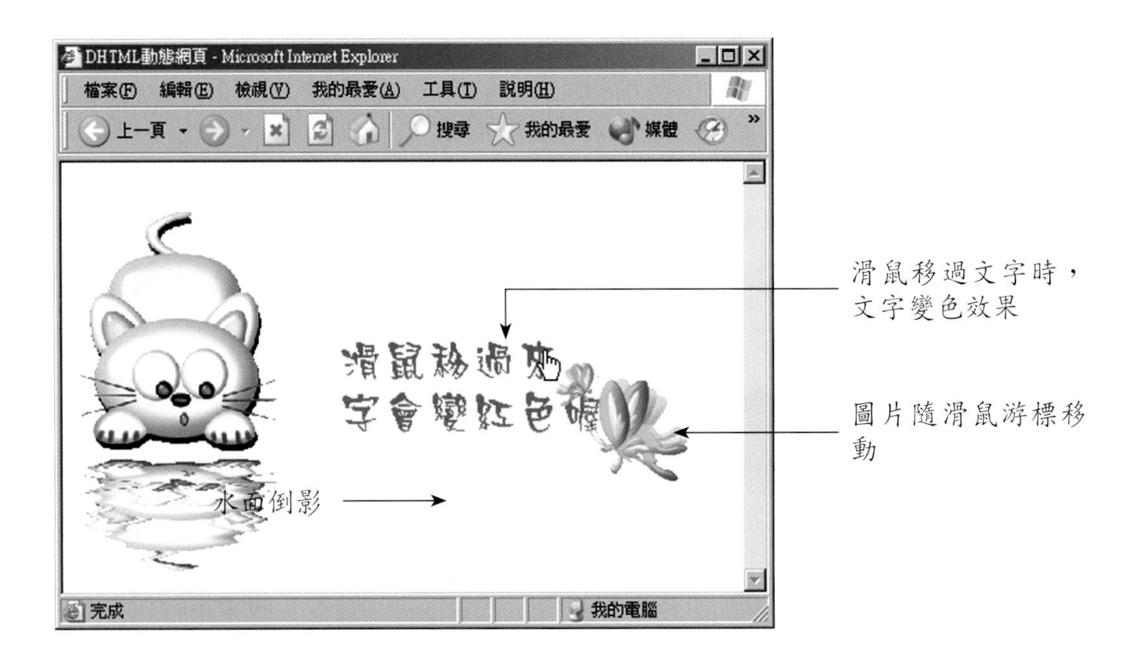

7-3-4 Javascript/Jquery

JavaScript 是一種直譯式（Interpret）的描述語言，是在客戶端（瀏覽器）解譯程式碼，內嵌在 HTML 語法中，當瀏覽器解析 HTML 文件時就會直譯 JavaScript 語法並執行，JavaScript 不只能讓我們隨心所欲控制網頁的介面，也能夠與其他技術搭配做更多的應用。由於是將執行結果呈現在瀏覽器上，所以不會增加伺服器的負擔，輕輕鬆鬆就能製作出許多精采的動態網頁效果。之前常被誤解是粗糙且過於簡單的語言，直到近幾年「物聯網」被炒的火熱，程式設計師能搭配 JavaScript 語法控制物聯網的裝置，除了用在瀏覽器之外，也被用在許多其他領域，讓 JavaScript 逐漸受到重視，成爲最近相當熱門的語言。

JavaScript 是一種客戶端（client）的腳本（script）直譯式程式語言，程式碼直接寫在 HTML 文件裡面。

```
<!DOCTYPE html>
<html>
<head>
<meta charset="utf-8">
<title>ch03_01</title>
<script>
        alert（" 歡迎光臨 !"）;
</script>
</head>
<body>
JavaScript 好簡單！
</body>
</html>
```

執行結果：

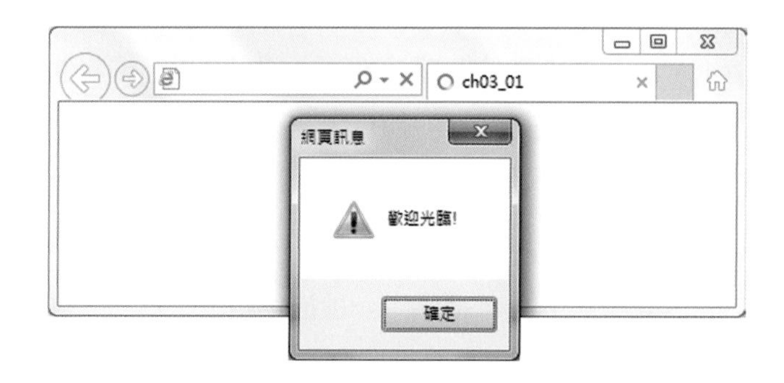

Tips

jQuery 是一套開放原始碼的 JavaScript 函式庫（Library），可以說是目前最受歡迎的 JS 函式庫，不但簡化了 HTML 與 JavaScript 之間與 DOM 文件的操作，讓我們輕鬆選取物件，並以簡潔的程式完成想做的事情，也可以透過 jQuery 指定 CSS 屬性值，達到想要的特效與動畫效果。學習 jQuery 之前，請各位務必先打好網頁技術的基礎，包括最基本的 HTML、CSS 以及 JavaScript 語言，學會 jQuery 之後，您也能輕鬆應用到自己的網站上，只要以最少的程式碼，就能完成想達到的效果，甚至比想要的效果更好。

7-3-5 ASP/ASP.NET

網頁技術從最初純粹展現靜態網頁的 HTML（Hypertext Markup Language）標記語言，經過不斷的演變與進化，一直到 ASP（Active Server Page）被發展出來，網頁由靜態的單向呈現、轉而成爲具備互動式功能的動態網頁。

ASP（Active Server Page）是由微軟所提出的伺服端網頁技術，其全名爲 Active Server Pages，動態伺服器網頁，簡易使用的優點吸引了不少網站建構人員使用，然而功能上較於陽春，只能使用簡單的內建物件，ASP 是一種技術，而不是程式語言。ASP.NET，則是微軟公司推出的新一代動態網頁技術，除了具備伺服端動態網頁應有的特性，更進一步導入物件導向理論設計模型，同時結合 .NET 強大的應用程式平台，將網頁開發技術推向了一個嶄新的里程碑，以此種技術所開發的網頁因應客戶端提出的需求產生不同的變化，這一類的網頁我們將其稱爲動態網頁。

在 HTML、ASP 時代，您可以利用一般的文字編輯器，例如筆記本（Notepad）等工具進行網頁的內容編輯，ASP 儘管已經突破了傳統網頁的靜態限制，然而卻只能由 Java Script 或是 VB Script 這些簡化的文稿語言進行編寫，功能上受到了極大的限制。不同於 ASP，你可以使用各種 .NET 相容的程式語言，例如 J#、C#、C++ 或是 VB 等功能完整的程式言語，開發 ASP.NET 網頁，一般而言 C# 與 VB 是 ASP.NET 的兩種主要開發語言。

ASP.NET 不僅僅被用來開發一般的動態網頁，隨著客戶端使用的不同裝置，亦能提供適合該裝置使用的介面。例如個人數位助理（PDA）、行動電話或其他不同版本種類的瀏覽器，ASP.NET 皆能特定環境以提供各種的網頁服務，換句話說，使用者不需透過電腦的瀏覽器，也能以其他裝置享受到相同的服務。

7-3-6 XML

電子商務的基本模式之一的 B2B，提供了一種描述結構化資料的標準作法，最原始設計的動機就是要交換商業資料。XML 定義每種商業文件的格式，並且能在不同的應用程式中都能使用。「可延伸標記語言」（eXtensible Markup Language, XML）中文譯爲「可延伸標記語言」，由全球資訊網路標準制定組織 W3C，根據 SGML 衍生發展而來，一種專門應用於電子化出版平台的標準文件格式。SGML 是由另外一個標準組識 ISO 所通過的文件格式標準，XML 捨棄了其中複雜的規格，以更爲精簡的格式達到 SGML 所具備的大部分功能。

格式類似 HTML，與 HTML 最大的不同在於 XML 是以結構與資訊內容爲導向，由標籤定義出文件的架構，像是標題、作者、書名等，補足了 HTML 只能定義文件格式的缺點，XML 具有容易設計的優點，並且可以跨平台使用，因此廣泛的受到全球各大資訊廠商的歡迎，目前已經成爲 WEB 以及各種異質平台之間進行資料交換的共通標準。

XML 是一種類似 HTML 標籤語法的純文字格式檔案，使用一般的文字編輯器（例如 Notepad）就可以對其內容進行編輯。當我們用瀏覽器開啓 XML 文件時，網頁會以 XML 原始碼呈現，瀏覽器僅提供簡單的預覽功能，XML 必須搭配取出資料的程式才能發揮作用。

7-3-7 響應式網頁設計（RWD）

隨著行動交易方式機制的進步，全球行動裝置的數量將在短期內超過全球現有人口，在行動裝置興盛的情況下，24 小時隨時隨地購物似乎已經是一件輕鬆平常的消費方式，客戶可能會使用手機、平板等裝置來瀏覽你的網站，消費者上網習慣的改變也造成企業行動行銷的巨大變革，如何讓網站可以跨不同裝置與螢幕尺寸順利完美的呈現，就成了網頁設計師面對的一個大難題。

相同網站資訊在不同裝置必需顯示不同介面，以符合使用者需求

電商網站的設計當然會影響到行動行銷業務能否成功的關鍵，一個好的網站不只是局限於有動人的內容、網站設計方式、編排和載入速度、廣告版面和表達形態都是影響訪客抉擇的關鍵因素。因此如何針對行動裝置的響應式網頁設計（Responsive Web Design, RWD），或稱「自適應網頁設計」，讓網站提高行動上網的友善介面就顯得特別重要，因為當行動用戶進入你的網站時，必須能讓用戶順利瀏覽、增加停留時間，也方便的使用任何跨平台裝置瀏覽網頁。

響應式網站設計最早是由 A List Apart 的 Ethan Marcotte 所定義，因為 RWD 被公認為是能夠對行動裝置用戶提供最佳的視覺體驗，原理是使用 CSS3 以百分比的方式來進行網頁畫面的設計，在不同解析度下能自動去套用不同的 css 設定，透過不同大小的螢幕視窗來改變網頁排版的方式，讓不同裝置都能以最適合閱讀的網頁格式瀏覽同一網站，不用一直忙著縮小放大拖曳，給使用者最佳瀏覽畫面。

至於響應式網頁設計相較於手機 APP 的最大優勢，網站一律使用相同的網址和網頁程式碼，同一個網站適用於各種裝置，當然不需要針對不同版本設計不同視覺效果，簡單來說，只要做一個網站的費用，就可以跨平台使用，解決多種裝置的瀏覽的問題。APP 必須根據不同手機系統（iOS、Android）分別開發，而且設計者一定要先從應用程式商店下載安裝才有辦法使用，加上 APP 完成之後要不定期需針對新版本測試，才能讓 APP 在新出廠的手機上能運作順暢。此外，未來只需要維護及更新一個網站內容，不需要爲了不同的裝置設備，再花時間找人編寫網站內容，每次連上網頁都會是最新版本，代表著我們的管理成本也同步節省。

【課後習題】

1. 請介紹 UI（使用者介面）/ UX（使用者體驗）。
2. 請簡介響應式網頁設計（Responsive Web Design）。
3. 試簡述下列網頁名詞，並說明其特色。
   ① DHTML
   ② CSS
   ③ XML
   ④ ASP
4. 試簡述 HTML5 的特色。
5. 簡述構成網頁的基本元素。
6. 何謂「虛擬主機」（Virtual Hosting）？有哪些優缺點？請說明。
7. 試述主機代管（Co-location）的功用。
8. 試簡述 HTML5 的特色。

第八章　進入Photoshop的異想世界

8-1　工作環境初體驗

8-2　強大的繪圖與編修工具

8-3　實用的輔助工具

8-4　文件的建立與開啓

8-5　圖像的取得

8-6　影像尺寸調整

8-7　物件的選取與編輯

Adobe 出品的 2D 點矩陣影像處理軟體 Photoshop 可將各種影像分層重疊，並且圖層間可做出各種的變化、格式轉換、影像掃描等，適合各種影像特效合成。透過 Photoshop 軟體的處理，可以將影像呈現特殊的效果，或是像藝術家所繪製的藝術作品一般，它不但能掃描圖片到電腦中，還能利用軟體本身超強的功能來修正影像瑕疵，修改不自然的色彩、增加色度、加入文字效果、濾鏡特效、製作網頁動畫、動態按鈕等，這麼多的影像處理技術，讓各位的想像空間不再侷限於小小的世界，而是無遠弗屆。

8-1 工作環境初體驗

各位要學習軟體的使用，首先要對工作環境有所認知，如此一來，當書中提到某個工具或功能指令時，各位才能快速找到，並跟上筆者的腳步。請先啓動 Adobe Photoshop CC 程式，啓動後的畫面上並不會有任何可供編輯的檔案，這是因爲 Photoshop 並不知道各位所要編輯的檔案尺寸。點選「新建」鈕，設定任一尺寸並按下「建立」鈕將看到如下的視窗介面。

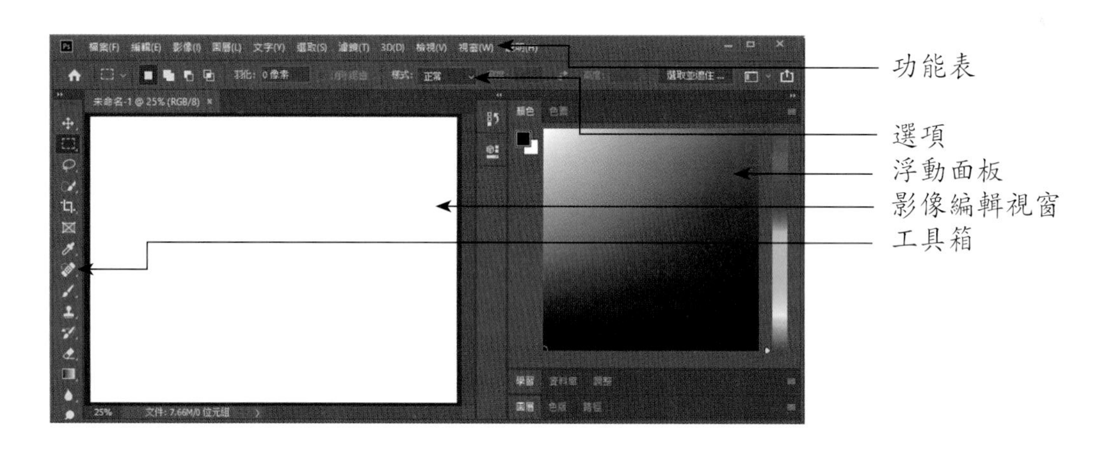

8-1-1 工具箱

工具箱位於視窗左方，可讓使用者選取、繪製、裁切、移動、更改前景 / 背景色彩、切換遮色片模式、切換視窗模式等，是編輯影像時不可或缺的重要助手。各位將滑鼠移到工具鈕上時，它會以標籤顯示該工具鈕的用途。工具鈕右下方若包含三角形標記，只要在此標記上按住滑鼠左鍵，即會列出該類的其它工具，以方便更換到其他的工具鈕。如果視窗上未顯示工具箱，可執行「視窗 / 工具」指令使其顯現。預設狀態是將工具排成一列，按滑鼠兩下於工具頂端的深灰色，則可切換成兩排形式。

8-1-2 選項

選項會依據選擇工具的不同而顯示不同的選項內容。若視窗中未顯示選項，請執行「視窗／選項」指令將其開啓。

8-1-3 浮動面板

浮動面板是以堆疊群組的方式，分門別類地排列在浮動視窗槽中，使用者可改變浮動面板的位置，或將面板放大／縮小，或是置於視窗邊緣使成爲圖示鈕，以增加影像文件的顯示空間。如果按住標籤並向外拖曳，可使該標籤的內容成爲一個獨立的浮動面板。

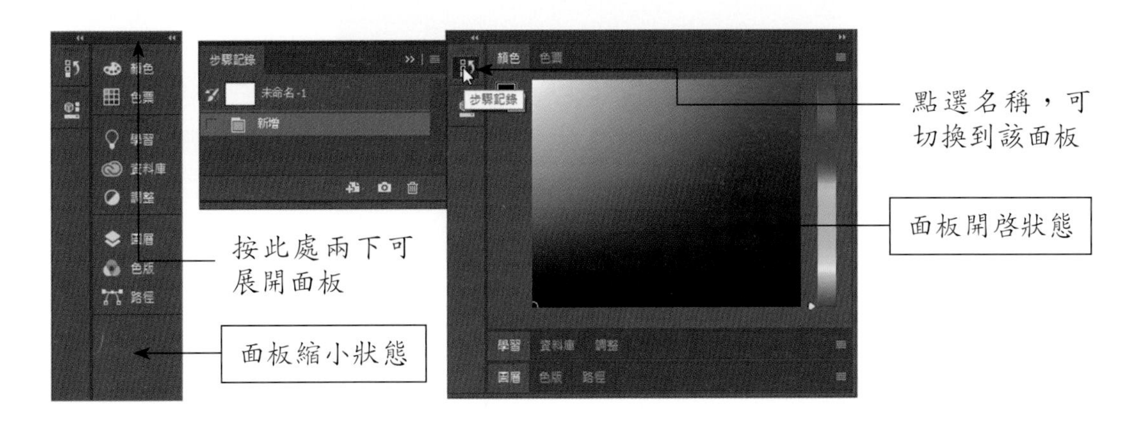

8-1-4 工作區

工作區是放置工具箱、浮動面板及影像編輯視窗的地方，工作區內可以放置多個影像編輯視窗，方便設計者切換檔案。

8-1-5 影像編輯視窗

影像編輯視窗是顯示影像內容的地方，工作區中可同時開啓多個影像檔案，所開啓的檔案會以視窗顯示，作用中的檔案標籤會以較淡的灰色表示，而非作用中檔案標籤則以較暗的灰色呈現。標籤上會顯示該檔案的名稱、格式、顯示比例、色彩模式與影像色版。

8-2 強大的繪圖與編修工具

視窗左側的「工具」面板包含了六十多種常用的繪圖工具和編修工具，依類別可區分爲選取工具、繪圖工具、文字工具、上彩工具、修復工具、圖形工具、切割工具、輔助工具等，工具相當齊全且豐富。

8-2-1 選取被隱藏的工具

在有限空間裡要擺放衆多工具並不容易，因此很多工具是被隱藏起來。爲了有效的呈現所有工具，在工具鈕右下角若出現三角形的圖示，就表示裡面還有其他工具可以選用。如圖示：

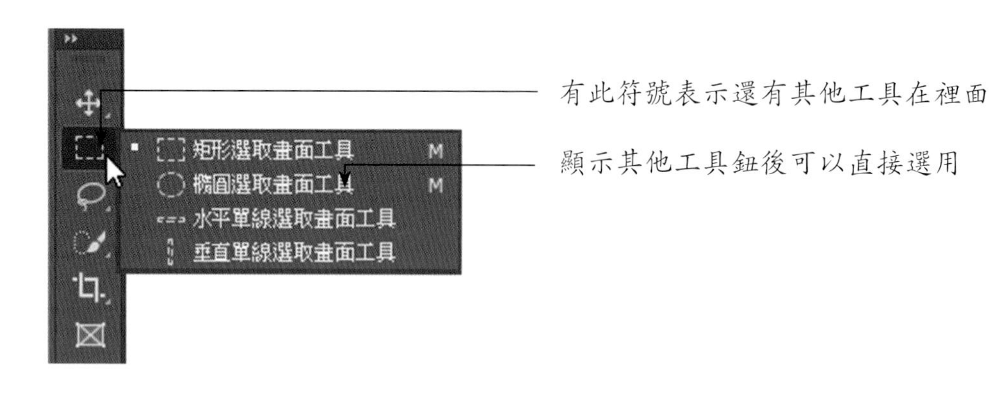

選用工具後再從「選項」做屬性方面的設定，這樣可讓工具的使用達到更多的變化效果。

8-2-2 設定使用色彩

在工具下方 Photoshop 有提供前 / 背景色的設定，只要點選色塊，即可進入「檢色器」視窗做顏色的設定。

1

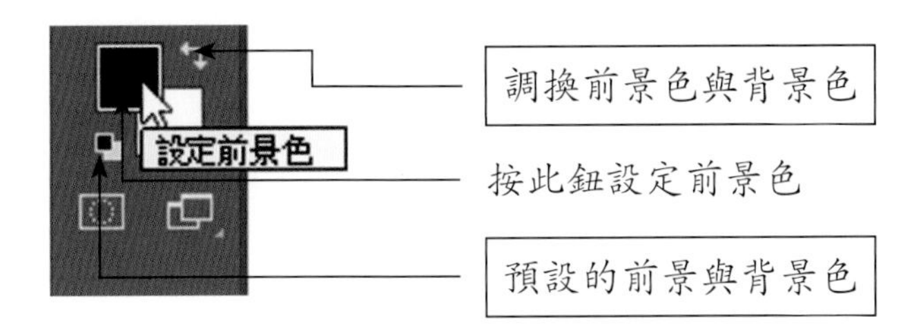

2

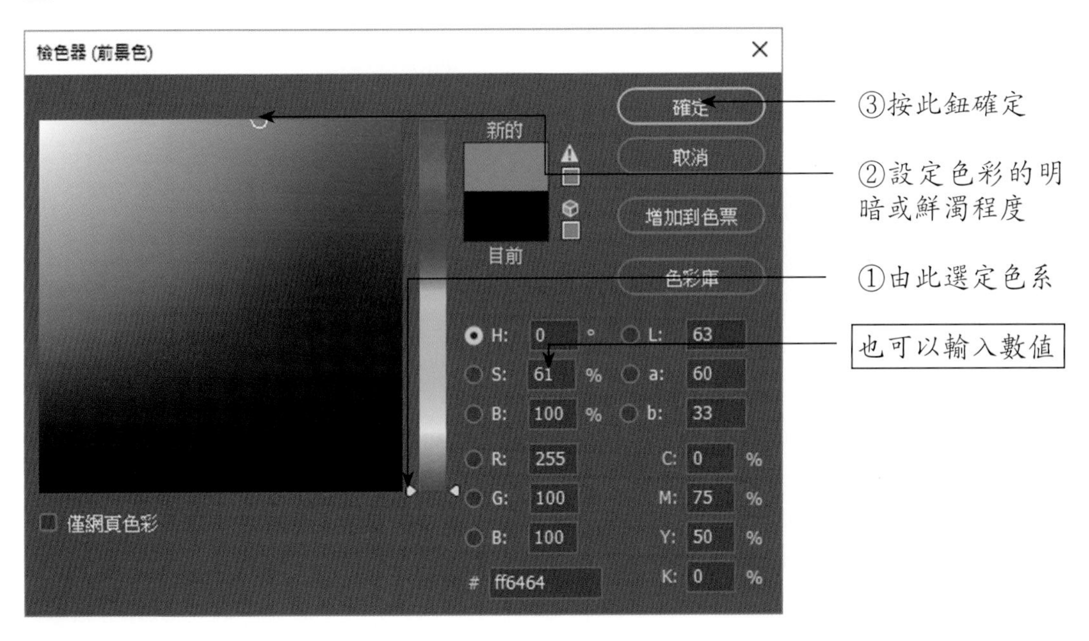

3

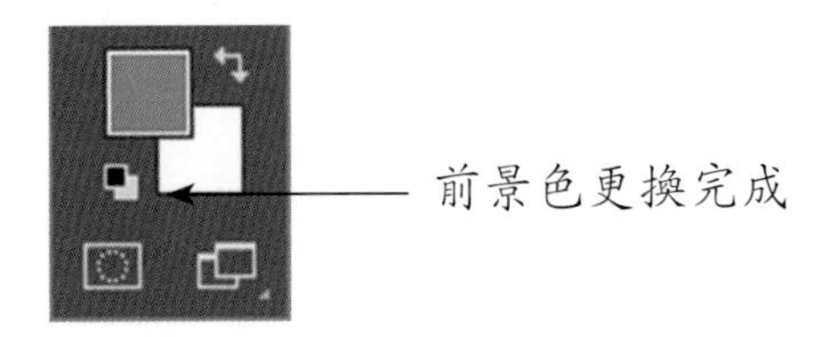

檢色器中如果出現 ▲ 符號，表示顏色超出印表機的列印範圍，如果出現 ⬡ 則表示該顏色非網頁安全色。此時只要按一下該圖示，Photoshop 就會自動將顏色變更為最接近的顏色。

8-3 實用的輔助工具

設計版面時設計師經常會運用一些工具來輔助設計，諸如：利用尺規來做丈量、利用線條來分割版面區塊、或是方格紙來設計圖形 / 文字等。當然，利用電腦來從事設計時，Photoshop 也有提供這些輔助工具，現在就來了解這些輔助工具的使用方法。

8-3-1 尺標

要顯示尺標請執行「檢視 / 尺標」指令，即可在影像編輯視窗的上方和左側看到尺標。

8-3-2 參考線

出現尺標後，由水平尺規往下拖曳，或是由垂直尺規往左拖曳，即可拉出線條。

在預設狀態下，尺標是以「公分」顯示，如果設計網頁版面時希望以「像素」來丈量，按右鍵於尺標上，即可做尺標單位的切換。

8-3-3 格點

執行「檢視 / 顯示 / 格點」指令，會在影像編輯視窗上顯示如下圖的方格狀。

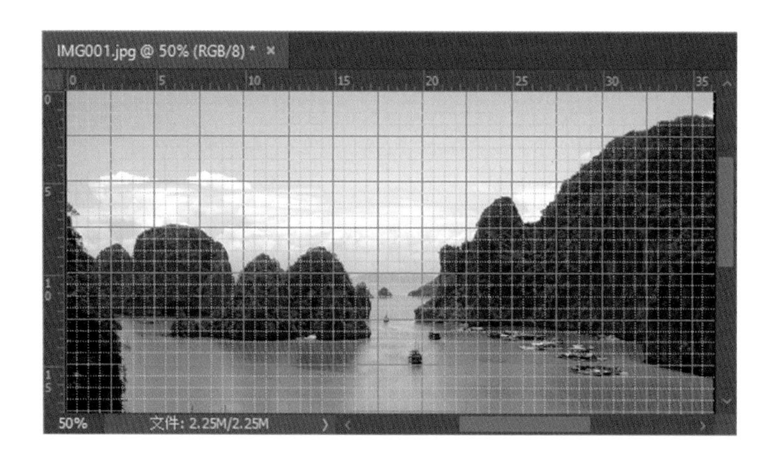

預設值是以灰色顯示，如需更動格點的色彩，請先執行「編輯 / 偏好設定 / 參考線、格點與切片」指令，然後在如下的視窗中做設定。

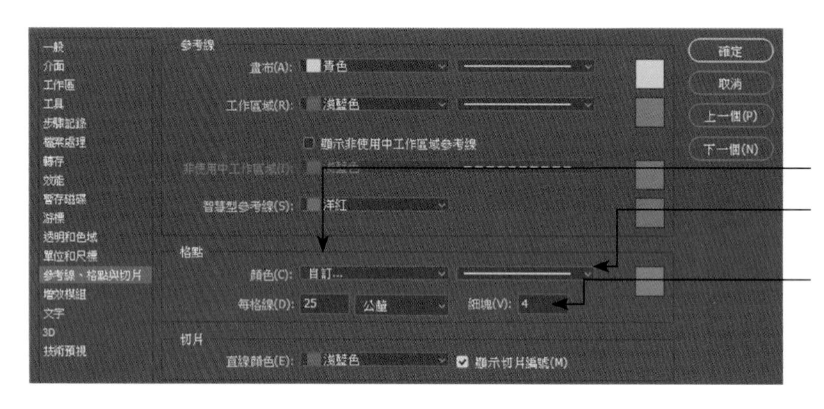

8-4 文件的建立與開啓

在前面的章節中，相信各位對於 Photoshop 的工作環境已經有所了解，現在要來學習檔案的開啓方式，包括新 / 舊檔的開啓，建立良好的觀念才能有好的開始。

8-4-1 開新檔案

執行「檔案 / 開新檔案」指令會顯現如下的「新增文件」視窗，視窗中包括相片、列印、線條圖和插圖、網頁、行動裝置、影片和視訊等類別。各位可以預先挑選類型後，再由「尺寸」當中選擇所需的長寬尺寸，如果需要特別的尺寸或解析度，也可以自行在「寬度」、「高度」、「解析度」中輸入，設定完成後按下「建立」鈕，新增的空白檔案就會顯示在工作區中。

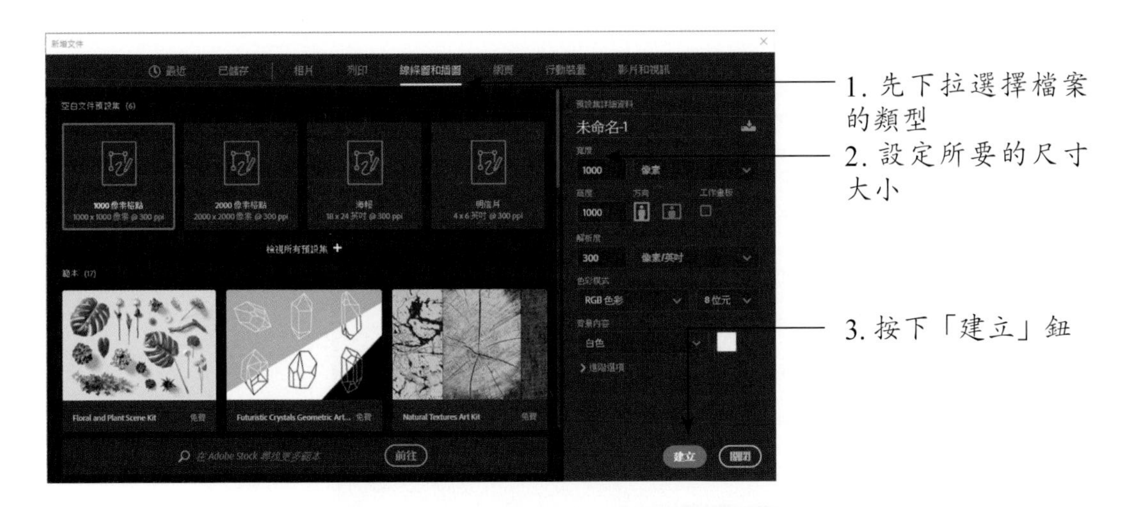
1. 先下拉選擇檔案的類型
2. 設定所要的尺寸大小
3. 按下「建立」鈕

一般來說，即使作品將來為印刷用途，色彩模式也是設定為「RGB 色彩」，這樣才能在 Photoshop 中使用各種的濾鏡特效，等作品完成後再依需求轉換成 CMYK 的色彩模式。

8-4-2 開啓舊有檔案

要開啓舊有檔案請執行「檔案 / 開啓舊檔」指令，即可顯示視窗選取檔案。

①加按「Ctrl」鍵可以選取不相鄰的檔案
②按此鈕開啓

2

影像已顯示在工作區中

8-5 圖像的取得

要取得數位影像，除了現成的圖檔可直接利用「檔案 / 開啓舊檔」指令開啓外，書報上的圖片必須透過掃描器來掃描，你也可以直接從數位相機取得影像，至於向量圖形則是利用「置入」的方式加入到編輯視窗中。

8-5-1 掃描圖片

報章雜誌上的圖片如果想要變成 Photoshop 可以讀取的數位影像，必須透過掃描器掃描才行。當掃描器透過 USB 連接線與電腦相連接後，由 Photoshop 中執行「檔案 / 讀入 / WIA 支援」指令即可進行掃描。

1

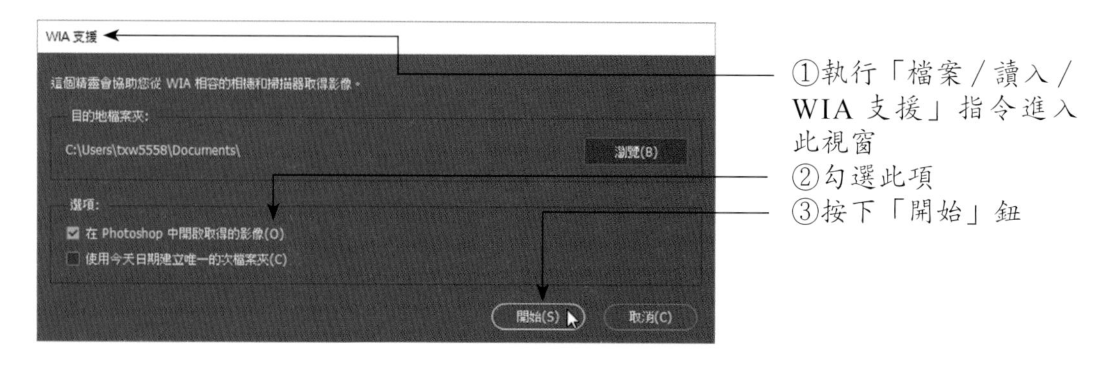

2

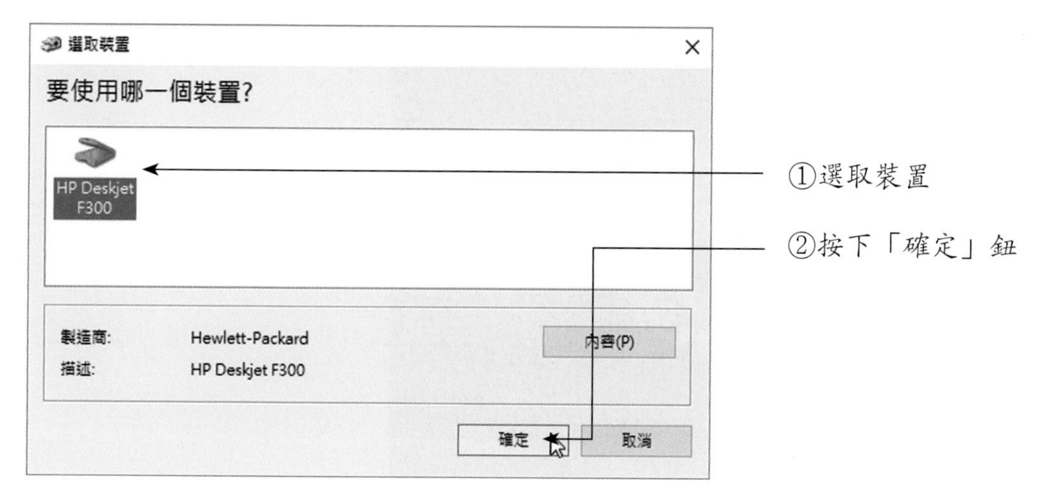
選取裝置
要使用哪一個裝置?
HP Deskjet F300
製造商:
Hewlett-Packard
描述:
HP Deskjet F300
內容(P)
確定
取消
①選取裝置
②按下「確定」鈕

3

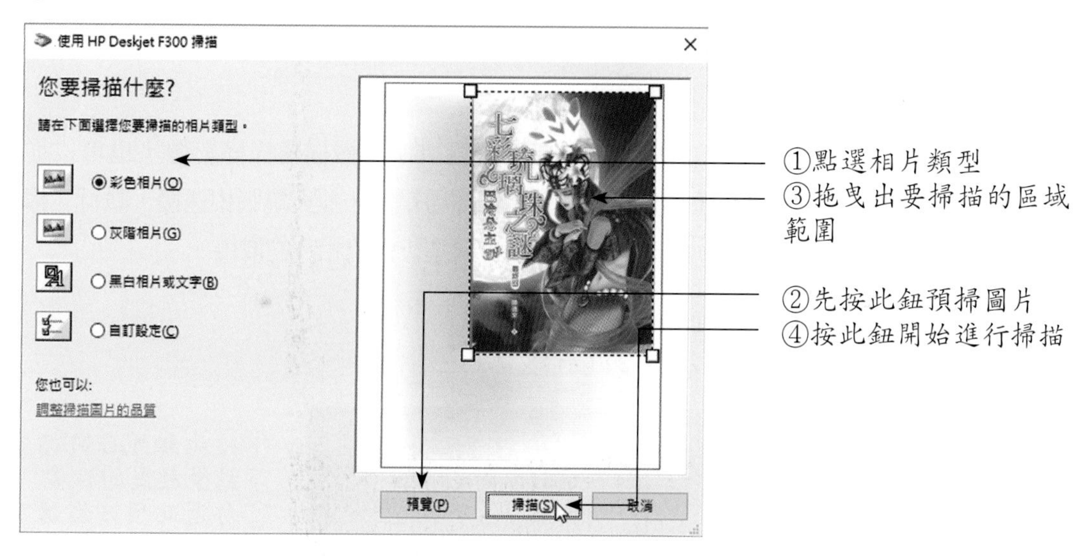
使用 HP Deskjet F300 掃描
您要掃描什麼?
請在下面選擇您要掃描的相片類型。
彩色相片(O)
灰階相片(G)
黑白相片或文字(B)
自訂設定(C)
您也可以:
調整掃描圖片的品質
預覽(P)
掃描(S)
取消
①點選相片類型
③拖曳出要掃描的區域範圍
②先按此鈕預掃圖片
④按此鈕開始進行掃描

4

圖片自動顯示在工作區中

8-5-2 從數位相機取得影像

利用「檔案 / 讀入 / WIA 支援」指令，除了可以使用掃描器掃描影像，也可以從 WIA 相容的數位相機中取得影像。只要相機裝置已開啓電源，並與電腦相連接，執行「檔案 / 讀入 / WIA 支援」指令後，即可依照下面的步驟進行數位相片的取得。

1

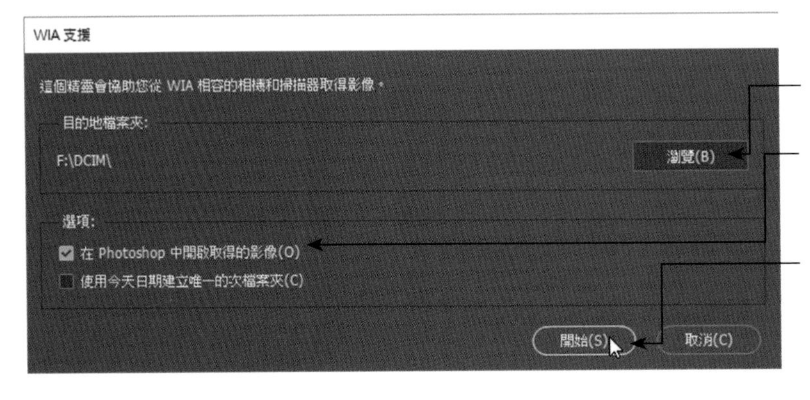

①按此鈕可自訂檔案下載後放置的位置

②勾選此項，影像下載後會在 Photoshop 中開啓

③按此鈕開始

2

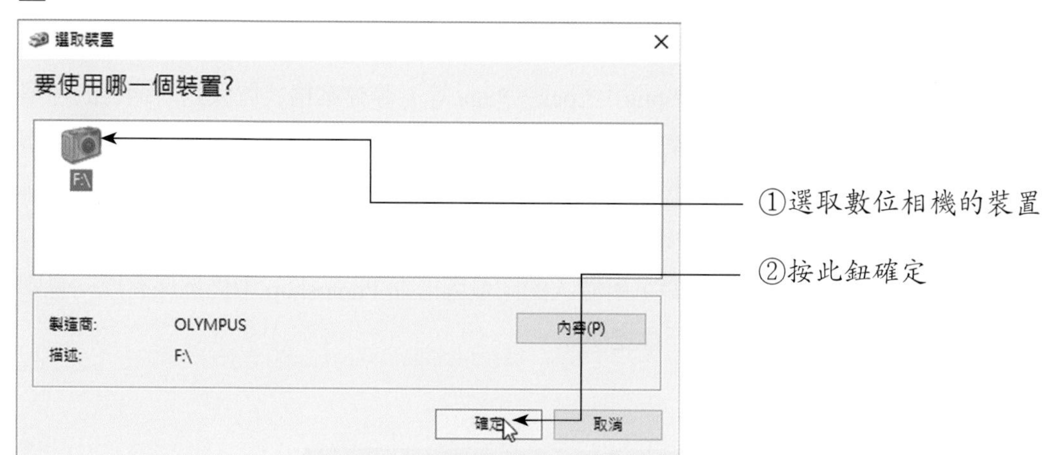

①選取數位相機的裝置

②按此鈕確定

3

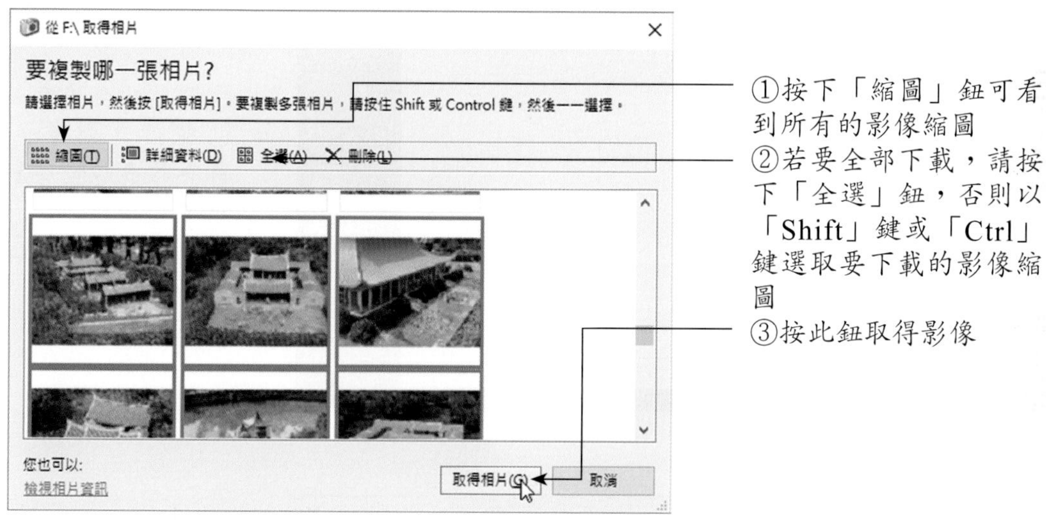

①按下「縮圖」鈕可看到所有的影像縮圖

②若要全部下載，請按下「全選」鈕，否則以「Shift」鍵或「Ctrl」鍵選取要下載的影像縮圖

③按此鈕取得影像

4

稍待一下，指定的資料夾中就會看到所下載下來的數位相片，相片也會直接顯示在 Photoshop 中

8-5-3 置入嵌入的物件

「檔案／置入嵌入的物件」指令可以將向量圖形（*.ai、*.eps）、可攜式文件格式（*.pdf）、插圖（*.pct、*.jpg、*.png、*.pcx、*.tga 等）等檔案格式置入到所開啓的檔案中，因此各位必須先開啓一個檔案，才可選用這個指令。另外「檔案／置入連結的智慧型物件」則是以連結的方式呈現物件，此種方式必須將物件檔與 Photoshop 檔案放置在一起，否則輸出時找不到連結物件，會影響輸出的品質。

此處以常用的向量圖形做示範，所置入的向量圖形在 Photoshop 中仍然保有原向量圖形的特點，因此經過多次縮放也不會變模糊。

1

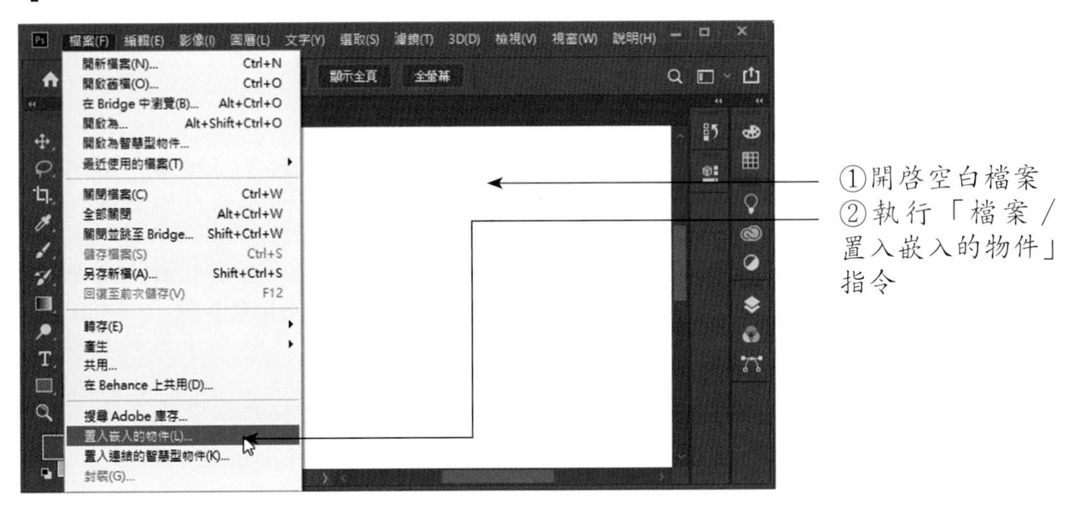

2

3

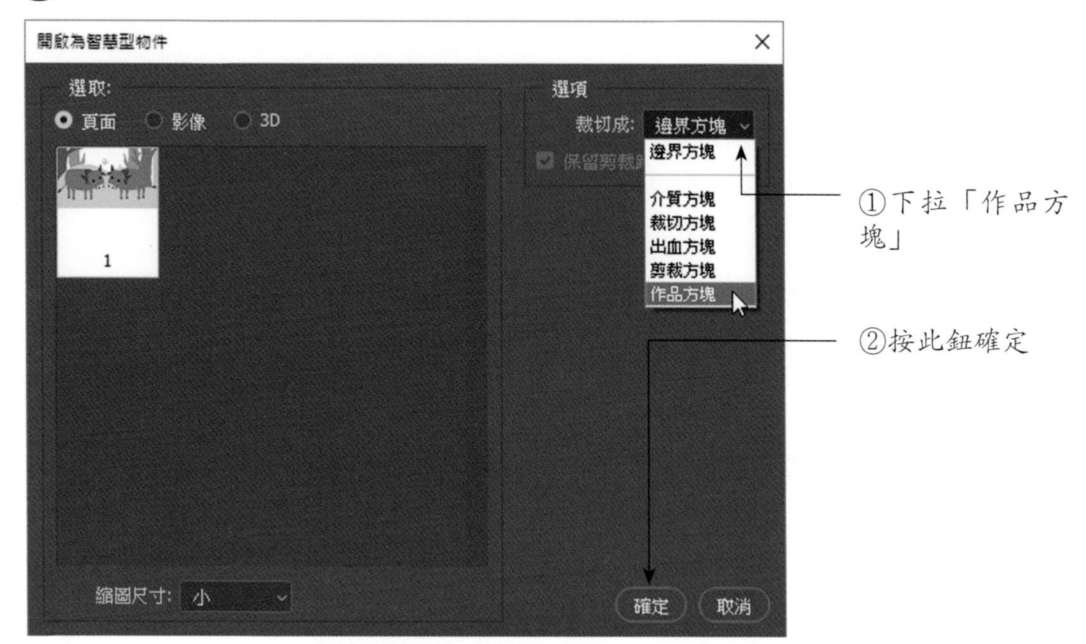

①下拉「作品方塊」

②按此鈕確定

4

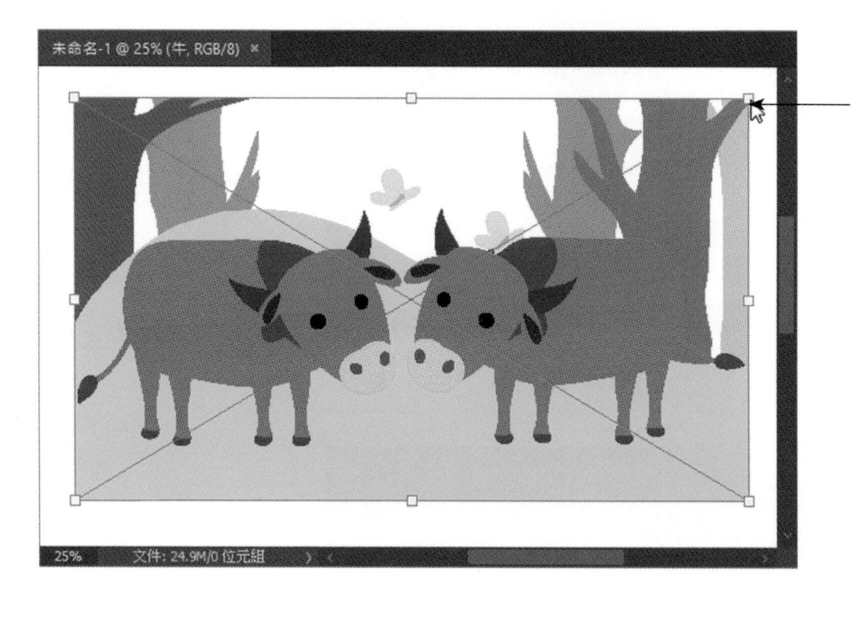

由四角的控制點縮放圖形的尺寸，確定位置後按「Enter」鍵確認

8-6 影像尺寸調整

在進行影像編修或合成的過程中，並非每個來源影像的大小都是剛剛好，為了能夠設計出自己滿意的作品，就必須對來源的影像尺寸進行調整，或解析度的變更，以符合設計上的需求。這裡就針對影像調整的幾種方式做說明。

8-6-1 調整影像尺寸

要縮放影像尺寸，利用「影像 / 影像尺寸」指令就可以辦到，但因為點陣圖在縮放時會產生失真的現象，要特別注意。

1

2

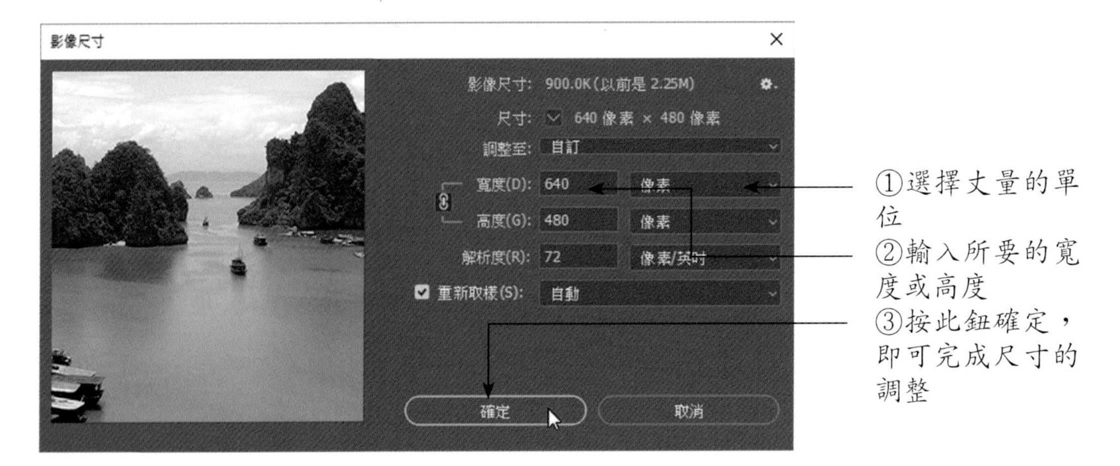

8-6-2 裁切工具裁切影像

要對影像進行裁切，將不要的地方去除掉，只留下所要使用的影像範圍，可使用工具箱上的「裁切工具」來處理。Photoshop 裡的「裁切工具」相當聰明，除了可以快速選擇常用的相片尺寸外，還可以透過黃金比例、黃金螺旋形、對角線、三等分等美術構圖技巧來裁切相片喔！其使用技巧如下：

②由此下拉選擇2：3的比例

①開啟影像後，由此先選擇「裁切工具」

2

①由此下拉可以選擇構圖的方式

②以滑鼠移動位置，並可拖曳四角來決定保留的區域範圍，決定位置後，按「Enter」鍵確定

3

顯示裁切後的畫面效果

如果原先拍攝的照片有歪斜的情況，也可以利用「裁切工具」中的「拉直」功能來調整喔！

1

2

按「Enter」鍵確定裁切後，海平面變平行了

8-6-3 擴充影像版面

「影像／版面尺寸」的功能主要在影像的周圍擴充出空白的區域，使用時主要是透過錨點的位置來決定擴充的方向。

1

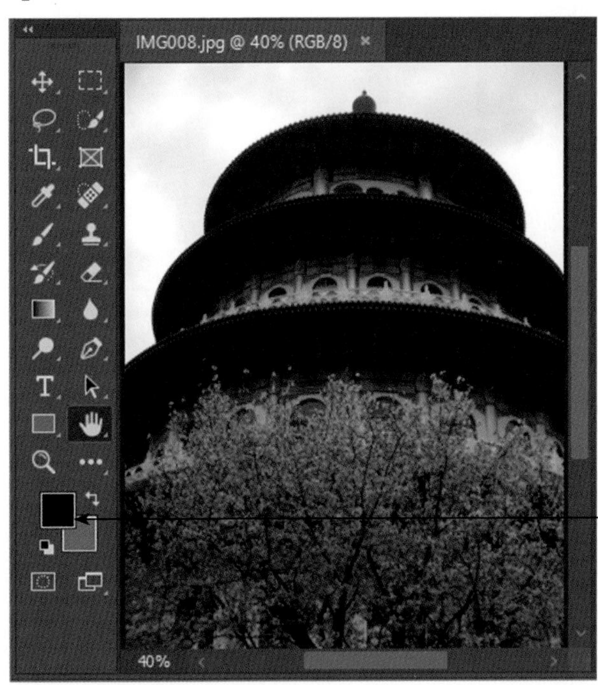

開啟影像檔後，先決定背景顏色，再執行「影像／版面尺寸」指令，使進入下圖視窗

2

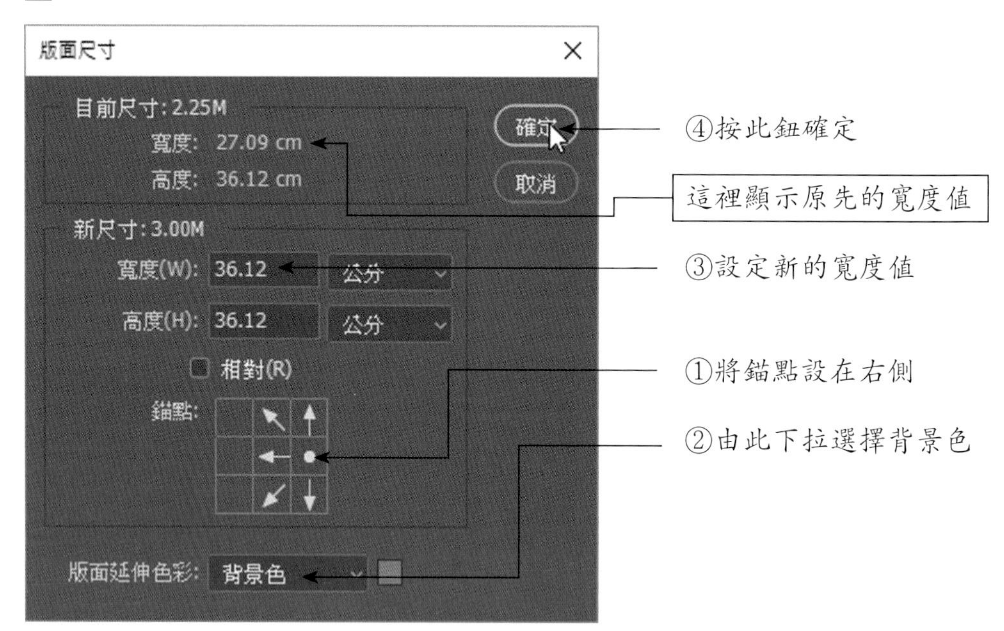

3

鍿點設在右側，則擴張的版面在左側囉！

如果希望能從畫面的四周擴充，那麼請將錨點設在中間的位置，如圖示：

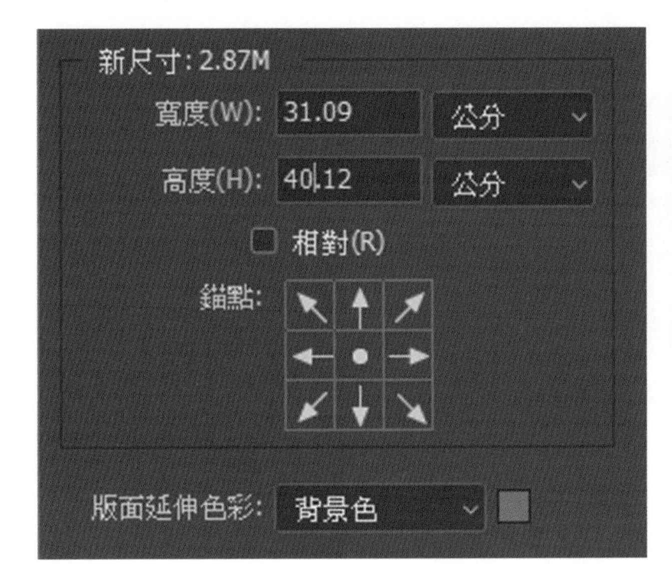

寬度與高度各增加各 4 公分

顯示四邊皆擴充的效果

8-7 物件的選取與編輯

前面的小節各位已學會針對整張影像作裁切和調整，然而很多時候是必須做局部的調整，如何告訴 Photoshop 哪些地方要做修正，那就必須依賴「選取工具」來選取範圍囉！這一小節中將為大家介紹各種選取工具的使用方式和技巧。

8-7-1 基本形狀選取工具

基本形狀的選取包含「矩形」、「橢圓形」、「水平單線」及「垂直單線」等四種，在選取的過程中，各種的選取工具都可以交互運用，還可以藉助「選項」列作增加、減少、或相交的設定，以便快速選取所要的區域範圍。

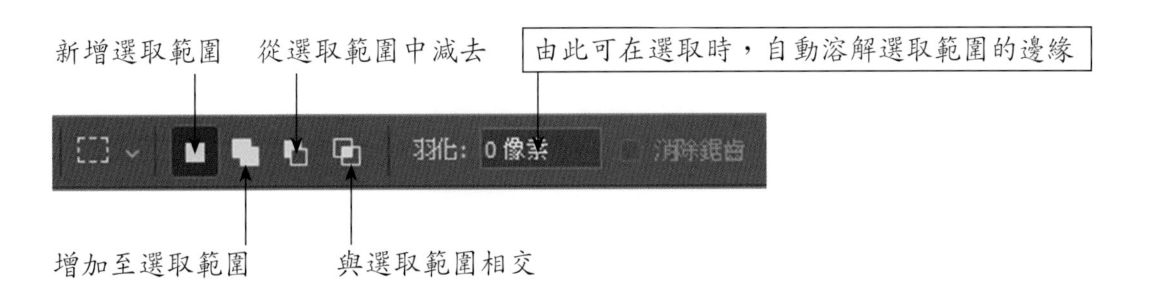

現在我們以下面的圖形做示範說明。

1

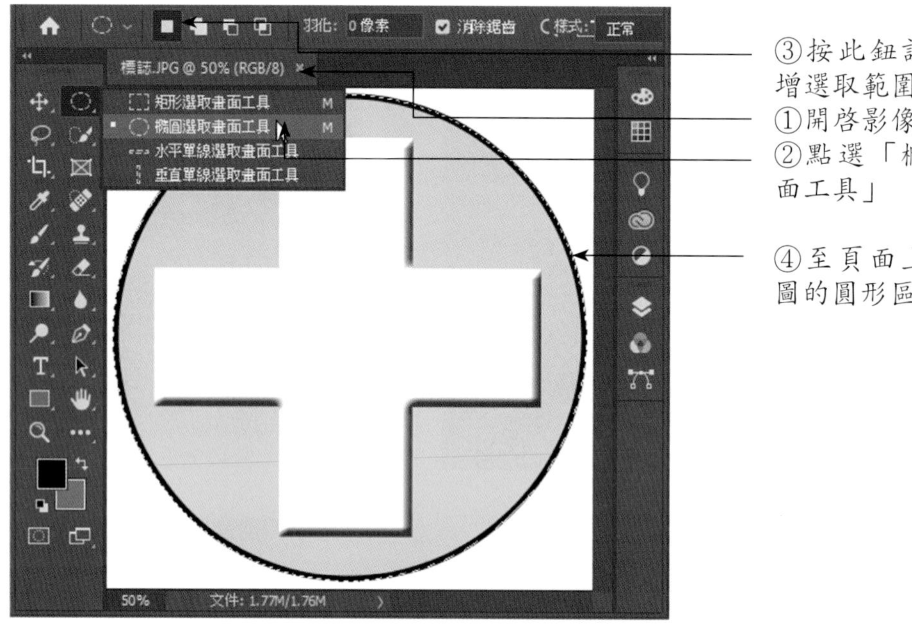
③按此鈕設定在「新增選取範圍」
①開啟影像檔
②點選「橢圓選取畫面工具」
④至頁面上拖曳出如圖的圓形區域範圍

2

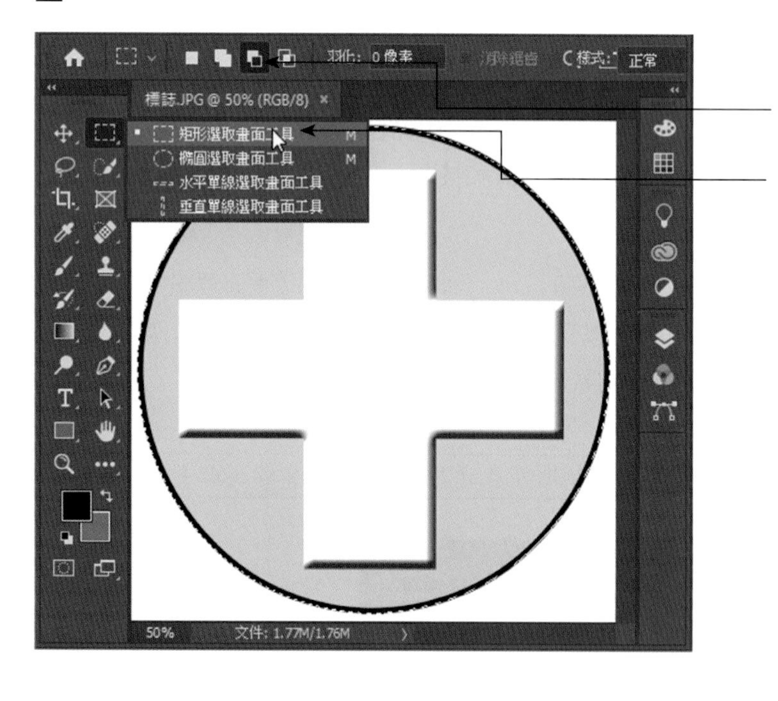
②按此鈕設定爲「從選取範圍中減去」
①切換到「矩形選取畫面工具」

3

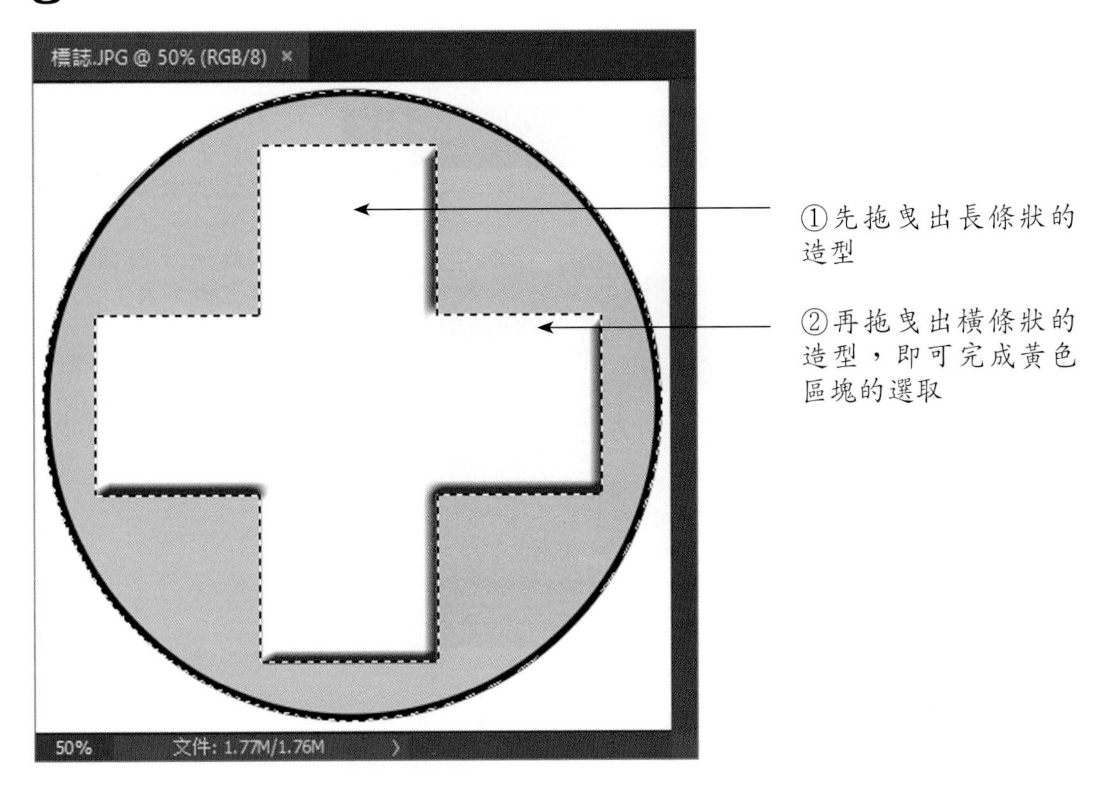

在「矩形選取畫面工具」與「橢圓形選取畫面工具」的選項上，還有一個「樣式」的功能，它除了以拖曳的方式來選取矩形/橢圓形外，也可以讓使用者固定尺寸或固定比例。

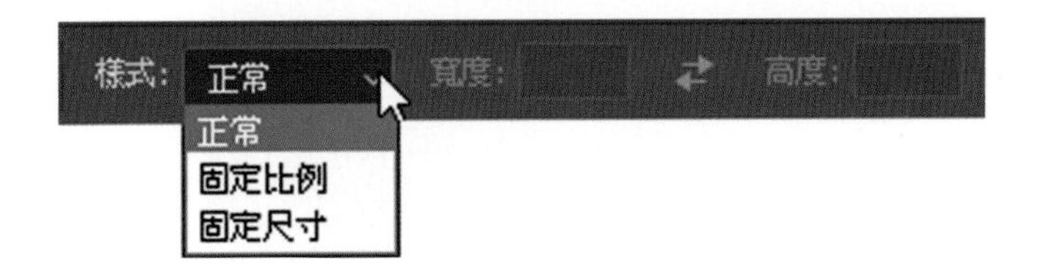

- 固定比例：根據輸入的寬度與高度，所拖曳出來的區域範圍會符合此比例。
- 固定尺寸：可精確設定選取範圍的寬度與高度。

這裡以實例跟各位說明使用的方法。

1

③設定寬高爲1：2
②樣式設爲「固定比例」
①點選「橢圓形選取畫面工具」
④到畫面上拖曳出區域範圍

2

以滑鼠拖曳邊框，還可以調整選取區的位置

3

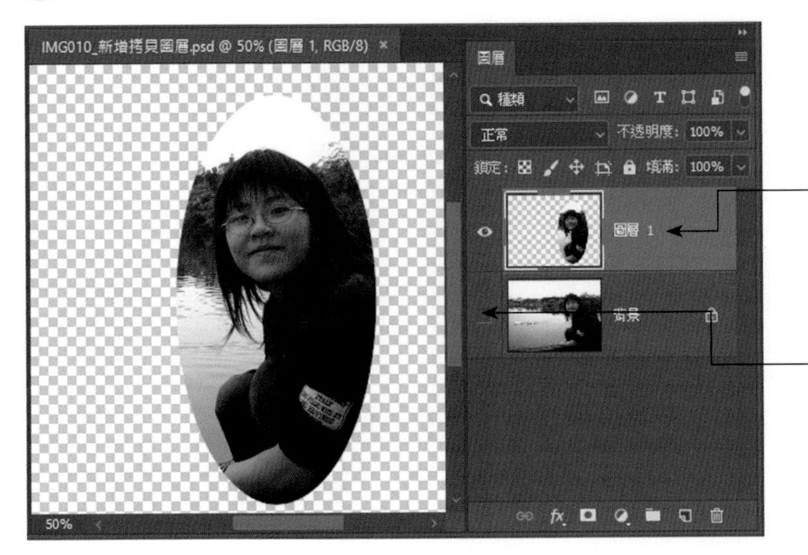
IMG010_新增拷貝圖層.psd @ 50% (圖層 1, RGB/8)
圖層
正常
不透明度: 100%
鎖定:
填滿: 100%
圖層 1
背景
50%
①執行「圖層／新增／拷貝的圖層」指令，選取的範圍就會自動複製到圖層中
②按此鈕關閉背景圖層，就會看到保留下來的橢圓造型

8-7-2 手繪外形選取工具

手繪外形的選取工具包含「套索」、「多邊形套索」及「磁性套索」等三種，都是利用滑鼠來進行選取作業。

■ 套索工具

「套索工具」是利用滑鼠在影像上拖曳而建立的選取範圍。透過「選項」列上的 選取並遮住... 鈕，還可以為選取的邊緣做平滑或羽化的程度設定。

1

羽化: 0 像素
消除鋸齒
選取並遮住...
IMG007.jpg @ 50% (RGB/8) *
套索工具
多邊形套索工具
磁性套索工具
50%
文件: 2.25M/2.25M
③按下「建立或調整選取範圍」鈕，使顯現「內容」面板
②以滑鼠拖曳出大概的圖形區域
①點選「套索工具」

2

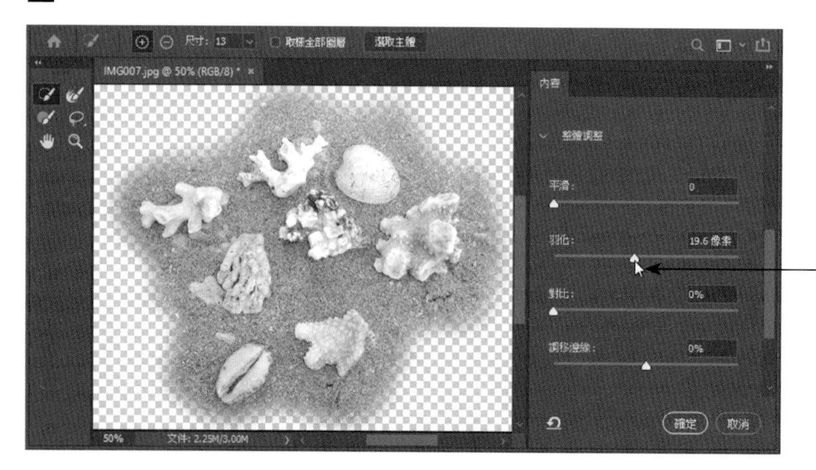

設定羽化程度，可看到邊緣淡出的效果

3

①按此顯示輸出設定

②下拉選擇「新增圖層」

③按下「確定」鈕離開

4

開啟圖層面板，就會看到選取範圍已變成獨立的圖層了

加油站

要讓選取的圖形具有柔和的邊緣，除了利用「選項」列上的「建立或調整選取範圍」鈕外，也可以先在「選項」列上輸入「羽化」數值，這樣再利用選取工具選取圖形時，就會包含柔邊效果。也可以在選取圖形後，執行「選取／修改／羽化」指令，再於開啓的對話框中輸入羽化的強度。

■ 多邊形套索

「多邊形套索工具」是利用滑鼠在畫面上連續點取的方式來建立多邊形的選取範圍，適合作建築物、窗戶、星星等幾何造型的圈選。選取圖形後若要取消選取，可執行「選取／取消選取」指令，因爲一旦在空白處按下滑鼠，它又會開始進行新的選取。

■ 磁性套索

「磁性套索工具」可以在連續點取的過程中自動偵測要選取影像的邊緣，所以適用於邊緣明顯的影像範圍。

同樣地，這些選取工具都可以交互運用，或是藉助「選項」列作增／減少／相交的設定。

1

IMG009.jpg @ 50% (RGB/8)
50%
文件: 2.24M/2.24M
②設爲「新增選取範圍」
①點選「磁性套索工具」
③沿著人物的身體周圍依序按下滑鼠左鍵來設定位置

2

④按此鈕建立或調整選取範圍

按此鈕可從選取範圍中減去

②按此鈕從選取範圍中增加區域

①切換到「多邊形套索工具」

③依序將未選取到的區域，以按滑鼠左鍵的方式加入

3

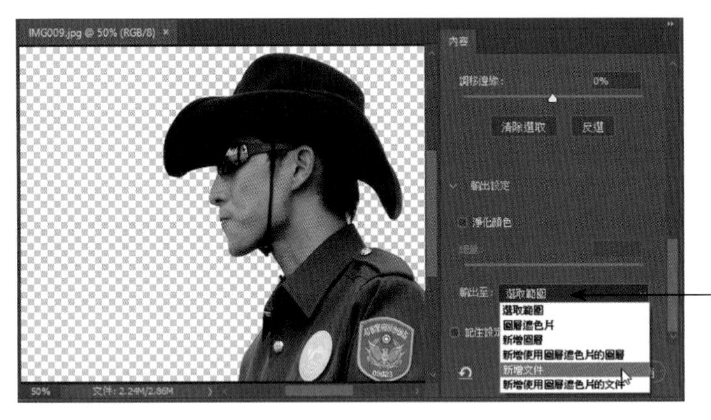

這裡下拉選擇「新增文件」的輸出方式，按「確定」鈕離開

4

以新的空白檔案顯示選取區的圖形

8-7-3 魔術棒工具與快速選取工具

「魔術棒工具」會根據滑鼠點取的顏色值及其容許度的設定來建立選取範圍，對於背景或主題較單純的圖形，利用此工具最容易選取了。至於「快速選取工具」則是在欲選取的區域上以滑鼠拖曳，也能瞬間選取畫面。

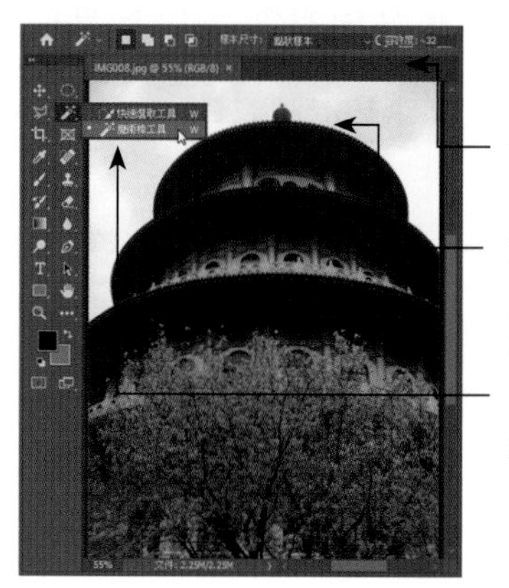

2. 由此可設定容許值
3. 按一下滑鼠左鍵就可以選取背景
1. 點選「魔術棒工具」

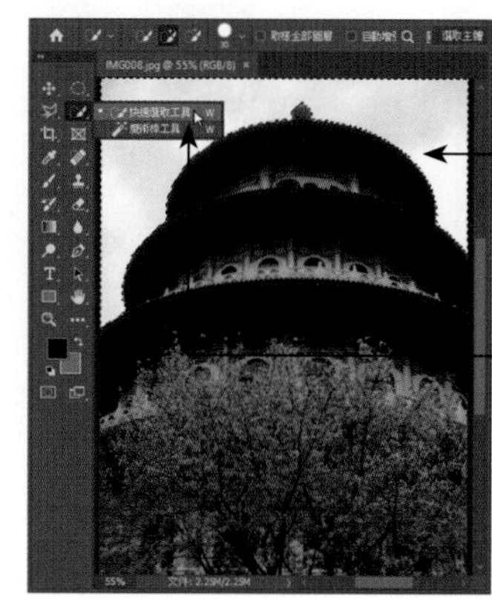

2. 按住滑鼠由左往右拖曳，即可天空
1. 點選「快速選取工具」

利用此二工具可快速選取單純的背景，如果目標是選取前面的建築物與樹木，可在選取後執行「選取 / 反轉」指令。

8-7-4 圖形的變形處理

利用選取工具選取圖形後，各位可以利用「編輯 / 任意變形」指令，或是由「編輯 / 變形」指令中，選擇縮放、旋轉、傾斜、扭曲、透視、彎曲、翻轉等變形處理。變形後可由「選項」上按下「確認變形」☑鈕或按「Enter」鍵，即可完成變形的處理。

1

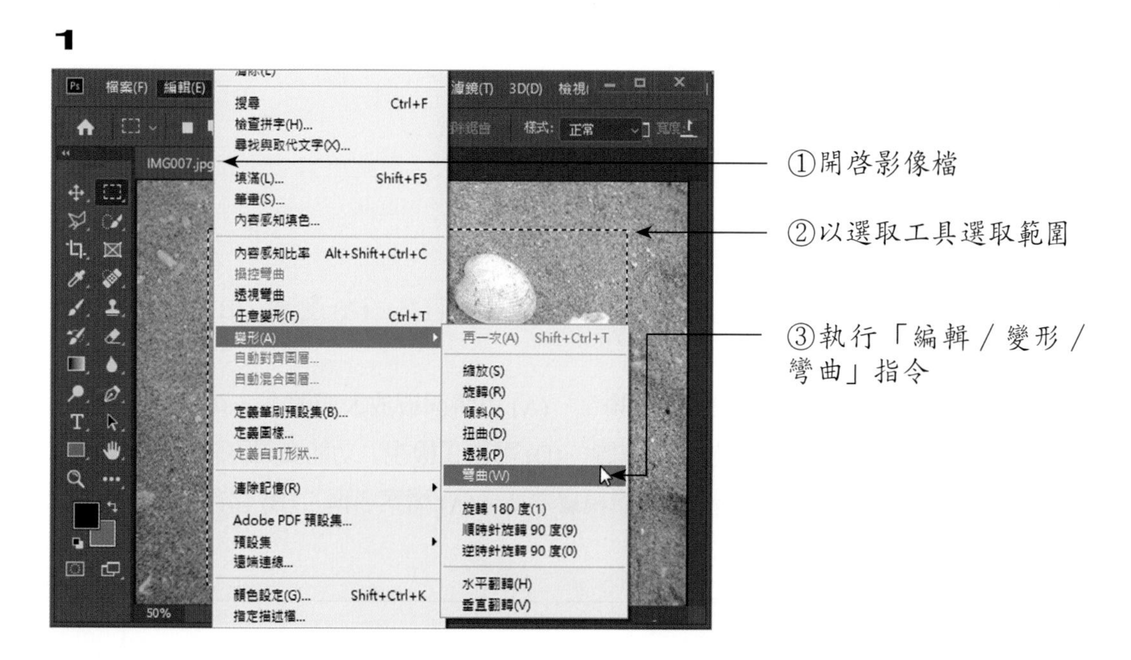
①開啟影像檔
②以選取工具選取範圍
③執行「編輯 / 變形 / 彎曲」指令

2

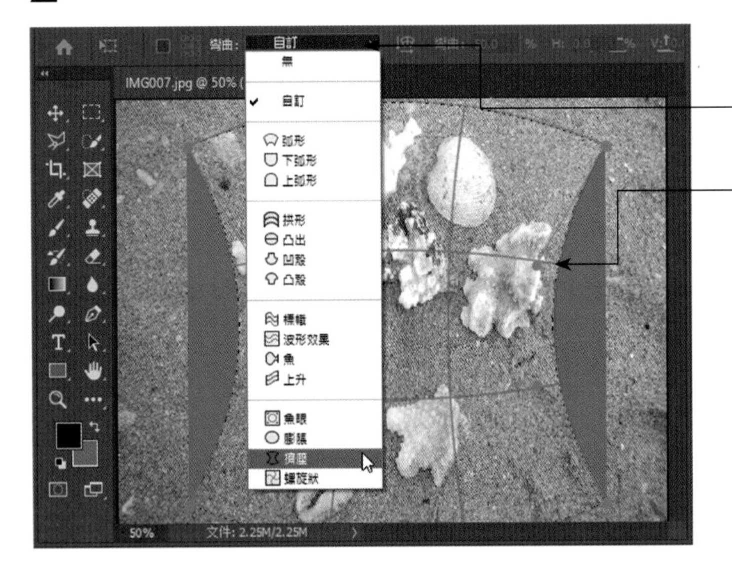

這裡也有預設的造型可以下拉選擇

透過控制桿可以自由為影像作變形，確定時按下「Enter」鍵

3

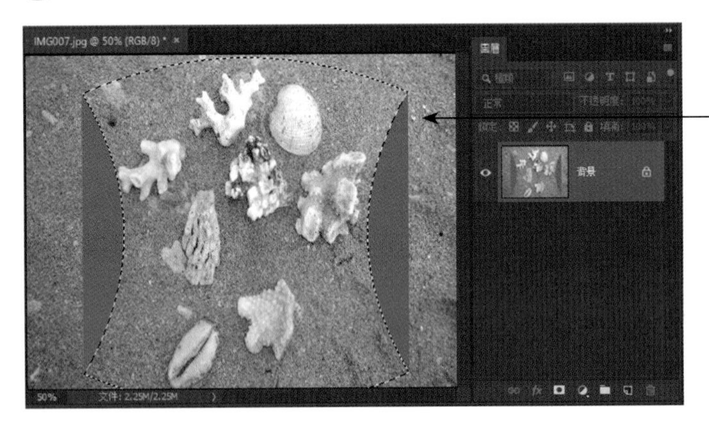

影像變形完成囉！

【課後習題】

一、選擇題

1. ( ) 下面哪個面板會依據工具的不同而顯示不同的內容？ (A) 選項 (B) 內容 (C) 調整 (D) 資訊
2. ( ) 下列何者對於浮動面板的說明有誤？ (A) 可將面板放大或縮小 (C) 面板可變成圖示鈕 (C) 可改變面板放置的位置 (D) 可由「檢視」功能表開啟面板
3. ( ) 下面哪個選項不會顯示在影像編輯視窗中？ (A) 檔案名稱 (B) 儲存設備 (C) 檔案格式 (D) 顯示比例

4. (　) 下列何者不是說明不正確？ (A) 工作區是放置工具的地方 (B)Photoshop 可以同時開啓多個編輯檔案 (C) 尺標用來丈量尺寸 (D) 參考線必須透過尺規才可拉出
5. (　) 對於影像的取得，下列何者的說明有誤？ (A) 向量圖形必須利用「置入」指令來置入 (B) 書報上的圖片必須利用掃描器來掃描 (C) 數位相機上的圖片可利用 WIA 功能來載入 (D) 在未開啓任何編輯視窗下，也可以使用「置入」指令
6. (　) 下列哪一種檔案格式無法利用「置入」指令置入到 Photoshop 中？ (A)*.ai (B)*.doc (C)*.pdf (D)*.eps

二、問答題

1. 請問在檢色器中出現的 符號與 符號，各表示什麼意思？
2. 請說明如何從影像編輯視窗中拉出參考線，並更換尺標的度量單位。
3. 請從工具中設定前景顏色設爲 R：255、G：0、B：0 的正紅色，背景色設爲 R：68、G：255、B：54 的螢光綠。
4. 請將提供的圖檔，利用「橢圓選取畫面工具」和「漸層工具」，完成如圖的漸層效果。
   來源檔案：水上悠遊 .jpg
   完成檔案：水上悠遊 _ 透明漸層 .jpg

來源檔案

完成檔案

第九章 Illustrator CC超完美自學

Illustrator 是一套向量式的美工繪圖軟體，利用它可進行插畫、海報、文宣等列印稿，甚至於網頁、行動裝置、影片視訊也都難不倒它。在這一章中我們先爲大家介紹 Illustrator 的工作環境，熟悉環境才能快速進入學習的殿堂。

9-1 認識工作環境

要學習軟體的使用，首先要對工作環境有所認知，如此一來當我們提到某個工具或功能指令時，各位才能快速找到並跟上筆者的腳步。

9-1-1 使用者介面

各位由「開始」功能表選擇「Adobe Illustrator CC」指令，啓動程式後會先看到如下的首頁畫面，由畫面下方可以快速建立預設的空白文件，如果有特殊的尺寸需求，可按下左側的 新建... 鈕再輸入所需的尺寸即可。

按「新建」鈕可建立特殊的規格

由此建立常用的空白文件

此處我們先選擇「明信片」，就能進入使用者的操作介面：

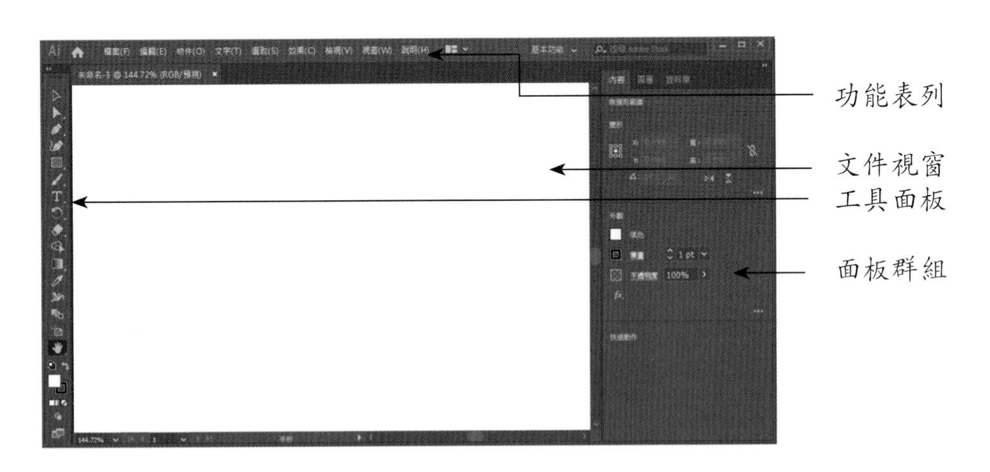

功能表列

文件視窗

工具面板

面板群組

目前看到的使用者介面是顯現中等暗度，如果想要改變介面的明亮程度，可執行「編輯 / 偏好設定 / 使用者介面」指令，再針對個人喜好進行變更。

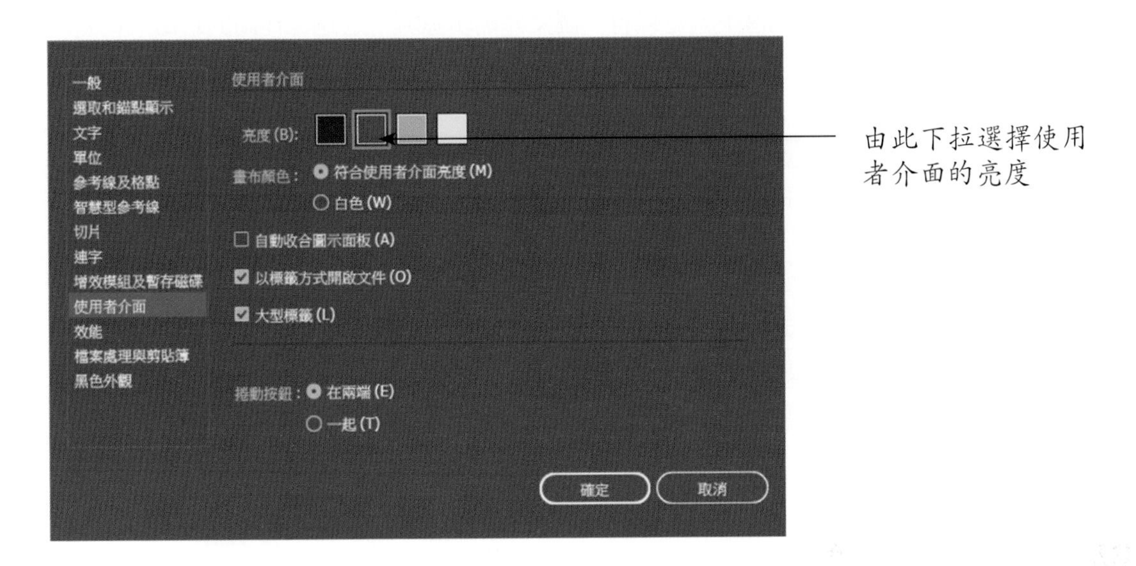

9-1-2 文件視窗

每一個開啓的文件視窗都會包含文件視窗索引標籤、畫布、文件編輯區、檢視比例、工作區域導覽列、狀態列等部分。

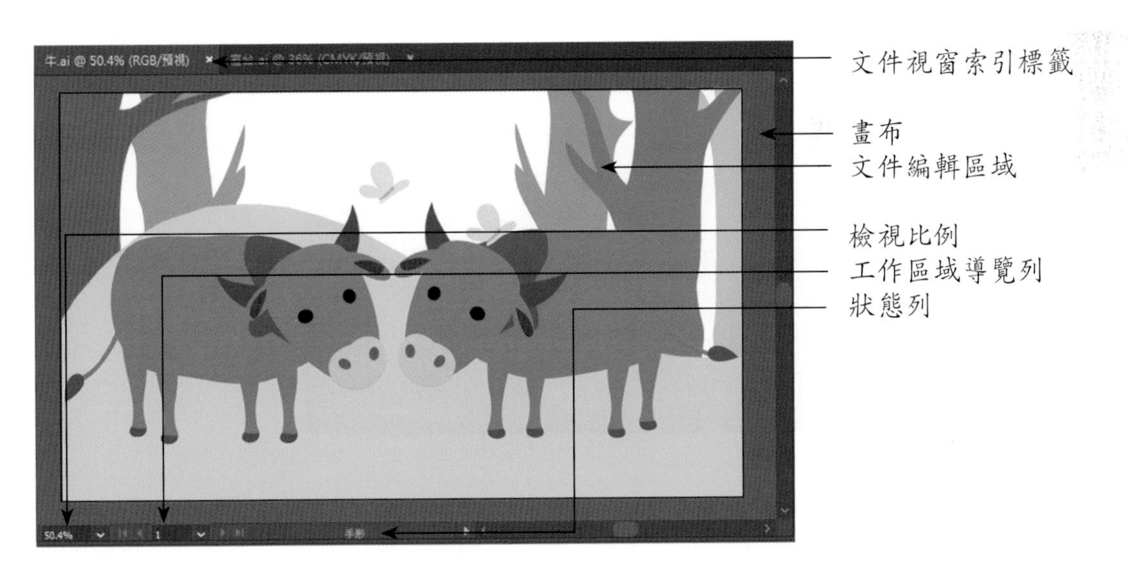

■ 文件視窗索引標籤

位在視窗左上角處，用於顯示檔案名稱、檔案格式、目前的顯示比例、色彩模式、檢視模式及關閉文件視窗鈕。程式中若開啓兩個以上的文件，它會以索引標籤的方式顯示於上方，以方便使用者作切換。

■ 文件編輯區域

中間白色部分，並以黑框包圍住的部分是我們所設定文件尺寸，也就是文件編輯的區域範圍。不過，一個文件視窗不一定只有一個文件編輯區域，透過工作區的新增，也能同時呈現多個文件編輯區域。如下圖示：

■ 畫布

黑框之外的深灰色區域稱之爲「畫布」，可作爲編輯物件的暫存區。預設值會依照使用者所設定的介面亮度而有所不同，若要將畫布設爲白色，可執行「編輯 / 偏好設定 / 使用者介面」指令做修正。

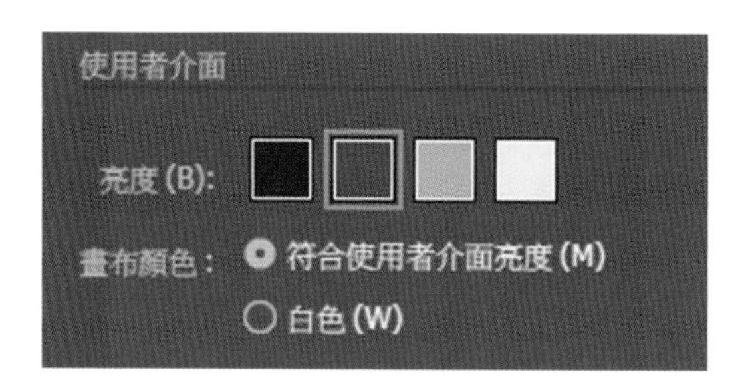

■ 檢視比例

由箭頭下拉可以選擇各種縮放比例，方便使用者觀看文件的整體效果或文件細節，選單中的「符合螢幕」會以最恰當的比例將整個文件編輯區域完全顯現。

■ 工作區域導覽列

同一份文件視窗中若有多個工作區域，可由該處做切換。若要新增或刪除工作區域，則是透過「視窗 / 工作區域」指令開啓「工作區域」面板作設定。

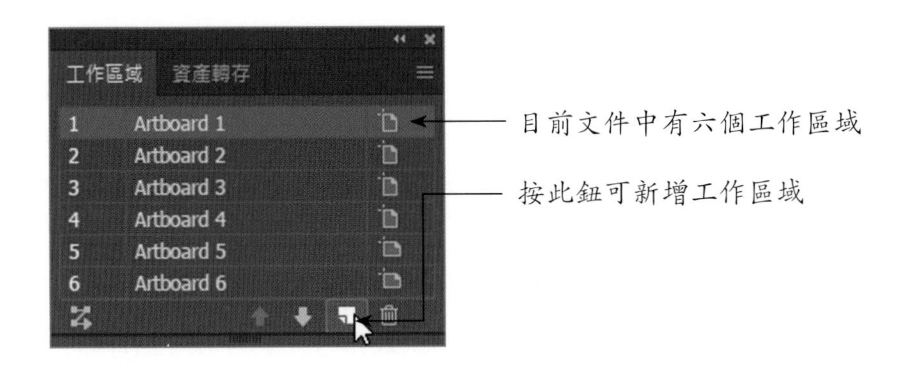

■ 狀態列

狀態列在預設狀態是顯示目前所選用的工具，若從右側箭頭下拉，也可以選擇以工作區域名稱、日期時間等作為顯示。如圖示：

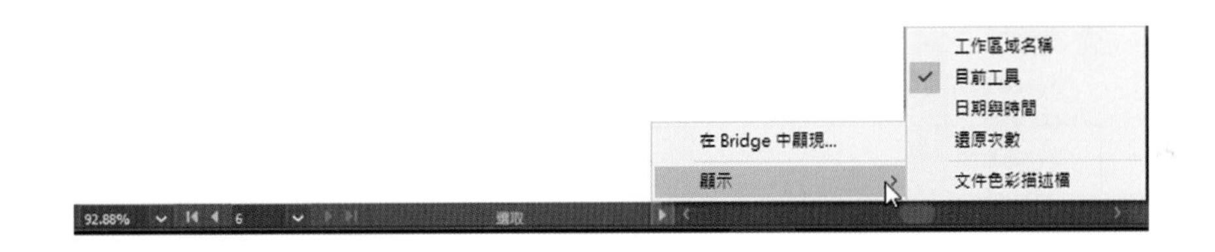

9-1-3 功能表列

功能表列將 Illustrator 中的各項功能指令分類存放，主要區分成檔案、編輯、物件、文字、選取、效果、檢視、視窗、說明等九大類。

Ai　檔案(F)　編輯(E)　物件(O)　文字(T)　選取(S)　效果(C)　檢視(V)　視窗(W)　說明(H)

功能表列的右側還包括兩個輔助鈕，從左到右依序為「排列文件」和「工作區切換器」基本功能，如下圖所示。

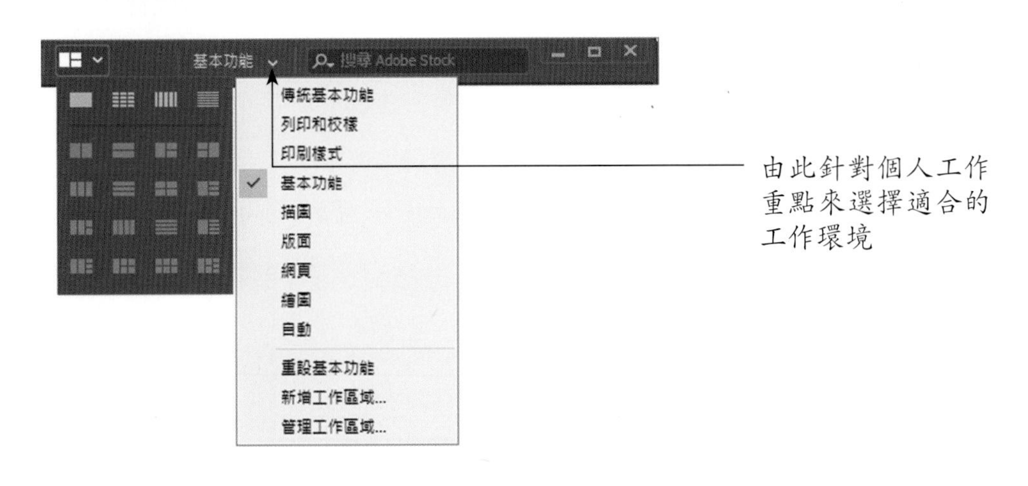

程式中如果有多個文件視窗同時被開啓，利用「排列文件」 可以選擇文件的排列方式。至於「工作區切換器」 基本功能 主要讓使用者針對個人工作的重點來選擇適合的工作環境。由於設定的工作區不同，所顯示的工具位置也不相同，因此本書統一使用「傳統基本功能」的工作區來作介紹，這樣提及某一功能按鈕時，各位就可以快速找到。

9-1-4 面板

Illustrator 程式中所包含的面板數相當多，最常使用到的是左側的「工具」面板，爲主要的繪圖編修工具，另外還有視窗右側的「面板群組」，它會因爲工作區的不同而顯示不同的面板群組。除了預設的面板群組外，其他需要用到的面板則可以由「視窗」功能表作勾選。

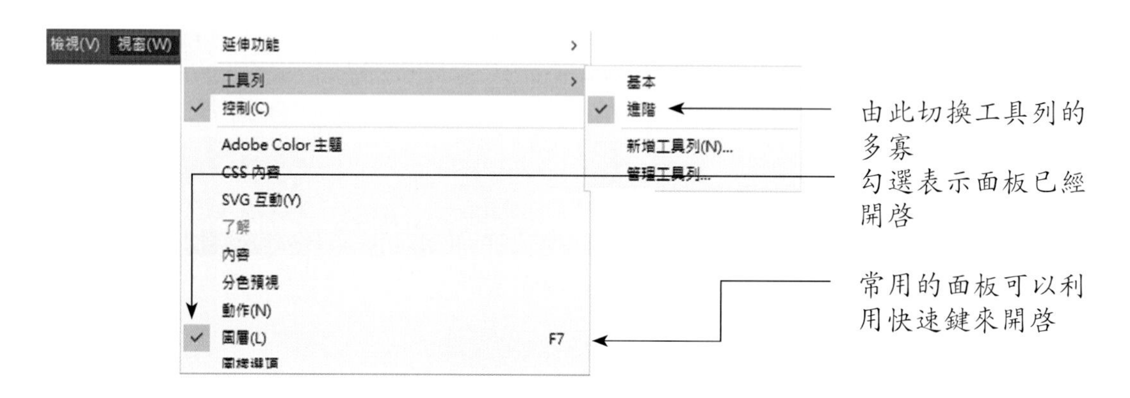

爲適用各種層面的用戶，Illustrator 將工具列分爲「基本」和「進階」兩種，執行「視窗 / 工具列」指令可進行切換，差別在於工具鈕的多寡。另外，執行「視窗 / 控制」指令會在視窗上方顯示或隱藏「控制」面板，此面板會依據使用者選用工具鈕的不同而顯示不同的控制項目，這也是各位經常會用到的面板。

9-1-5 面板操作技巧

在面板的操作上，主要利用「展開 / 收合」 鈕來控制面板的展開或收合。

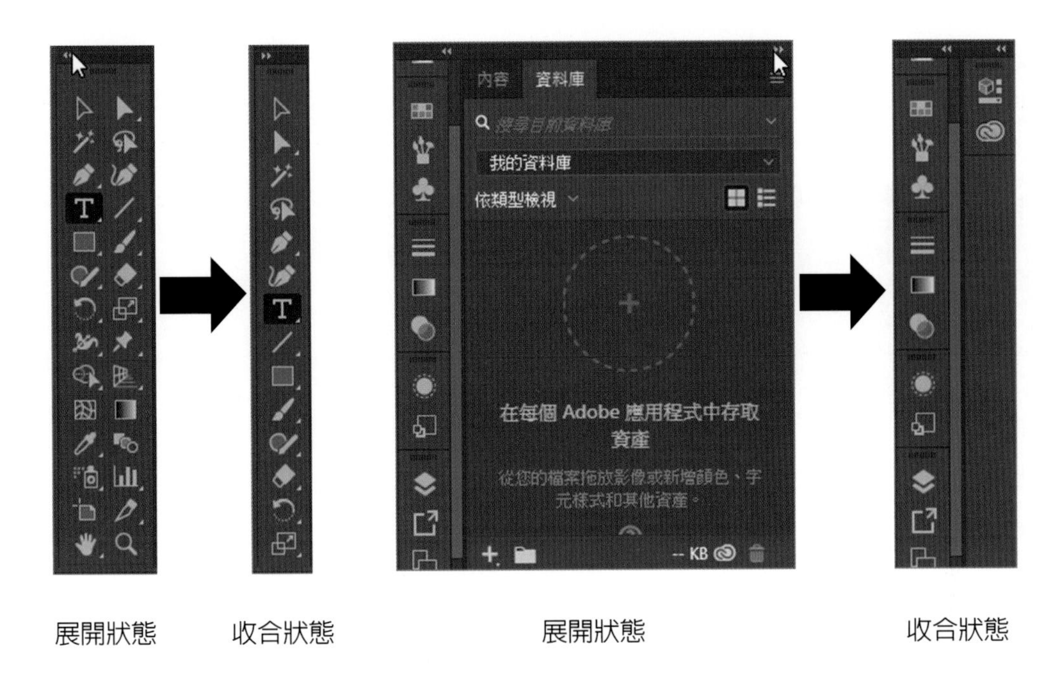

在面板群組部分，設定不同的工作區所顯示的面板會不相同。基本上各種面板是以「按鈕」或「標籤」方式呈現，直接以滑鼠點選「按鈕」或「標籤」即可開啓該面板。

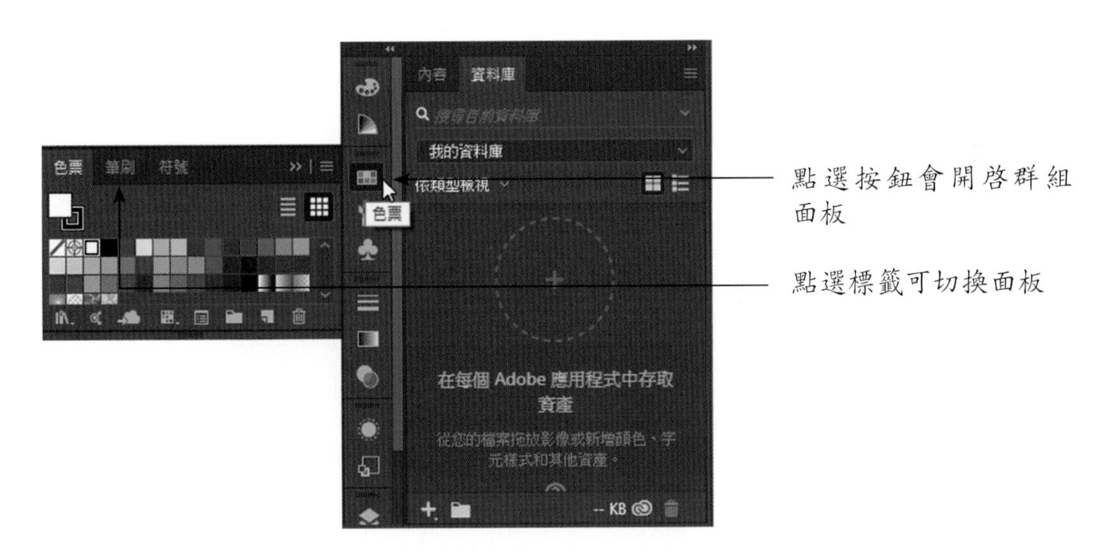

9-2 工具大集合

Illustrator 的工具多達八十多種繪圖工具和編修工具，爲了有效的呈現所有工具，在工具鈕右下角若出現三角形的圖示，就表示裡面還有其他工具可以選用。如圖示：

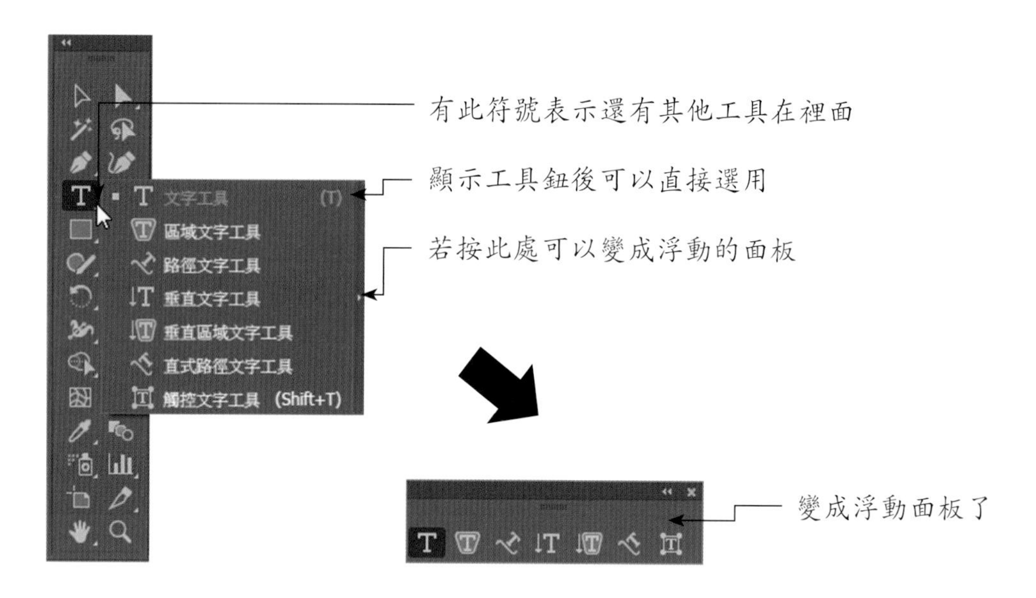

依據工具的屬性，Illustrator 的工具大致上可分為九大類別：選取工具、圖形工具、文字工具、繪圖與上彩工具、變形工具、符號工具、圖表工具、切割工具、輔助工具等。部分的工具還提供有對應的選項視窗或面板，可供各位在使用前設定相關屬性，例如：線段區域工具、繪圖筆刷工具、鉛筆工具、平滑工具、點滴筆刷工具、橡皮擦工具等工具皆屬之。

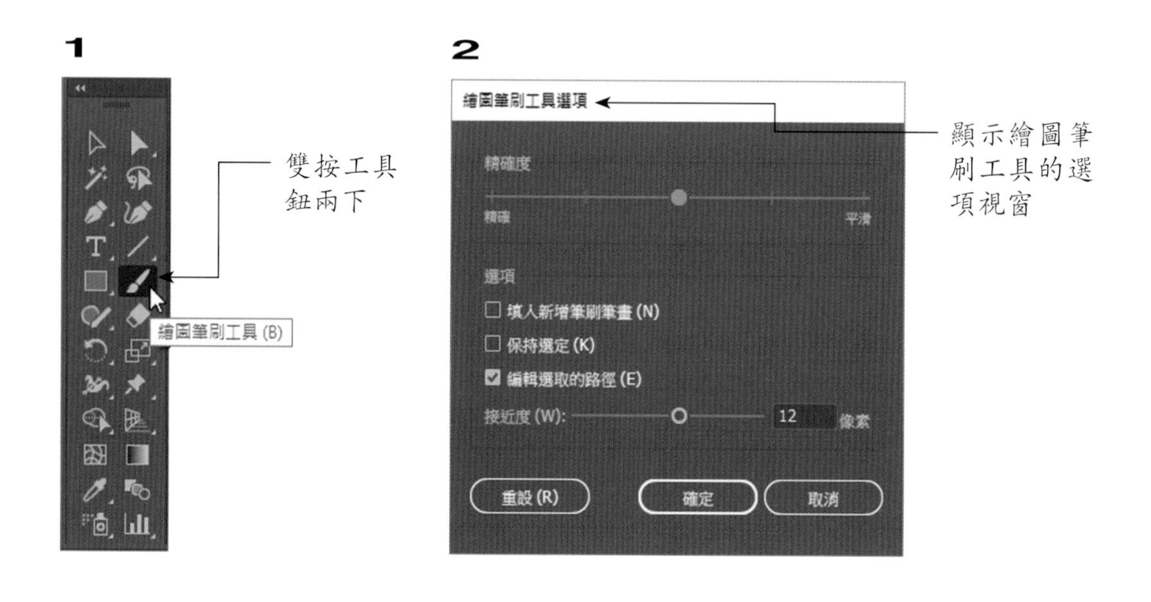

9-3 設計輔助工具

從事美術設計時，有些輔助工具各位不可不知，因為它能幫助各位在工作時更便利。諸如：尺標、參考線、格點等，都是做精確測量時的最佳利器。

9-3-1 尺標

尺標是設計時經常用到的丈量工具，執行「檢視 / 尺標 / 顯示尺標」指令，就會在文件視窗的上方與左側看到尺標。如果想要改變尺標的度量單位，按右鍵於尺標上，於快顯功能表上即可選擇像素、公分、公釐、英吋等度量單位。

水平尺標

按右鍵於尺標處可設定尺標單位

尺標原點預設鈕，按滑鼠兩下此鈕可回復 (0,0) 的預設值

垂直尺標

預設的尺標會以左上角的尺標原點作為原點 (0,0)，若要改變原點位置，可由尺標原點按下滑鼠左鍵不放，拖曳到畫面上的期望位置上，即可產生新原點。

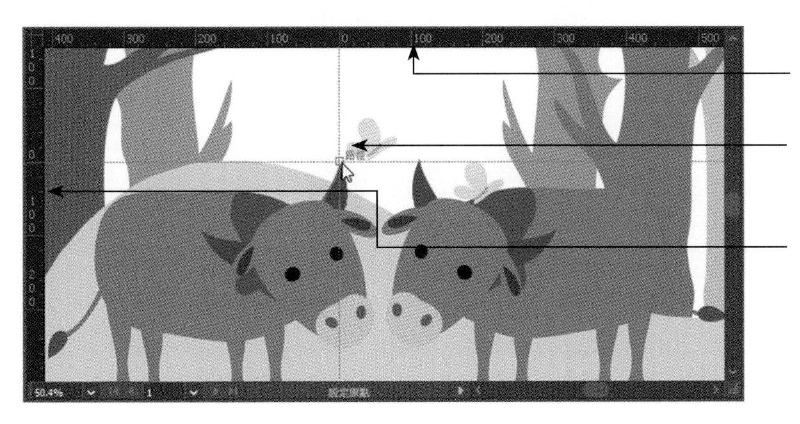

1. 按尺標原點不放

2. 拖曳滑鼠到此位置後放開滑鼠

3. 尺標原點的位置已經改變了

加油站

Illustrator 中的尺標有三種類型，可利用「檢視 / 尺標」指令進行變更。各種尺標的用途說明如下：

- 尺標：當一個文件視窗中有多個工作區時，「尺標」的原點會依據使用者所點選到的作用工作區的左上角來顯示尺標原點。
- 整體尺標：皆以文件視窗最左側及最上方的工作區原點作爲尺標原點。
- 視訊尺標：用於視訊畫面編輯時的尺標，它會以螢光綠的色彩顯示尺標。

9-3-2 格點

對於具有對稱式的版面設計，各位可以利用格點來作爲參考。執行「檢視/顯示格點」指令可在文件視窗中顯示格點，由於它不會顯示在圖形之上，因此並不會妨礙到畫面的編輯，同時列印時也不會顯現出來。在移動圖形時，如果希望圖形可以貼齊格點，可執行「檢視 / 靠齊格點」指令。

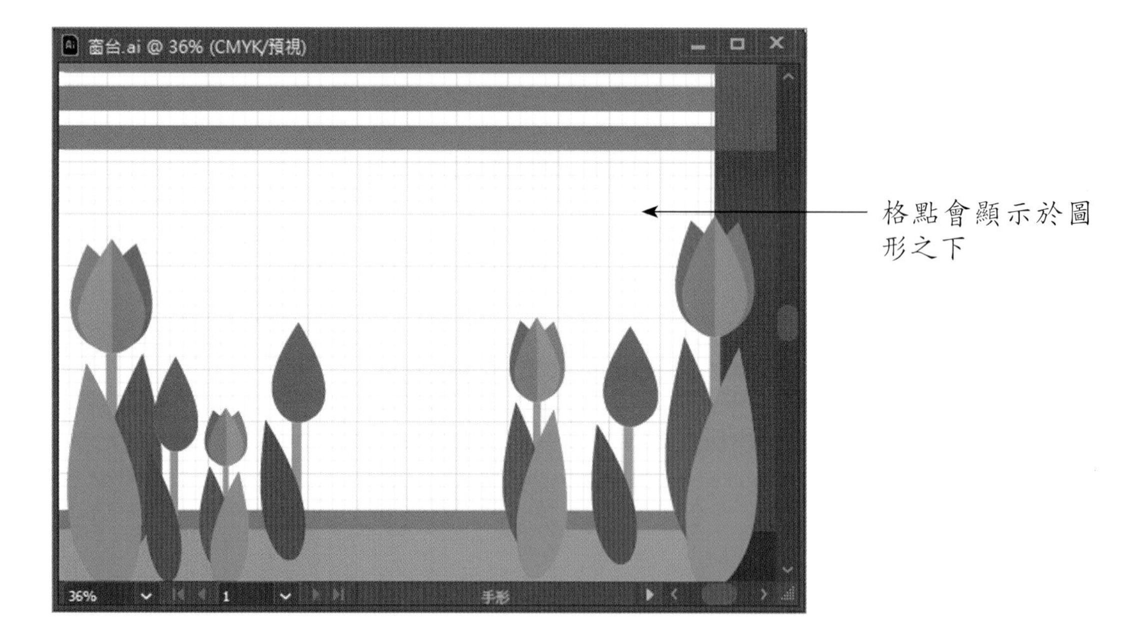

若想要自訂格點的的樣式、顏色或間隔，可執行「編輯 / 偏好設定 / 參考線及網格」指令，再由「格點」的欄位中作設定。

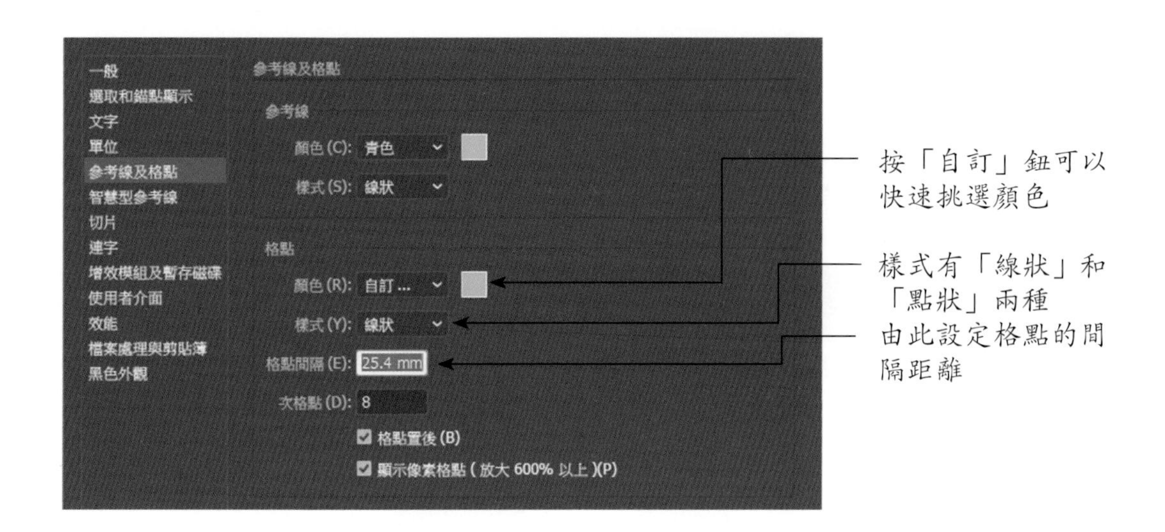

9-3-3 參考線

Illustrator 的參考線共分兩種，一種是一般參考線，一種是智慧型參考線。

■ 一般參考線

在尺標開啓後，各位由尺標往文件編輯區中拖曳即可產生參考線，參考線是浮現在圖形之上的線條，它不會列印出來，可作爲對齊或分割版面之參考。

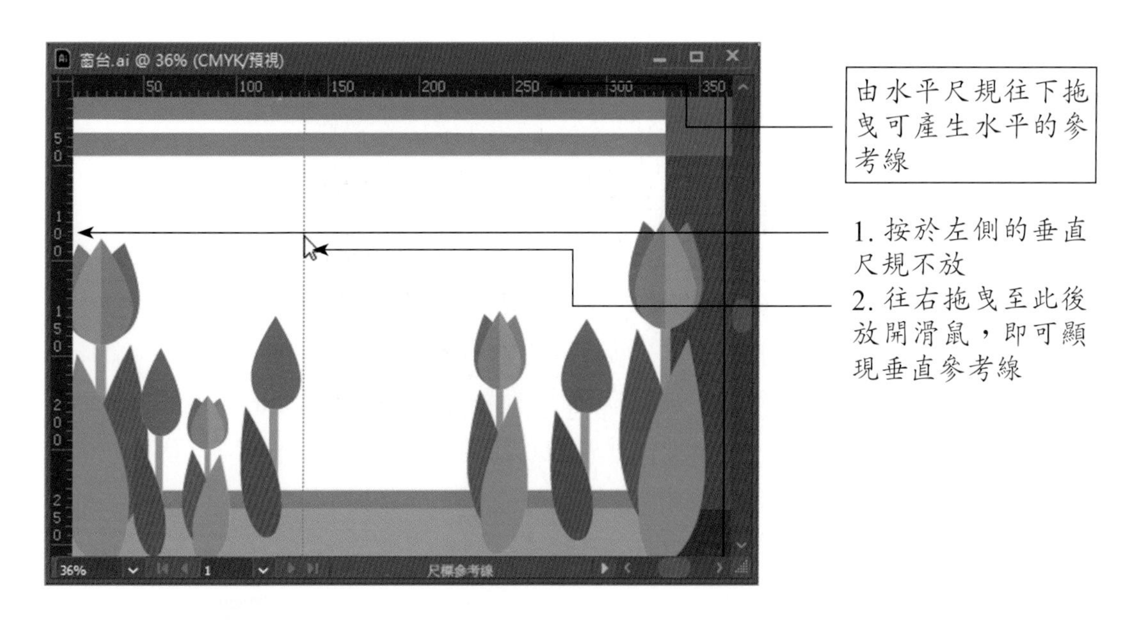

參考線若要隱藏 / 顯現，或是需要鎖定不被移動，可以由「檢視 / 參考線」的指令中做勾選。至於多餘的參考線，只要點選後按鍵盤上的「Delete」鍵即可刪除。

■ 智慧型參考線

在「檢視」功能表中，若有勾選「智慧型參考線」的選項，那麼在移動或旋轉圖形時，它會在文件視窗中即時性的顯現一些輔助線條，方便使用者對齊其他物件的邊緣或中心點，或作為編輯時的參考。

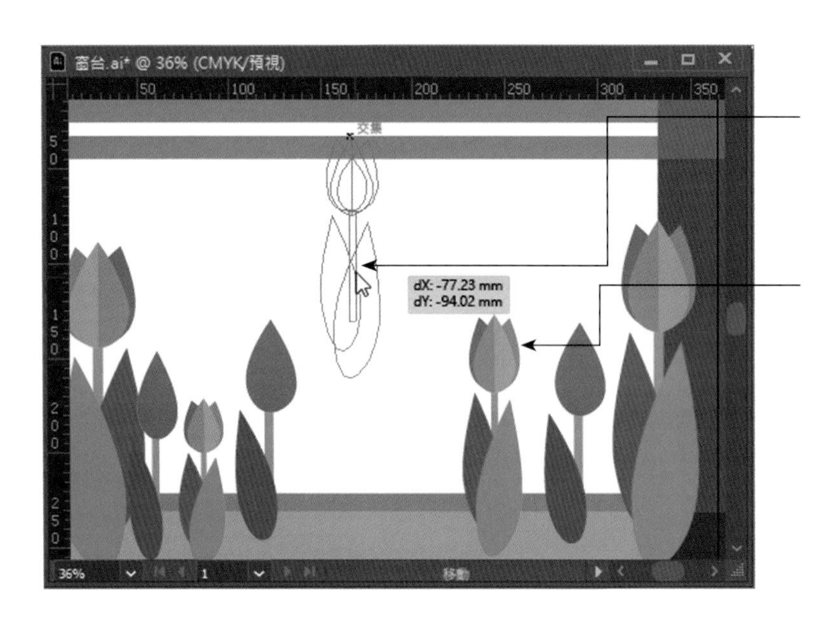
窗台.ai* @ 36% (CMYK/預視)
交集
dX: -77.23 mm
dY: -94.02 mm
36%
移動
2. 移動過程中，即可隨時看到不同的智慧型參考線，並顯現與其它圖形的對齊關係
1. 點選此圖形並往上移動

執行「編輯 / 偏好設定 / 參考線及網格」指令可以設定參考線的顏色和樣式，而智慧型參考線的設定則是透過「編輯 / 偏好設定 / 智慧型參考線」指令來設定。

9-4 文件的建立與開啓

對於新手來說，文件的建立或開啓、物件的選取與編輯、圖層的使用、檔案的儲存備份等，都是新手必備的操作技巧，這一章通通把它準備妥當，新手只要依序學下來就能開始做設計。文件是設計師創作圖形或編排版面的地方，由於會使用 Illustrator 軟體來從事設計的人員包含了平面設計師、美術設計師、網頁設計師、視訊影片工作者等，因此在新增檔案時可以針對各類工作的需求來選擇適合的文件類型和文件檔。

9-4-1 新增檔案

要新增文件，除了在首頁的歡迎視窗中選擇常用的規格外，按下 新建... 鈕或執行「檔案 / 新增」指令就會顯現「新增文件」視窗，選擇文件類型後再由右側面板中設定所需的文件尺寸。

1. 依據輸出用途先選擇文件類型
2. 由此區塊可點選預設的空白文件
也可以由面板設定所需尺寸
按此可進階設定色彩模式或文件排列方式

- ➢ 行動裝置：完成的作品可使用在 iPhone 或 iPad 等裝置。
- ➢ 網頁：提供常用的螢幕尺寸可以選用。
- ➢ 列印：提供 A4、Letter、Legal、Tabloid 等紙張尺寸可選用。
- ➢ 影片和視訊：提供 HDV、HDTV、UHD、FUHD 等視訊尺寸可選用。
- ➢ 線條圖和插圖：包含明信片、海報或螢幕尺寸可以選用。

文件若是要出版印刷，請選擇「列印」的類別，其預設的進階模式為 CMYK，300PPI。若是滿版的出版品則必須設定出血的尺寸，一般為 3mm 或 5mm。如果完成的作品將在螢幕上呈現，通常都會使用 RGB 的色彩模式，點陣特效則為 72PPI。

加油站

當印刷物的背景非白色時，通常在設計時會以顏色填滿整個背景。所謂「出血」就是在文件尺寸的上、下、左、右四方各加大 3mm 或 5mm 的填滿區域，如此一來，當印刷完成後以裁刀裁切文件尺寸時，即使對位不夠精準，也不會在文件邊緣出現未印刷到的白色紙張，如此畫面才會完美無缺。

了解基本的概念後，現在我們試著新增一個具有兩個工作畫板的列印文件。

①先選擇「列印」
②輸入文件名稱
③工作畫板設爲「2」
④設定文件方向
⑤設定出血的範圍
⑥按此鈕建立

2

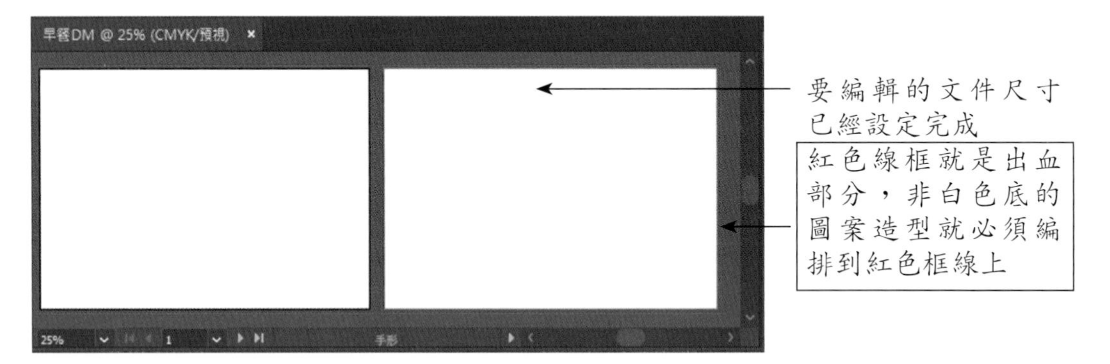
早餐DM @ 25% (CMYK/預視)
要編輯的文件尺寸已經設定完成
紅色線框就是出血部分，非白色底的圖案造型就必須編排到紅色框線上

9-4-2 工作區域的增減與變更

在建立文件後如果發現文件尺寸需要修正，或是需要增加 / 刪減工作區域，這時候就可以利用「工作區域工具」 及其「控制」面板來調整。

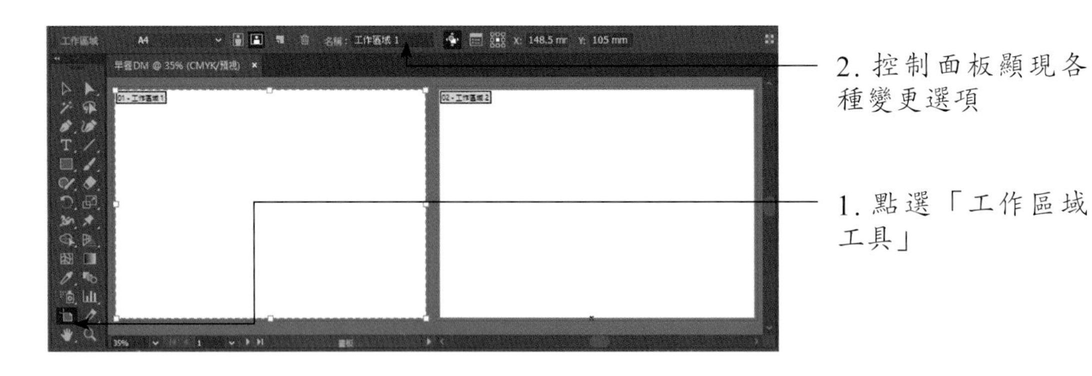
2. 控制面板顯現各種變更選項
1. 點選「工作區域工具」

■ 設定工作區域名稱

預設的工作名稱是以「工作區域 1」、「工作區域 2」……顯示，不過各位可以自行輸入貼切的名稱，以利辨別。

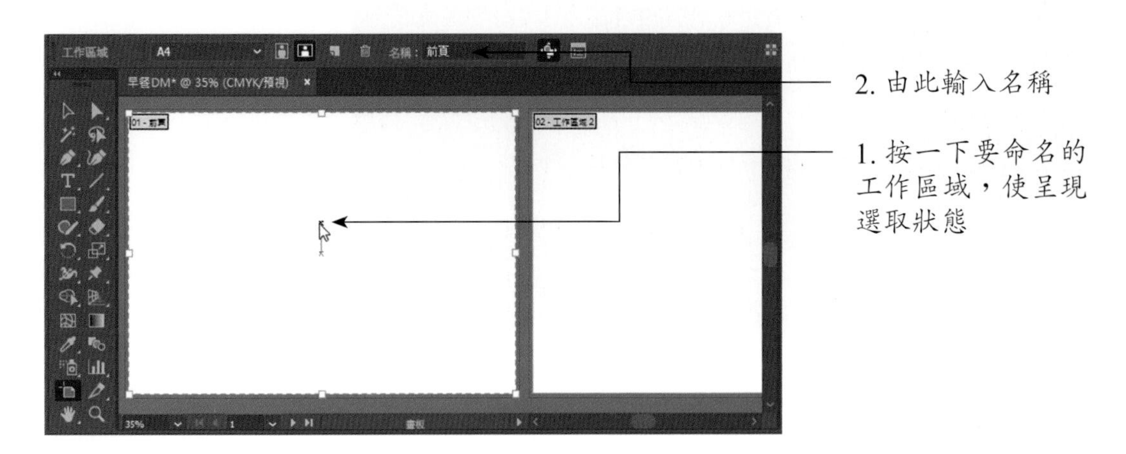

■ 變更工作區域尺寸或排列方向

工作區域的尺寸若需更換，可由「選取預設集」下拉做選擇，而直排或橫排的調整則是由 和 鈕做切換。

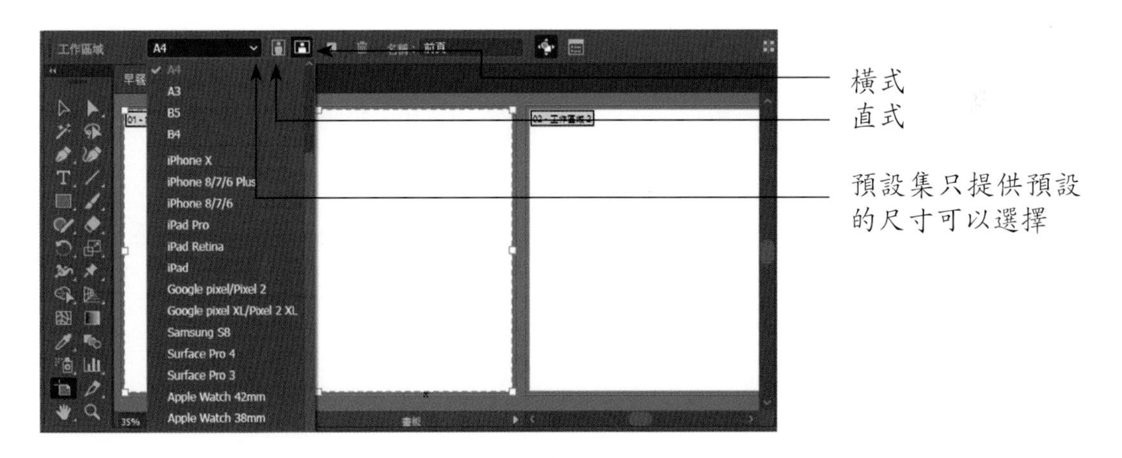

預設集中只提供常用的尺寸可以選擇，若要更改為特殊尺寸，請在「控制」面板上按下「工作區域選項」 鈕，再進入如下視窗做更改。

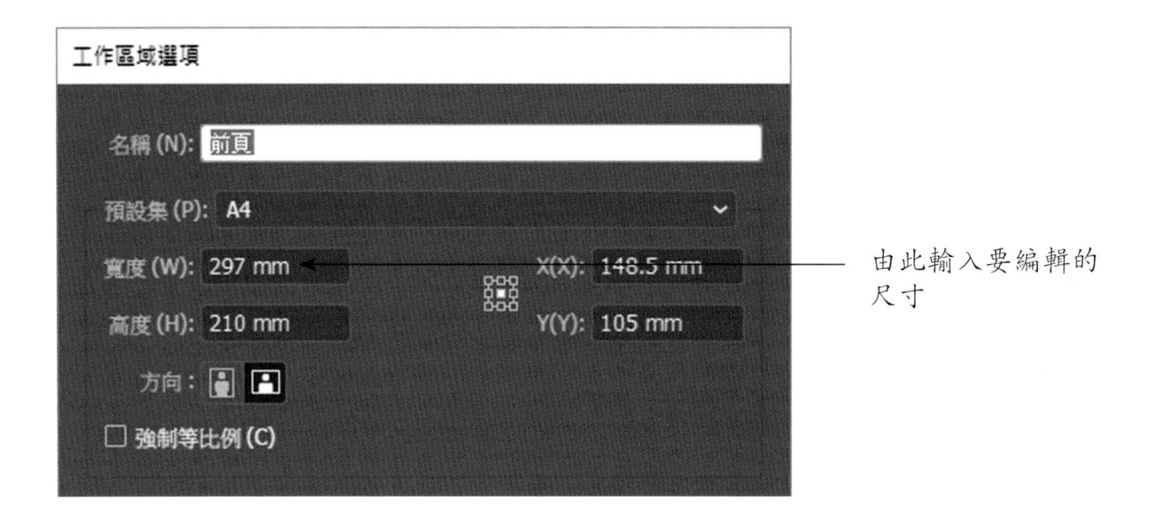

■ 新增與刪除工作區域

萬一工作區域不敷使用，按下「新增工作區域」鈕可以自行設定新增工作區域的放置處。若要刪除多餘的工作區域，可按下「刪除工作區域」鈕來移除。

■ 顯示標記符號

製作印刷稿件時，通常都要在文件上標示中心標記及十字線符號，以利對版之用，而製作視訊時也需要知道視訊安全區域。如下圖所示：

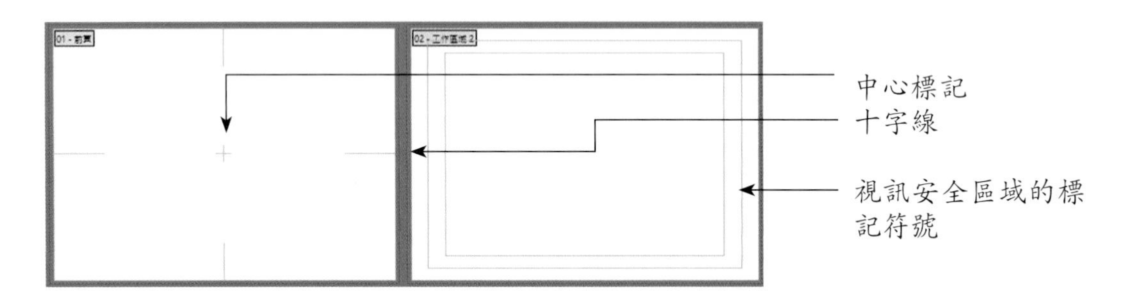

這些常用的標記都可以直接從「控制」面板的「工作區域選項」鈕中進行設定。

9-4-3 下載精美範本

Illustrator 軟體也有提供各種實用的範本，不管是行動裝置、網頁、列印、影片和視訊、線條和插圖等，只要從該類別中點選想要使用的範本縮圖，再按「下載」鈕進行下載即可。

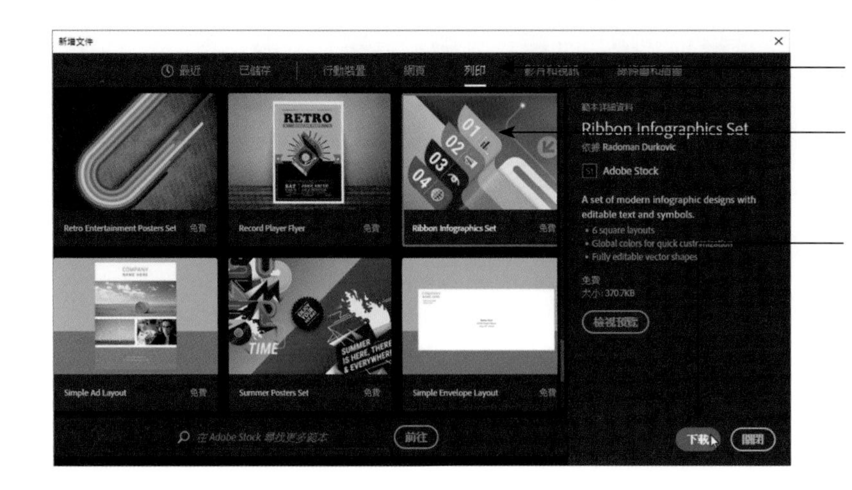

稍等一下，「下載」鈕會變成「開啓」鈕，同時縮圖左上角會顯示藍色的勾選鈕，按下「開啓」鈕文件就會顯示在工作區中，直接使用「選取工具」點選物件即可進行編修。

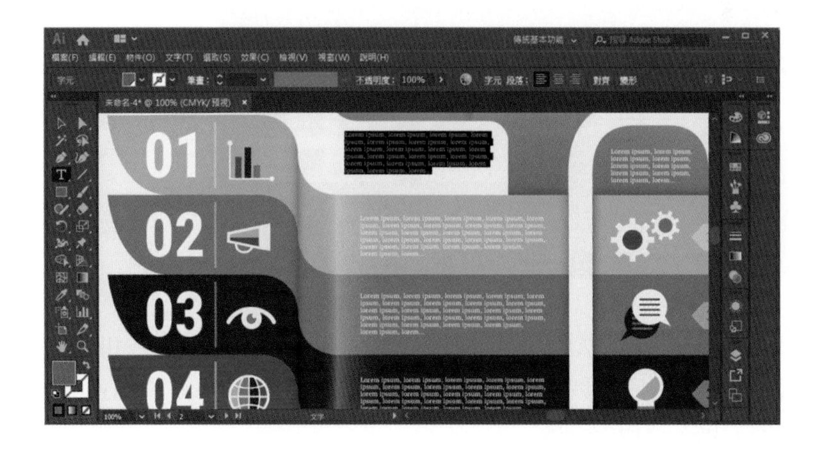

除了精美的範本可以快速下載和編修外，Illustrator 也有提供空白的範本檔案，內容包含 CD 外殼、小冊、T 恤、促銷、信箋、橫幅、網站和 DVD 選單等，執行「檔案 / 從範本新增」指令即可看到這些「空白範本」。

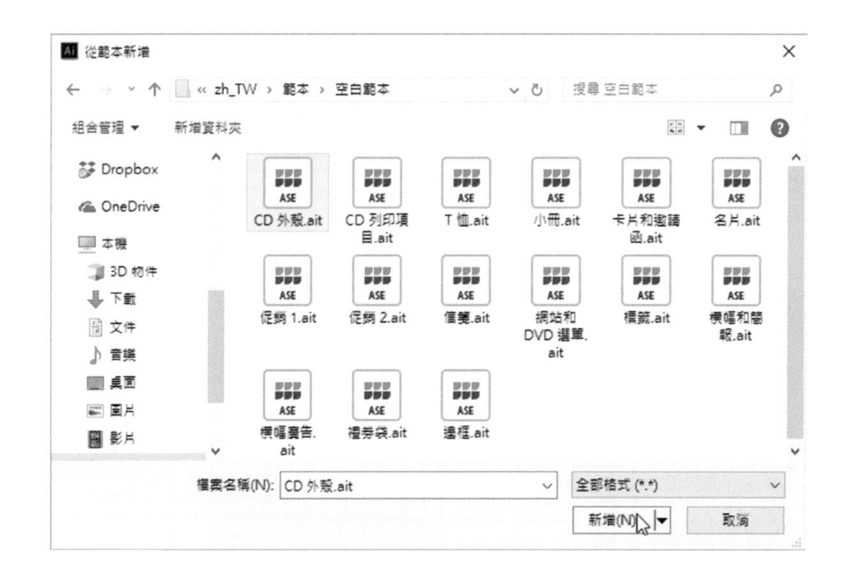

9-4-4 開啓舊有檔案

對於已經編輯過的 Illustrator 文件，在首頁下方就可以將最近編輯過的檔案顯示出來，直接點選檔案縮圖即可開啓。

按下首頁的 開啟... 或是執行「檔案 / 開啓舊檔」指令，除了開啓 Illustrator 特有的 *.ai 格式外，其他 Illustrator 所支援的格式，諸如：*.psd、*.jpg、*.eps、*.wmf、*.txt 等都可以利用「開啓舊檔」指令將檔案開啓。

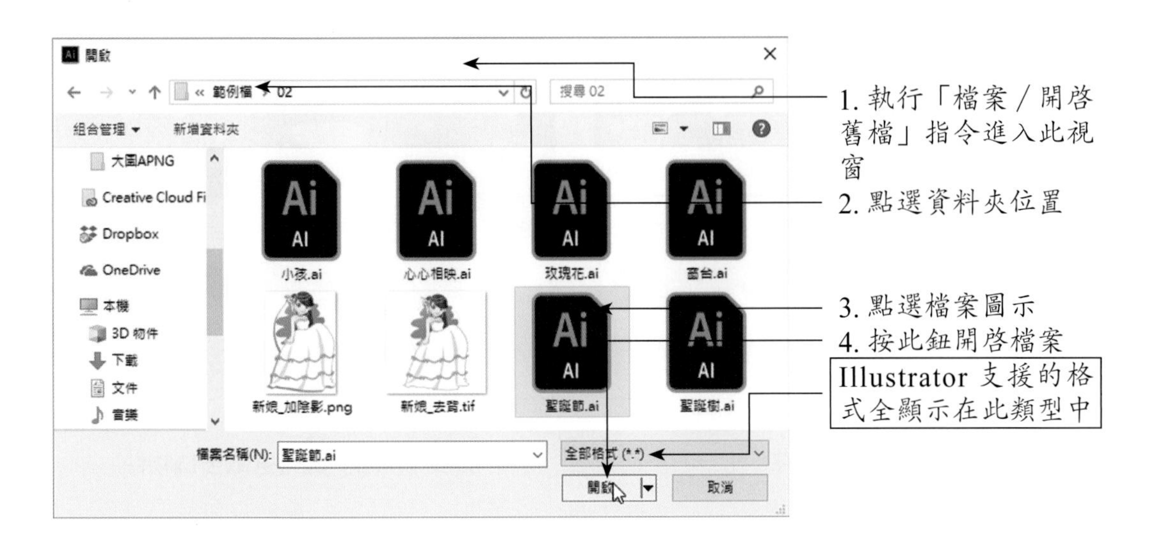

雖然向量格式的圖檔和文字檔都可以利用「開啟」鈕開啟至 Illustrator 中繼續編輯，不過建議初學者最好使用「檔案／置入」的功能，因為「置入」功能必須在已開啟的文件中才能使用，在文件確定後才將圖文插入，這樣可以避免因觀念不清楚而導致作品尺寸不對的窘境。

9-5 物件的選取與編輯

對於文件的新增、開啟與修正有了明確的認知後，接下來我們要來學習圖形物件的選取與編輯技巧。透過選取，Illustrator 才知道哪個圖形需要做變更，才能針對使用者指定的指令來處理圖形。

9-5-1 選取工具

「選取工具」▶ 用來選取造形圖案，不管是單一物件、多個物件、群組物件、都可以利用它來選取。

- 單一物件：直接以滑鼠按在該物件上即可選取。
- 多個物件：要選取多個物件可加按「Shift」鍵，然後依序點選要選取的物件。若已被選取的物件，加按「Shift」鍵再點選一次，也可以取消選取狀態。

選取單一物件

加按「Shift」鍵可選取多個物件

➢ 群組物件：以滑鼠按按在群組物件上，即可選取群組物件。

群組的物件包含多個圖形物件，群組後利於變形處理

選取圖形後，若要取消選取狀態，只要在圖形外的空白處按一下滑鼠就可以取消。另外也可以使用快速鍵，「Ctrl」+「A」鍵可以選取全部，而「Ctrl」+「Shift」+「A」鍵則是取消選取。

加油站

在「選取」功能表中也提供各種的功能可以選用。以範例中的雪花爲例，利用「Shift」鍵一一點選可能要花較多的時間，而且可能出錯，但是選取一個雪花後，執行「選取／相同／外觀」指令，就可以較快速選取相同的白色外觀。而要去掉屋頂的白色，只要再加按「Shift」鍵點選屋頂即可。

9-5-2 直接選取工具

「直接選取工具」▶ 主要用來選取或調整貝茲曲線上的錨點及方向控制點。因此在選取圖形物件後，由上方的「控制」面板來針對路徑的部分做填色、筆畫或不透明度的設定，再按於錨點上，就可以針對錨點作轉換或移除。

1

③由控制面板可以設定屋頂的填滿顏色或外框色彩

①點選「直接選取工具」

②按一下白色屋頂的圖形

2

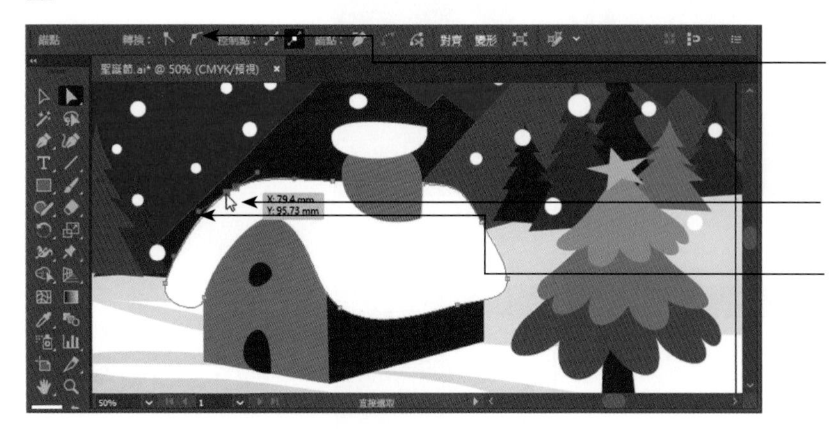

②由面板上可對錨點作轉換換或刪除

①再按一下錨點

若要改變圖形弧度，可調整把手的位置

9-5-3 群組選取工具

「群組選取工具」▶ 用來選取群組內的造形圖案和群組圖案，若是多重群組的造型，則每一次點選都會自動增加階層中的下一個群組的所有物件。如下圖範例，左側的每一朵花是個別的群組，而四朵花又群組再一起。現在利用「群組選取工具」來選取圖形。

1

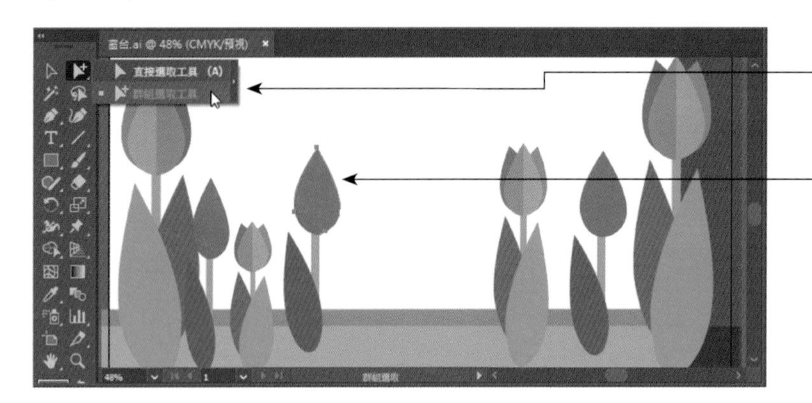

①切換到「群組選取工具」

②點選此圖形會選取該造型

2

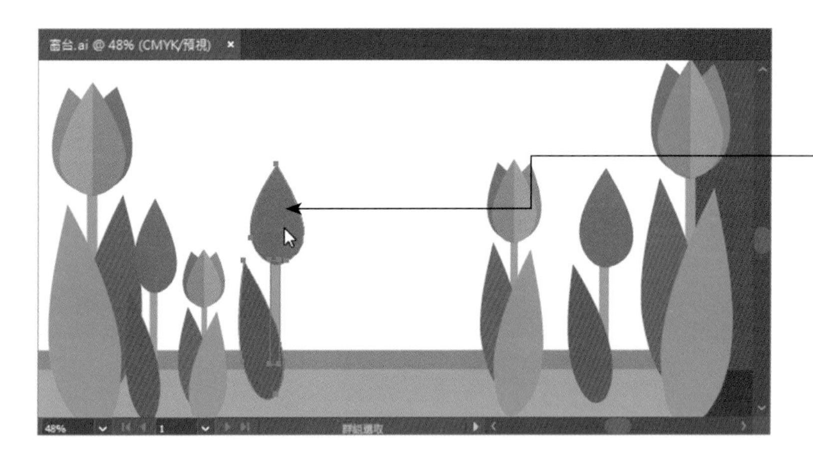

第二次點選該圖形會選取整朵花的造型

3

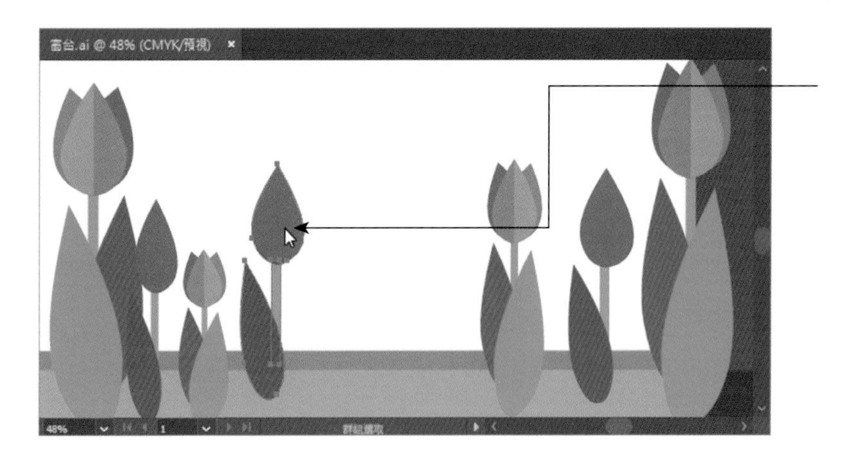

第三次點選該造型，則會選取四朵花的群組

9-5-4 物件搬移

在選取圖形之後，電腦就知道哪個區域範圍要進行編輯，因此要搬動圖形或物件位置，只要利用滑鼠拖曳其位置就行了。

①點選「選取工具」

③往左拖曳到房屋的旁邊再放開滑鼠，即可完成物件的位移

②按住聖誕樹的群組物件不放

各位也可以使用鍵盤上的上／下／左／右鍵來做微調的動作，若要設定微調的距離，可以利用「編輯／偏好設定／一般」指令，來設定「鍵盤漸增」的數值。

由此微調每次上下左右鍵移動的距離

9-5-5 物件複製

要複製物件，各位最熟悉的方式就是利用「編輯／拷貝」和「編輯／貼上」指令來處理。您也可以考慮加按「Alt」鍵來位移選取的物件，它會自動複製一份圖形物件，另外按「Ctrl」+「D」鍵可以相同距離來重複複製物件，這樣可以加快等距離的圖形複製。

1

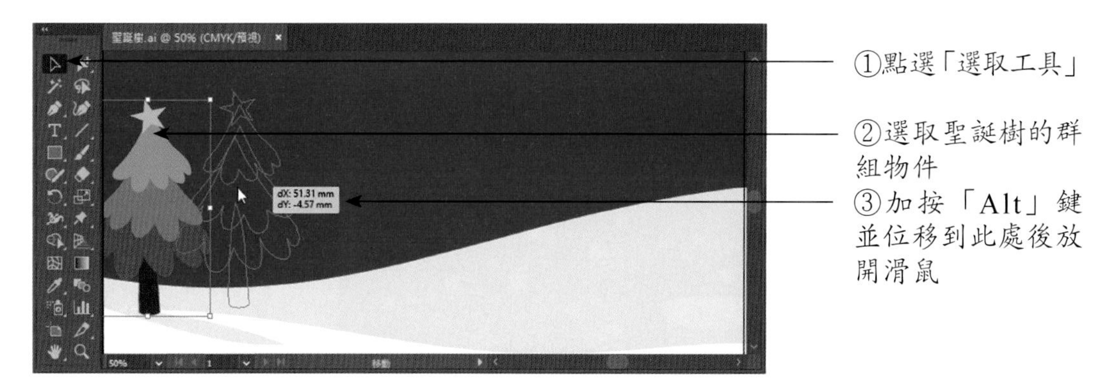

2

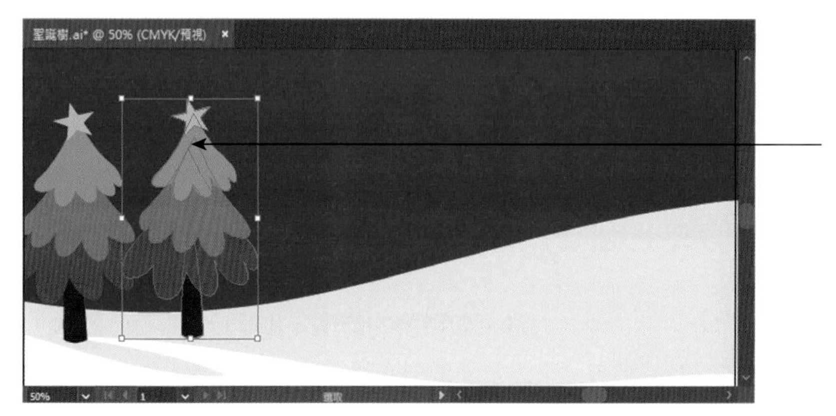

聖誕樹已複製一份，接著按「Ctrl」+「D」鍵 4 次

3

聖誕樹整齊的沿著坡地排列

9-5-6 物件的變形處理

要對圖形物件進行變形處理，除了利用左側的任意變形工具、旋轉工具、鏡射工具、縮放工具、傾斜工具外，執行「物件 / 變形」指令，也可以選擇移動、旋轉、鏡射、縮放、傾斜等變形方式。以下我們跟各位一起探討這些變形的操作技巧：

■「任意變形工具」

物件選取時，其上下左右及四角的控制點即可進行拉長、壓扁或等比例的縮放，另外八邊的控制點皆可做旋轉的處理。

小孩.ai @ 70% (CMYK/預視)
可做等比例的縮放或旋轉處理
可做上下方向的壓扁／拉長或旋轉處理
可做左右方向的壓扁／拉寬或旋轉處理
任意變形工具
任意變形工具提供的四個工具鈕
70%
任意變形

另外，在選取圖形旁邊還提供四個工具鈕可做選擇，由上而下依序為「強制」、「任意變形」、「透視扭曲」、「隨意扭曲」。

■ 旋轉工具

可以決定中心點的位置，使物件依照指定的中心點來旋轉角度。

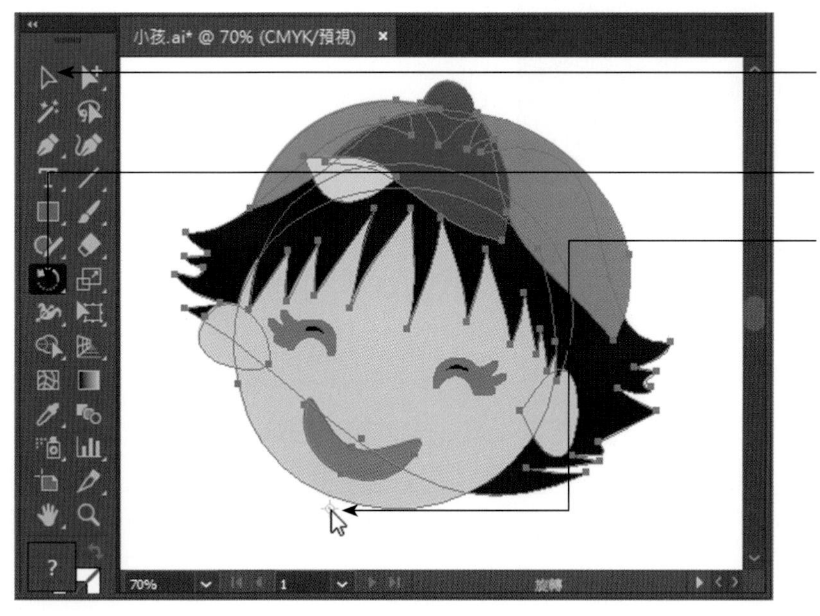
小孩.ai* @ 70% (CMYK/預視)
①以「選取工具」選取頭部的群組造型
②點選「旋轉工具」
③將中心點位置由額頭處移到下巴處
70%
旋轉

2

53.38°
拖曳圖形時就會看到小孩的頭是以下巴為基準點來做旋轉

若要旋轉特定的角度，可按滑鼠兩下於「旋轉工具」 鈕，即可在如下的視窗中做設定。

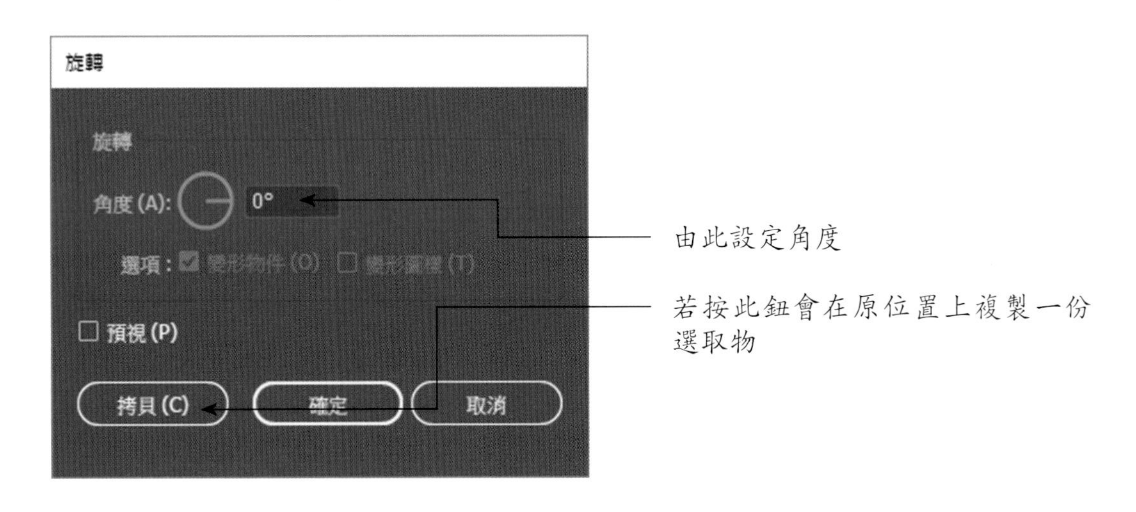

由此設定角度
若按此鈕會在原位置上複製一份選取物

■ 鏡射工具

鏡射工具是以座標軸為基準，來對選取物做水平方向或垂直方向的翻轉，也可以做任意角度的翻轉。

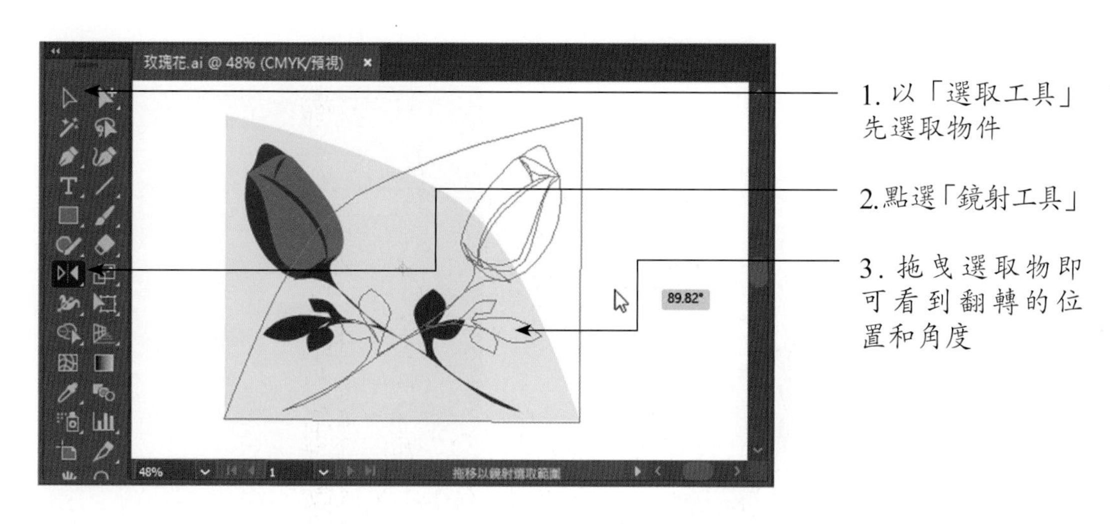

如果按於該工具鈕兩下，可以在如下的視窗中做精確的選擇。

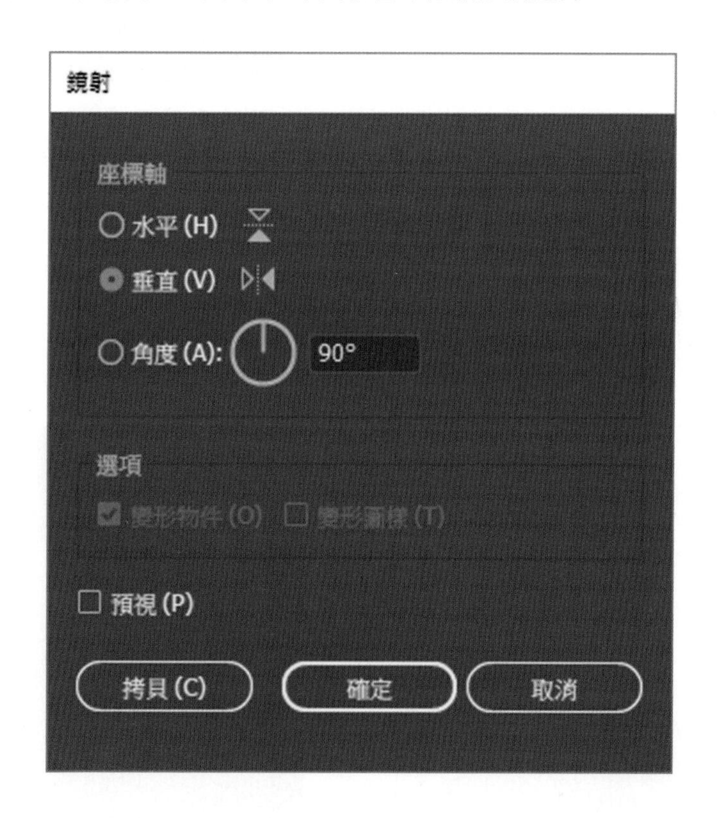

■ 縮放工具

使用「縮放工具」 拖曳選取物件，可做放大或縮小的處理。按於縮放工具兩下，則是顯示如下的設定畫面，可做等比或非等比例的縮放設定。

拖曳選取物即可做放大 / 縮小的變形

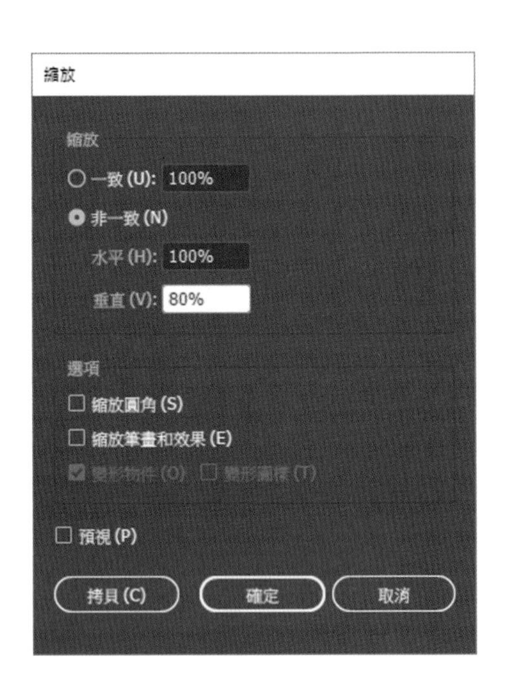

縮放設定視窗

■ 傾斜工具

「傾斜工具」 能將選取的物件以水平軸線或垂直軸線為基準，做角度的傾斜變形。同樣的，它也有提供精確的設定，而其設定視窗如下：

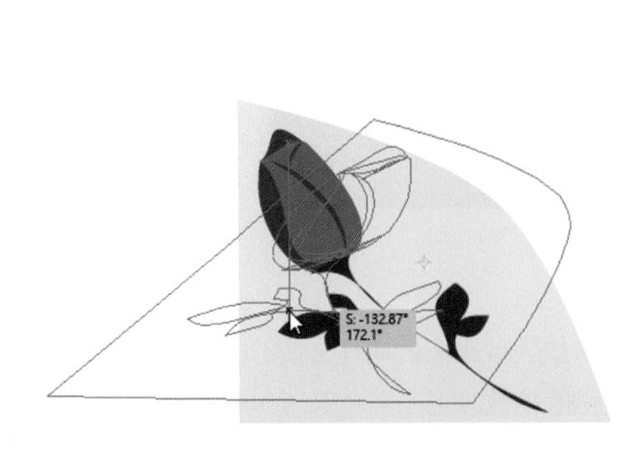

拖曳選取物即可傾斜變形

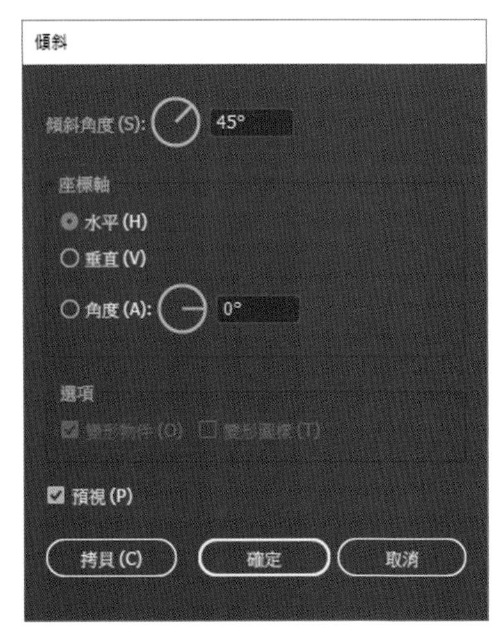

傾斜設定視窗

9-5-7 物件的還原

物件變形後如果覺得不恰當，想要回復先前的步驟，可以由「編輯」功能表中選擇「還原」的指令，或是按快速鍵「Ctrl」+「Z」鍵就可以依序還原到先前的數個步驟。

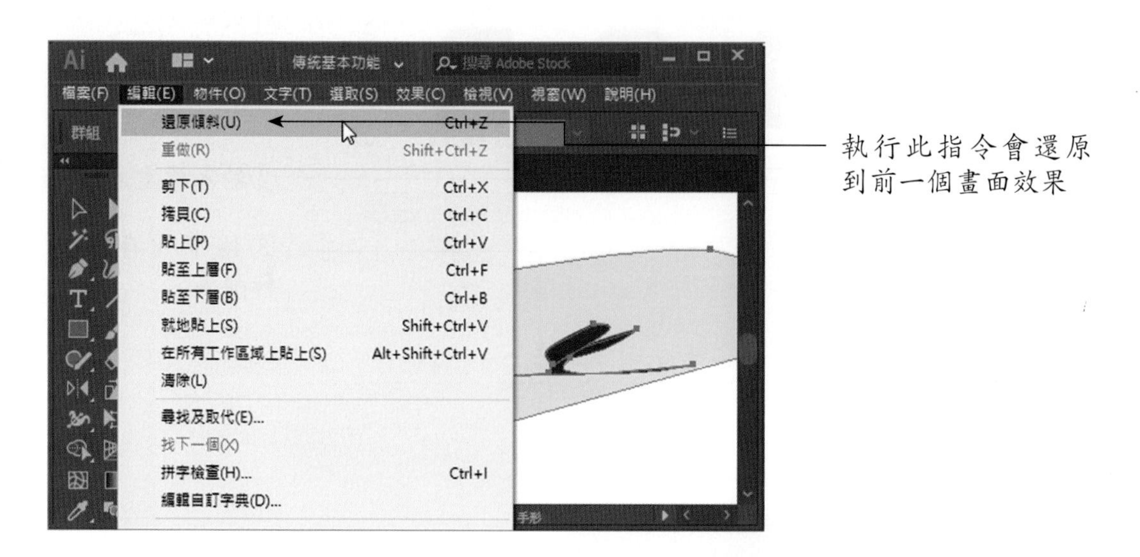

另外，如果想要還原到檔案原先的儲存狀態，則是執行「檔案 / 回復」指令，它會顯示警告視窗提醒各位，確定還原只要按下「回復」鈕離開即可。

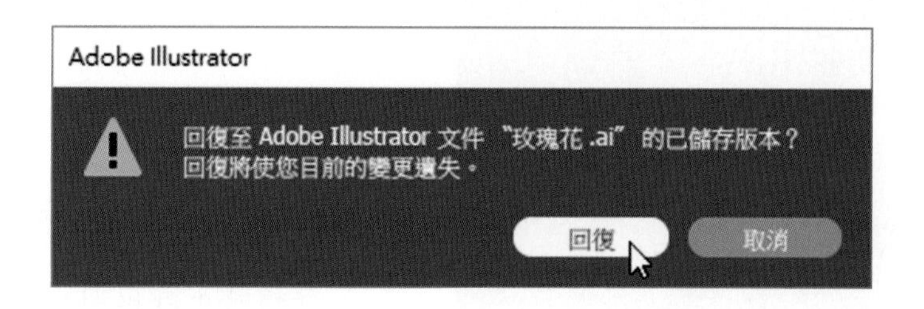

9-6 檔案儲存與備份

當文件編輯到一個階段，最好先儲存一下檔案，免得一不小心讓辛苦的成果化爲烏有。

9-6-1 儲存檔案

Illustrator 特有的檔案格式爲 *.ai，它會將所有圖層與設定效果保存下來，方便使用者繼續編修。因此，對於尚未儲存過的檔案，執行「檔案 / 儲存」或「檔案 / 另存新檔」指令，都會看到如下的視窗，請輸入檔名後，即可按「存檔」鈕儲存檔案。

1

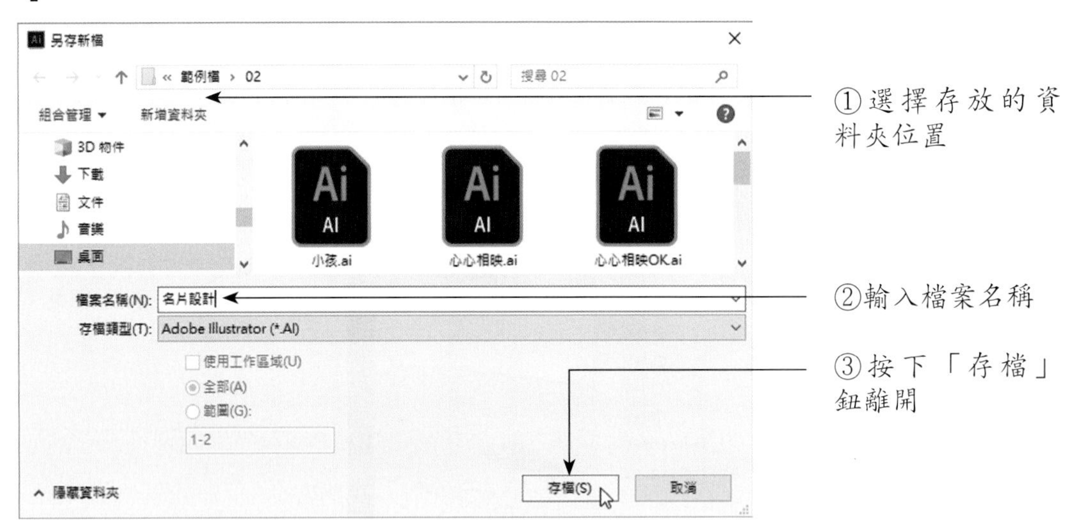
另存新檔
« 範例檔 › 02
搜尋 02
組合管理
新增資料夾
3D 物件
下載
文件
音樂
桌面
小孩.ai
心心相映.ai
心心相映OK.ai
檔案名稱(N): 名片設計
存檔類型(T): Adobe Illustrator (*.AI)
使用工作區域(U)
全部(A)
範圍(G):
1-2
隱藏資料夾
存檔(S)
取消
①選擇存放的資料夾位置
②輸入檔案名稱
③按下「存檔」鈕離開

2

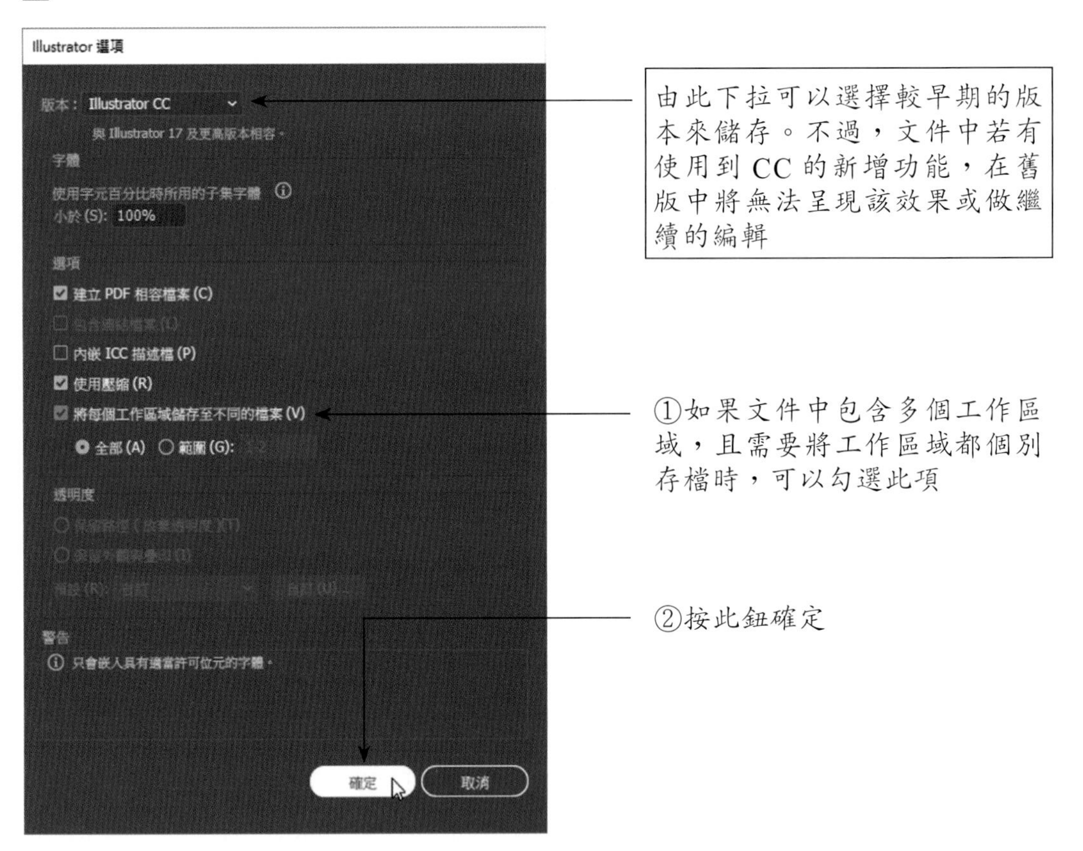
Illustrator 選項
版本： Illustrator CC
與 Illustrator 17 及更高版本相容。
字體
使用字元百分比時所用的子集字體
小於 (S): 100%
選項
建立 PDF 相容檔案 (C)
內嵌 ICC 描述檔 (P)
使用壓縮 (R)
將每個工作區域儲存至不同的檔案 (V)
全部 (A)
範圍 (G):
透明度
警告
只會嵌入具有適當許可位元的字體。
確定
取消
由此下拉可以選擇較早期的版本來儲存。不過，文件中若有使用到 CC 的新增功能，在舊版中將無法呈現該效果或做繼續的編輯
①如果文件中包含多個工作區域，且需要將工作區域都個別存檔時，可以勾選此項
②按此鈕確定

3

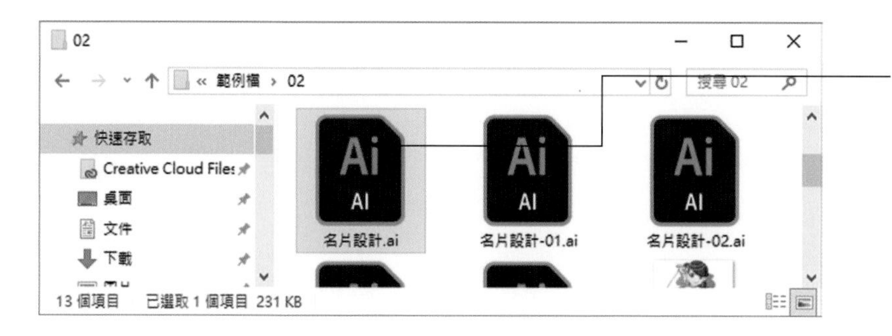

除了包含所有工作區域的主文件外，各個工作區域也各有自己的檔案

9-6-2 儲存拷貝

除了剛剛介紹的儲存方式外，選擇「檔案 / 儲存拷貝」指令所看到的設定視窗和「檔案 / 另存新檔」相同，不過它會在檔名之後，檔案格式之前加上「拷貝」的字眼。如圖示：

建議拷貝的檔案最好存放在其它的硬碟之中，一旦主工作的硬碟發生狀況，這樣拷貝的檔案才能夠發揮作用。

【課後習題】

1. 請試著將 Illustrator 使用者介面的顏色設爲「中等淺色」。
2. 請執行「檔案 / 開啓舊檔」指令開啓範例檔「工作區範例 .ai」，請將畫布的色彩由灰色更換成白色。
3. 請在 Illustrator 軟體中，將工作區設定爲網頁設計師常用的工作區域。
4. 請在 Illustrator 軟體中開啓尺標，並將度量單位設爲「公分」。
5. 請說明 Illustrator 中的尺標分爲哪三種，並說明它們之間的差異處。
6. 請說明如何在 Illustrator 中新增一份具有三個工作區域的列印文件。
7. 何謂「出血」？有何用途？
8. 請說明如何在列印文件中加入對版用的中心標記及十字線符號。

第十章 打造超人氣微電影製作

10-1 製作微電影

10-2 視訊影片編修

10-3 片頭頁面設計

10-4 加入轉場特效

10-5 旁白與配樂

10-6 輸出與上傳影片

隨著 4G 網路及手持行動裝置的快速普及，近年來興起一種新型態影音作品微電影（Micro film），是指一種專門運用在各種新媒體平台上播放的短片，適合在行動狀態或短時間休閒狀態下觀看的影片，能在最短的時間內讓網站更有效地向準客戶傳達產品的特色與好處。它的特點是具有完整的故事情節，播放長度短、製作時間少、投資規模小，長度通常低於 300 秒，可以獨立成篇，而內容則融合了幽默搞怪、時尚潮流、公益教育、形象宣傳等主題。許多行銷人員看中微電影小而美但傳播力強的特性，透過微電影進行產品廣告或品牌宣傳，成為目前深受矚目的行銷手法。

10-1 製作微電影

接下來我們將以「威力導演」做示範，告訴各位如何匯入媒體素材、串接影片、編修視訊、加入片頭效果、轉場、錄製旁白和配樂。期望各位都能將所學到的功能技巧應用在微電影的專案設計中。

10-1-1 素材匯入與編排

啓動威力導演後，先將專案顯示比例設為「16：9」，選用「時間軸模式」，使進入威力導演程式，我們先將媒體素材匯入進來，排列素材的先後順序，並將所要覆疊的相關物件一一排列到其他視訊軌中。首先我們將所需的素材匯入，並完成專案檔的儲存，以利之後的檔案儲存。

1

②按下「匯入媒體」鈕

③下拉選擇「匯入媒體檔案」指令

①點選「媒體工房」

2

①選取資料夾中的所有素材

②按下「開啟」鈕開啟檔案

3

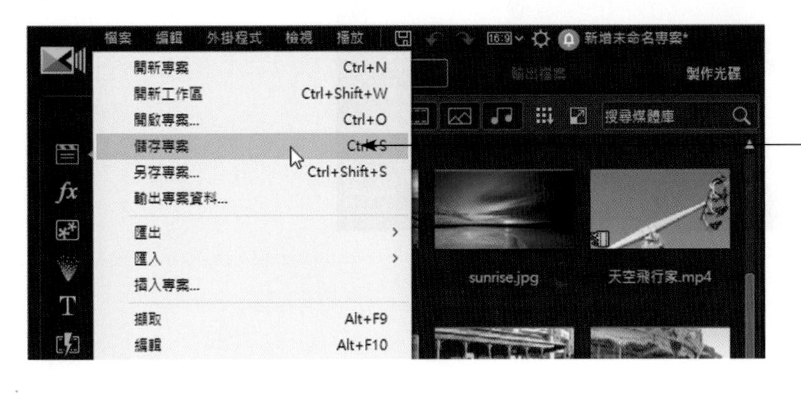

執行「檔案／儲存專案」指令

4

10-1-2 編排素材順序

在此範例中，除了插入一張白色的色板當作片頭畫面的底色外，我們將放置「旋轉木馬」與「草衙道電車」兩段影片，接著就是草衙道的地圖，因此請依此順序加入素材。

1

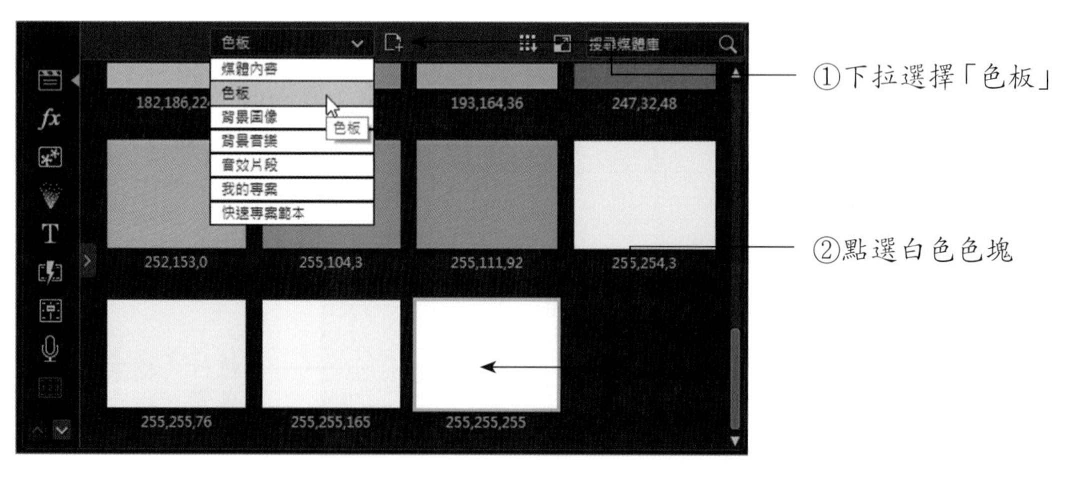

2

①按下此鈕

②色塊已顯示在第一個視訊軌中

3

②切換到「媒體內容」

③點選「旋轉木馬」

④按此鈕使之加入

①播放磁頭移到色板之後

4

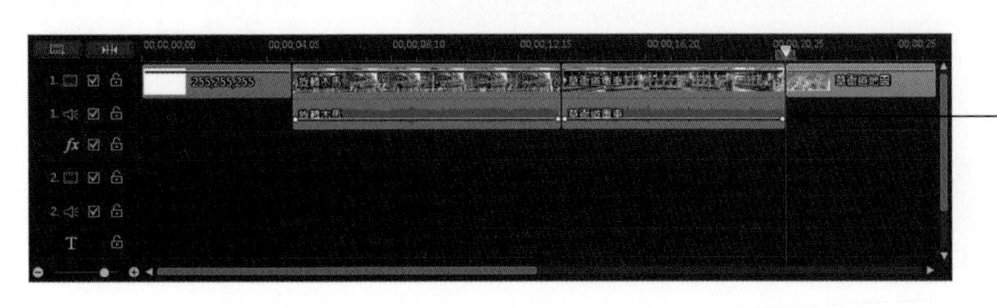

同上方式完成第一視訊軌的素材編排

10-1-3 調整素材時間長度

加入的素材如果是圖片，預設會使用 5 秒的時間，如果是影片則會顯示原長度。圖片素材加入後若需要增加它的時間長度，可以利用「編輯 / 編輯項目 / 時間長度」指令進行修正。這裡我們打算將片頭畫面的長度拉長，讓觀看者可以更能看清影片標題。

1

②執行「編輯 / 編輯項目 / 時間長度」指令

①點選白色色板

2

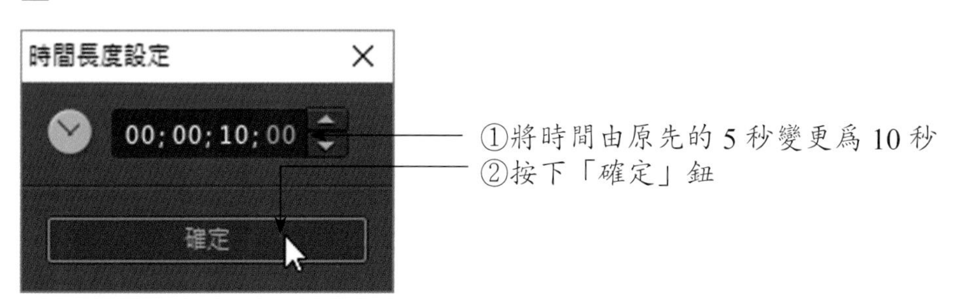

3

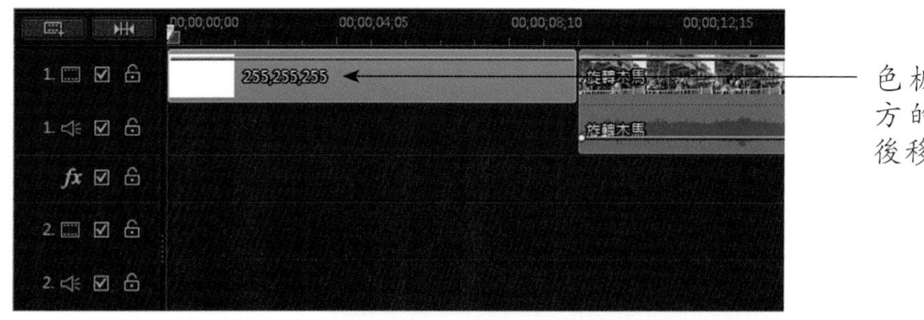

色板加長了，後方的素材自動向後移動

10-1-4 加入覆疊物件

專案內容要吸引觀看者的目光，多層次的素材堆疊是豐富影片的最佳方式，所以各位可以多加運用。這裡要示範的是如何在影片素材上覆疊物件，請先依照下面的表格所示，把素材依序放入到第 2、3、4 軌之中。

第一視訊軌	白色色板	旋轉木馬	草衙道電車	草衙道地圖
第二視訊軌	景致 .png		透明片 .png	自由落體 .mp4
第三視訊軌	標題字 .png		電車 .png	天空飛行家 .mp4
第四視訊軌				飄移高手 .mp4

1

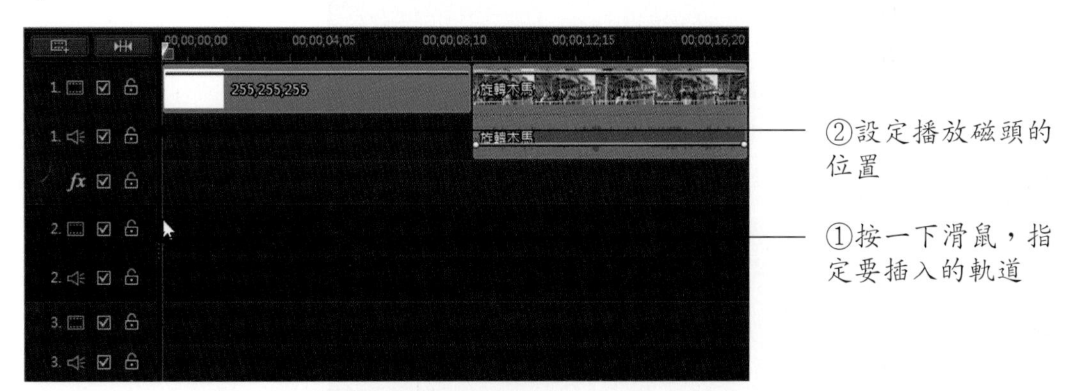

2

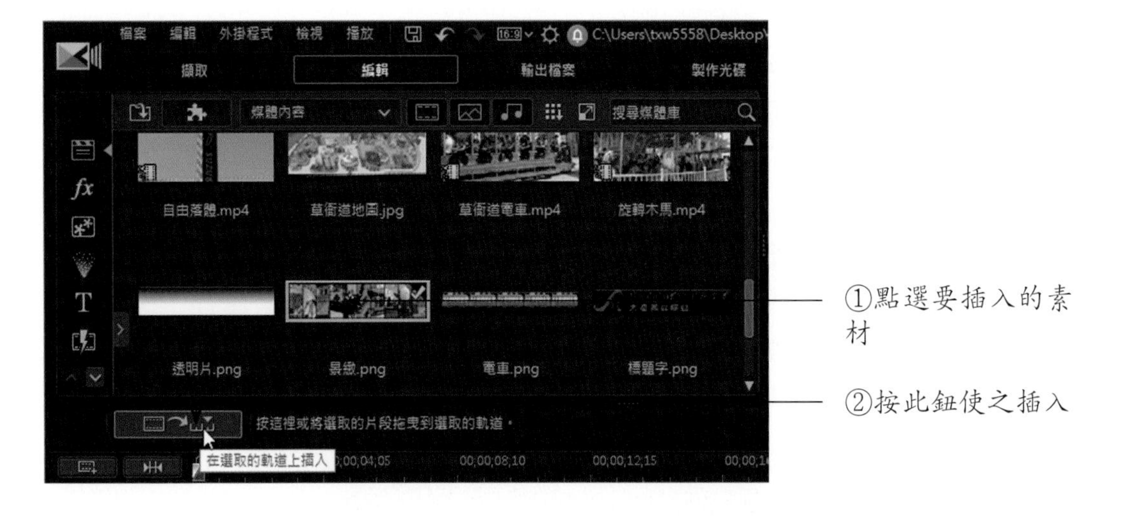

3

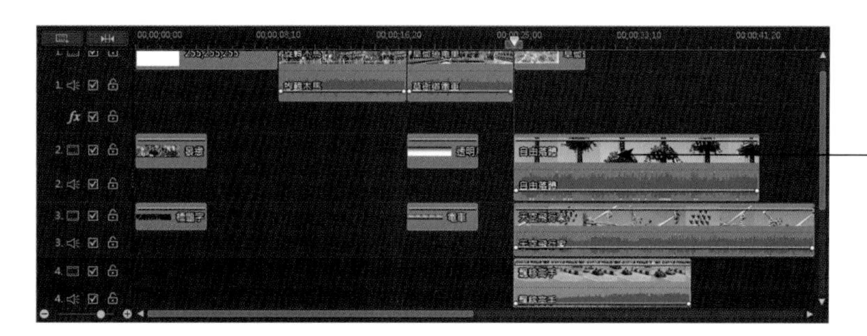

同上技巧，完成覆疊素材的加入，使顯現如圖

由於加入的相片素材預設只有 5 秒的時間長度，請自行利用「編輯 / 編輯項目 / 時間長度」指令來修正時間長度，或是以拖曳右邊界方式來加長時間。

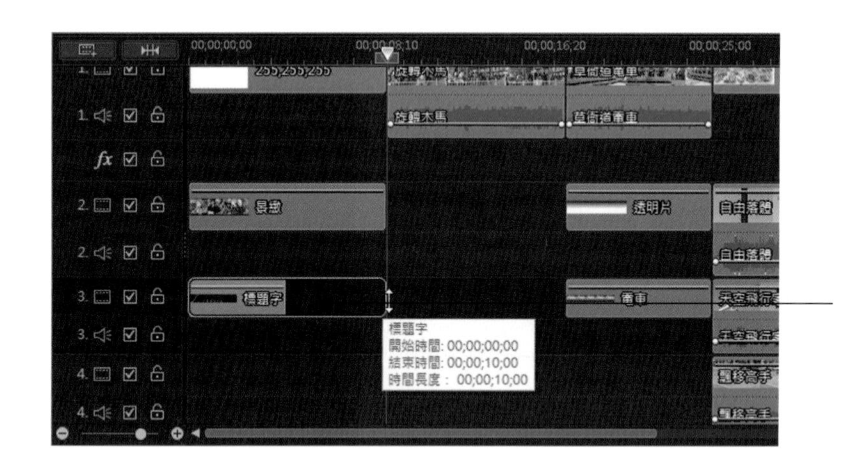

拖曳素材片段的右邊界，使之加長時間長度

10-1-5 覆疊物版面編排

覆疊物件加入至各軌道後，接著就要開始編排版面，讓每個版面都能讓觀賞者賞心悅目。請在時間軸上點選素材，再從預覽視窗上調整個素材的比例，下面簡要說明編排的重點。

■ 片頭畫面

- ➢ 景緻 .png：盡量將 6 個畫面顯示於版面上，素材右邊界與上邊界對齊版面的右側與頂端。
- ➢ 標題字 .png：放大居中，與「景緻 .png」相互堆疊。

放大素材，使六個圖片區塊顯示在畫面上

調整標題字的素材大小如圖

■ 草衙道電車

➢ 透明片 .png：對齊版面下緣。

➢ 電車 .png：移到版面的右側外，並對齊下緣。

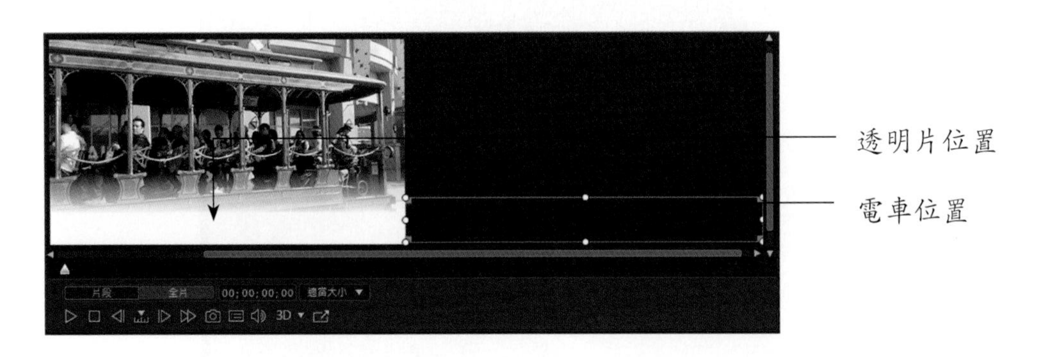

透明片位置

電車位置

■草衙道地圖

➢ 草衙道地圖 .jpg：按右鍵於素材片段，執行「設定片段屬性 / 設定圖片延展模式」指令，將素材片段延展成 16：9 顯示比例，使整張圖填滿整個影片區域。

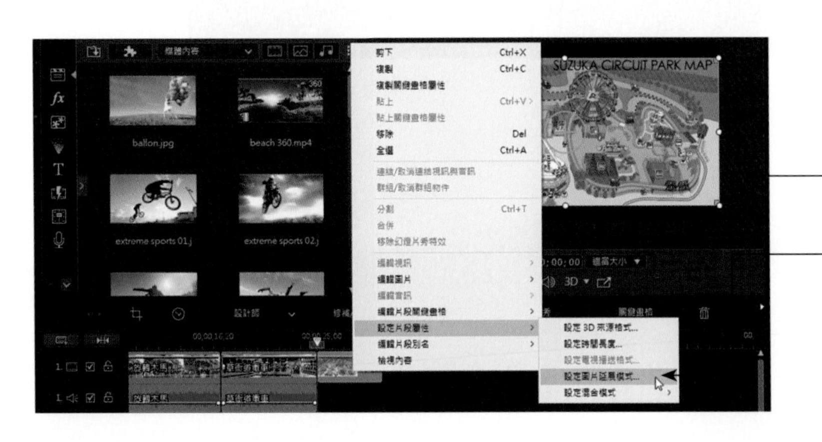

素材並非滿版

按右鍵執行「設定片段屬性 / 設定圖片延展模式」指令

➢ 自由落體 .mp4、天空飛行家 .mp4、飄移高手 .mp4：縮小尺寸，分別放在左上方、正下方、與右上方三個地方。

10-2 視訊影片編修

素材位置排定後，接下來要說明如何做靜音處理、影片修剪、以及如何做視訊顯示比例的調整，讓畫面呈現較佳的效果。

10-2-1 視訊軌靜音處理

由於影片在拍攝時已將周遭的吵雜聲音一併錄製下來，所以在預覽影片時會覺得很吵鬧。各位可以把視訊的「音軌」取消勾選，這樣就可以把聲音關掉。如圖示：

1. 拖曳此邊界，可看到個軌道的名稱

2. 依序將 1 至 4 的「音軌」取消勾選，所有影片就沒有聲音

10-2-2 視訊顯示比例設定

第一次編輯影片時，經常發現影片大小與專案比例不相吻合，如果出現此狀況，請在影片片段上按右鍵，執行「設定片段屬性 / 設定顯示比例」指令做修改即可。

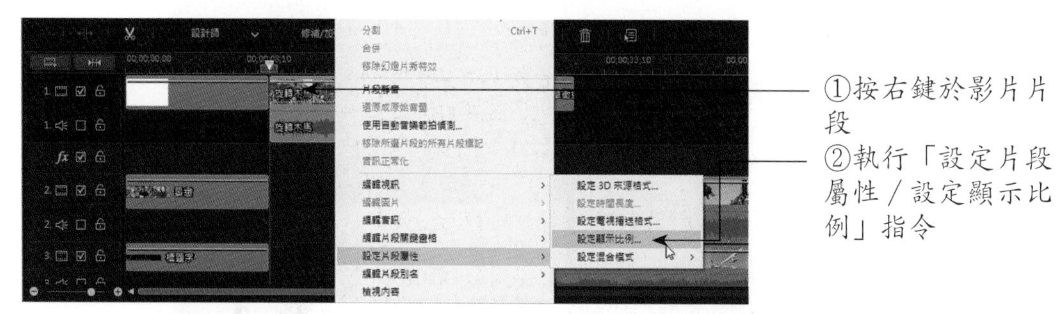

①按右鍵於影片片段

②執行「設定片段屬性 / 設定顯示比例」指令

2

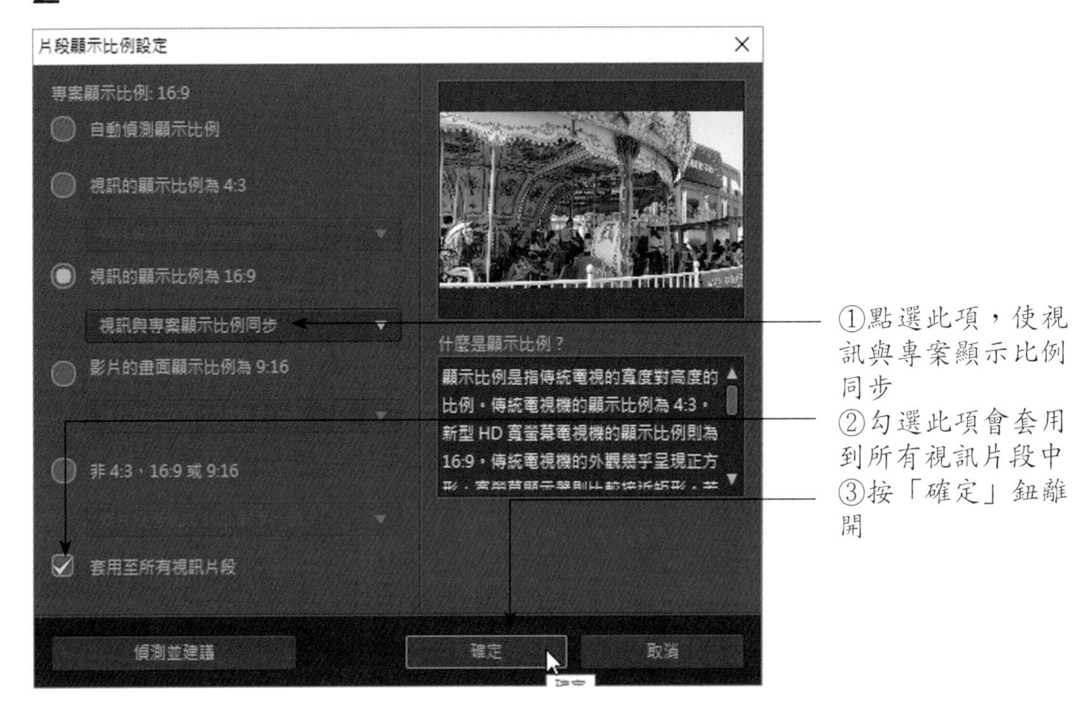

10-2-3 修剪視訊影片

在此範例中，由於三段影片的長度並不相同，因此對於較長的影片片段要進行修剪，讓三段影片能夠同時結束。

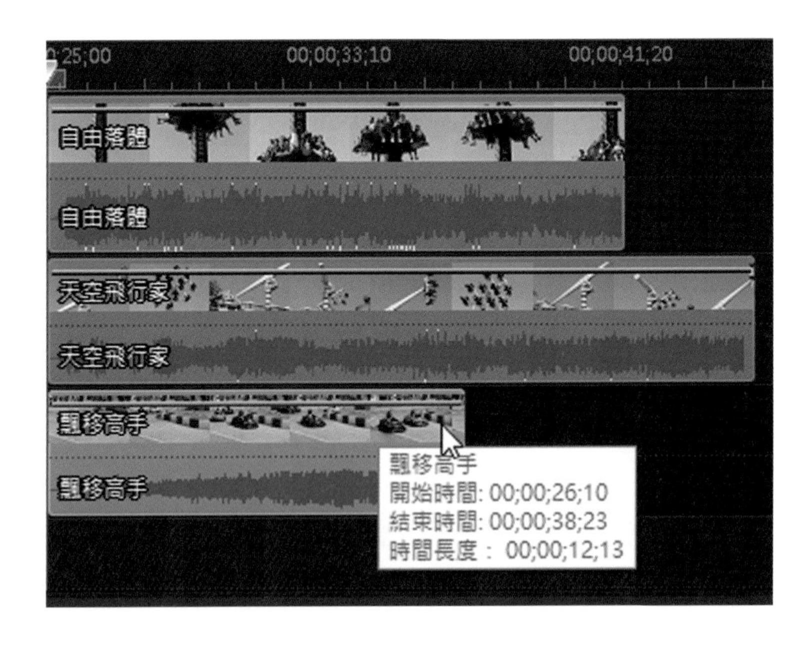

如圖所示，「飄移高手」的長度爲 12 秒 13，所以其他影片在修剪時也以此長度爲基準。

1

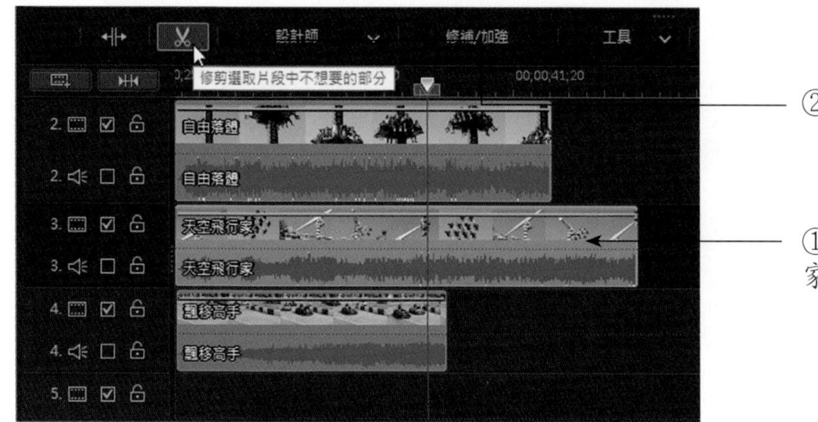

②按下此鈕進行修剪

①點選「天空飛行家」的影片片段

2

①自行調整開始處與結束點的標記，使修剪影片，讓時間長度維持在 12 秒 3

②切換到「輸出」鈕，預覽輸出後的效果

③修剪完成，按「確定」鈕離開

3

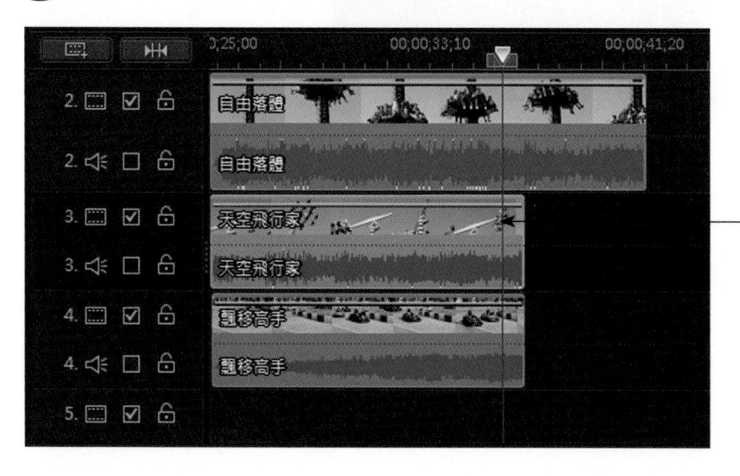

兩段影片已經同長度了

接下來依相同方式修剪「自由落體」的影片片段，同時延長「草衙道地圖」的長度，讓四個素材擁有相同的時間。

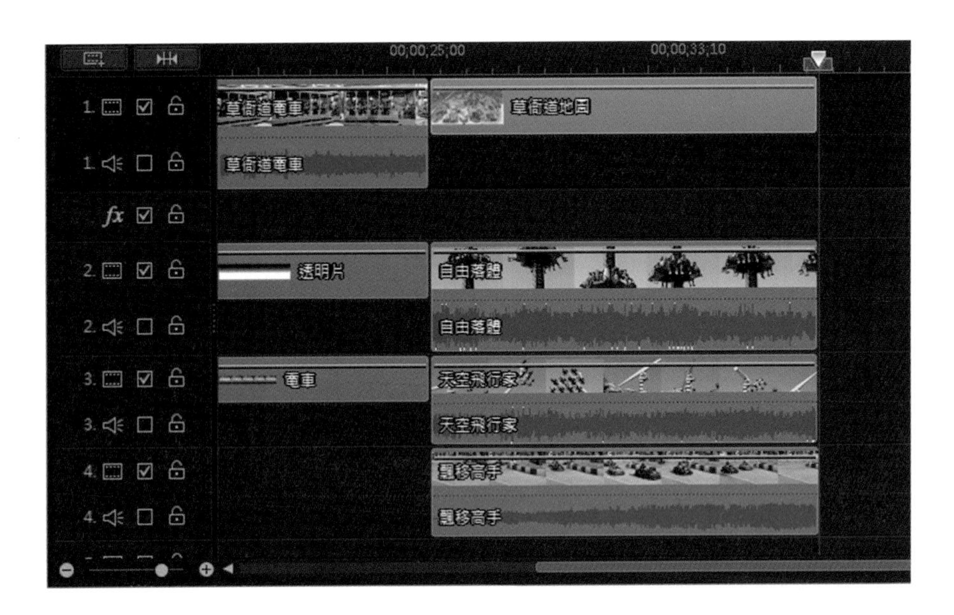

10-2-4 套用不規則造型

三段影片覆疊在地圖上，看起來像貼了膏藥一般很不美觀。現在要利用「遮罩設計師」的功能將三段影片放置在美美的遮罩之中，讓視訊影片也能以不規則的造型顯示出來。

1

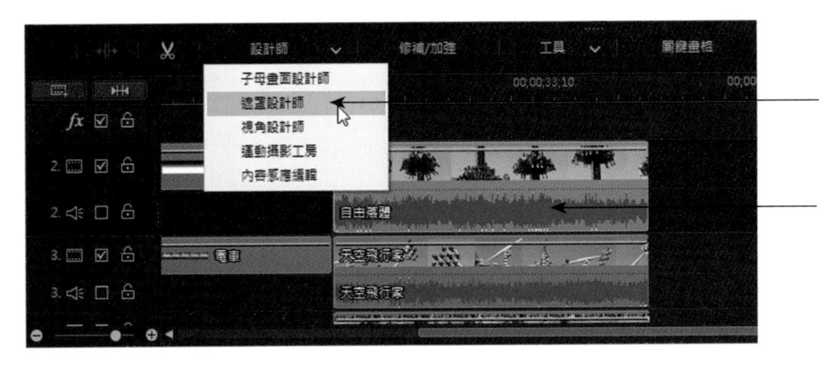

②由「設計師」鈕下拉選擇「遮罩設計師」

①點選視訊片段

2

①切換到「遮色片」標籤

③這裡已顯示套用遮罩的效果

②點選此圖樣

④按下「確定」鈕離開

3

同上方式完成另兩個視訊遮罩的設定，使顯現如圖

10-2-5 加入陰影外框

雖然視訊影片已加入美美的造型，但因爲底圖很花，所以不容易顯示出來，現在要利用「子母畫面設計師」爲視訊加入邊框與陰影，就能夠讓套上遮罩的視訊影片變強眼了。

1

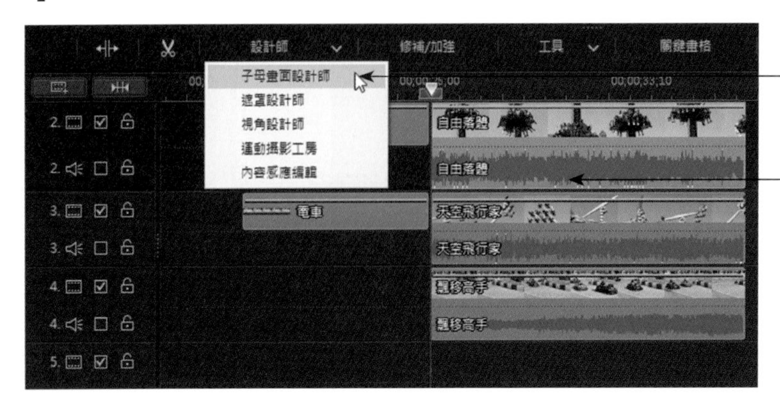

②下拉選擇「子母畫面設計師」功能
①點選影片片段

2

②勾選「陰影」，並設定模糊程度與陰影方向
③顯示加入外框與陰影的效果
①勾選「外框」選項
④按「確定」鈕離開

3

同上步驟完成另兩個視訊影片的設定

10-3 片頭頁面設計

片頭是影片最開始的畫面，最能吸引觀賞者的目光，因此片頭畫面我們採用長條狀，讓大魯閣草衙道的重要畫面能夠由右向左一直滑動過去，另外加上色調的變換，以及炫粒效果強化標題文字，讓片頭看起來亮眼繽紛，展現華麗動人的效果。

10-3-1 圖片滑動效果

前面我們已經把長條狀的「景緻」圖片放大並排列在第二視訊軌上，現在要利用「關鍵畫格」的「片段屬性」功能來設定圖片由右向左滑動。

1

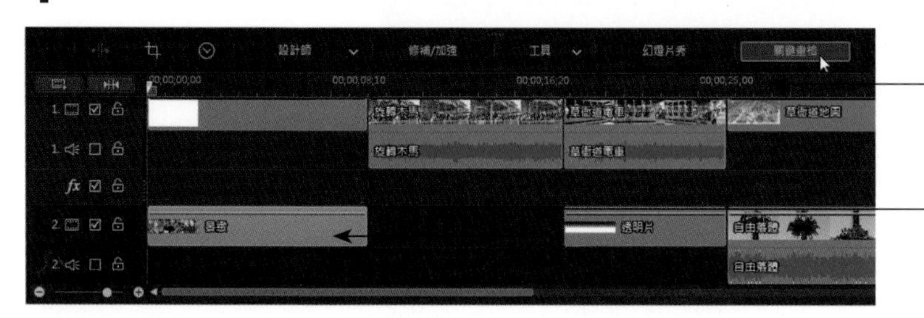

②按下「關鍵畫格」鈕

①點選「景緻」片段

2

②在「位置」處按此鈕加入關鍵畫格

①播放磁頭移到影片片段的最前端

3

②按此鈕使加入關鍵畫格

③將畫面由右向左拖曳，使出現綠色的移動路徑

④按下「播放」鈕就可以看到圖片滑動的效果

①播放磁頭移到最後

除了片頭的圖片滑動外，在草衙道電車的部分也有「電車」由右向左移動的效果，請自行依同樣方式作前後兩個關鍵畫格的設定。如圖示：

2. 加入前後兩個關鍵畫格

3. 將電車作移入的動作，使顯現如圖

1. 點選「電車」

10-3-2 變換圖片色調

設定完圖片的滑動後，接著要利用「關鍵畫格」的「修補／加強」功能來變更圖片的色調。

1

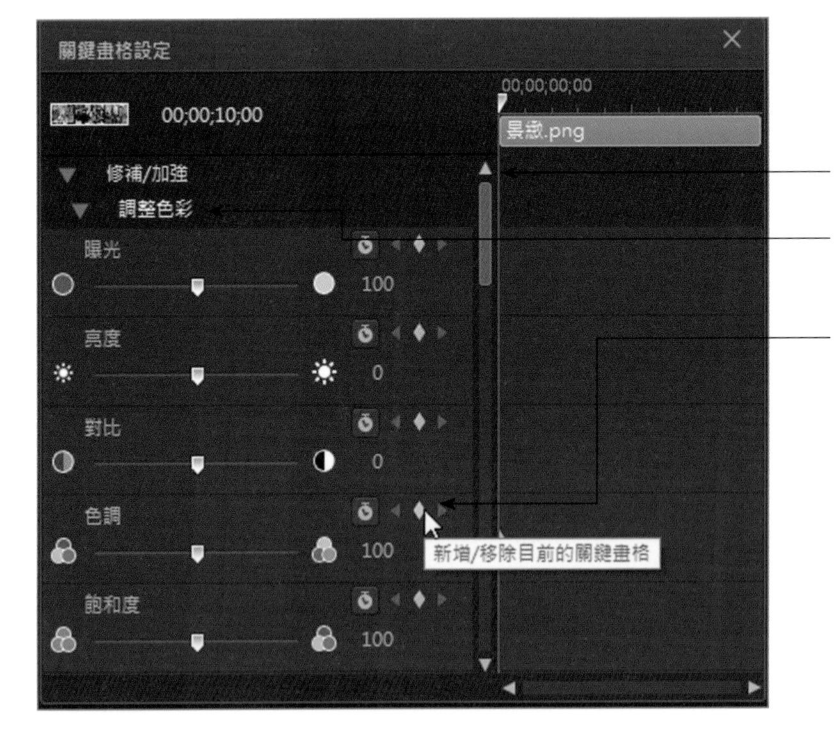

①播放磁頭放在最前方

②切換到「修補／加強」下層的「調整色彩」

③在「色調」處按下此鈕加入關鍵畫格

2

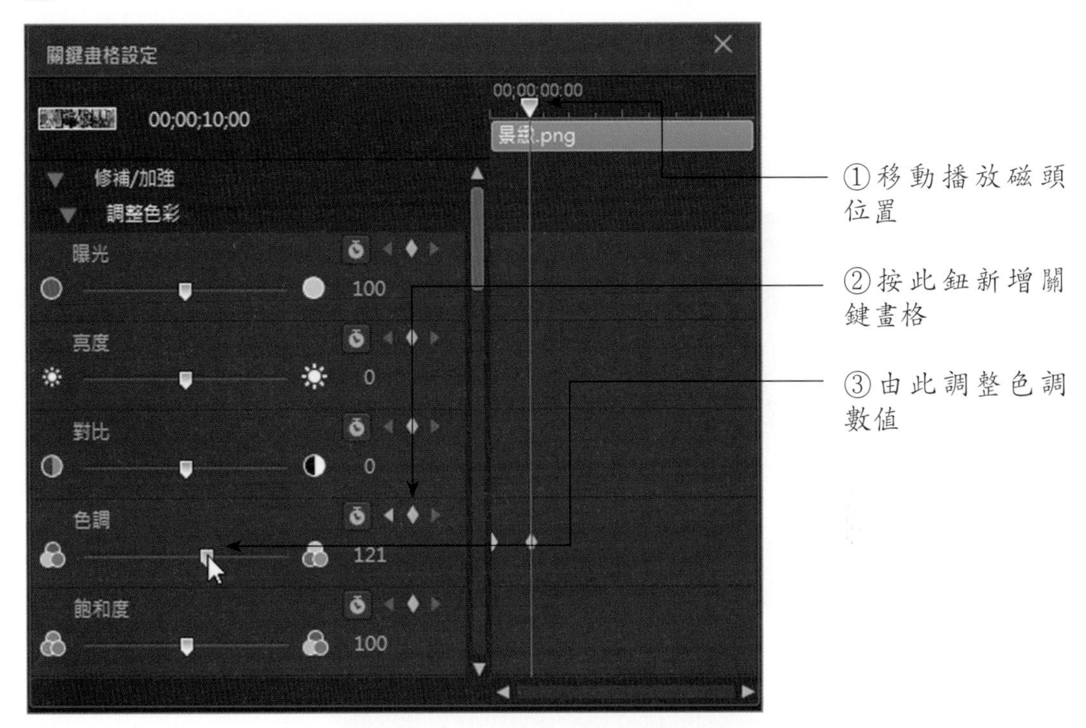
關鍵畫格設定
00;00;10;00
00;00;00;00
景惑.png
修補/加強
調整色彩
曝光
100
亮度
0
對比
0
色調
121
飽和度
100
①移動播放磁頭位置
②按此鈕新增關鍵畫格
③由此調整色調數值

3

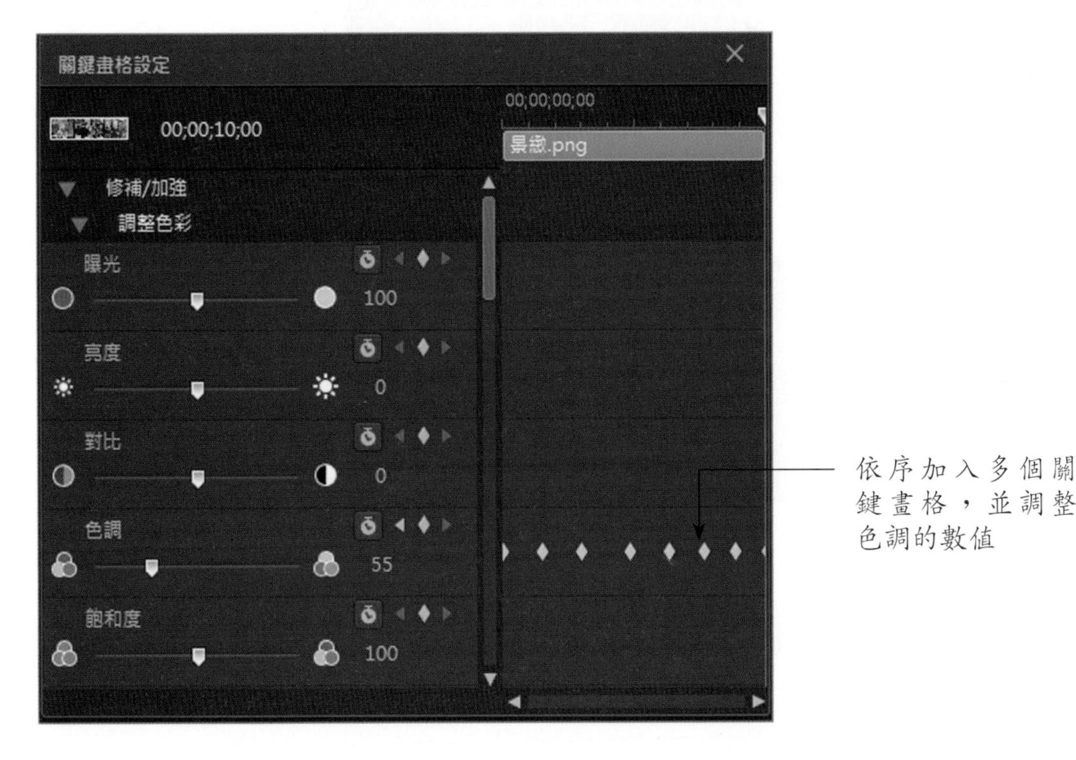
關鍵畫格設定
00;00;10;00
00;00;00;00
景惑.png
修補/加強
調整色彩
曝光
100
亮度
0
對比
0
色調
55
飽和度
100
依序加入多個關鍵畫格，並調整色調的數值

10-3-3 加入標題字的框線陰影

在標題部分，我們同樣要透過「子母畫面設計師」來為標題加入白色框線與陰影，使文字變強眼。

1

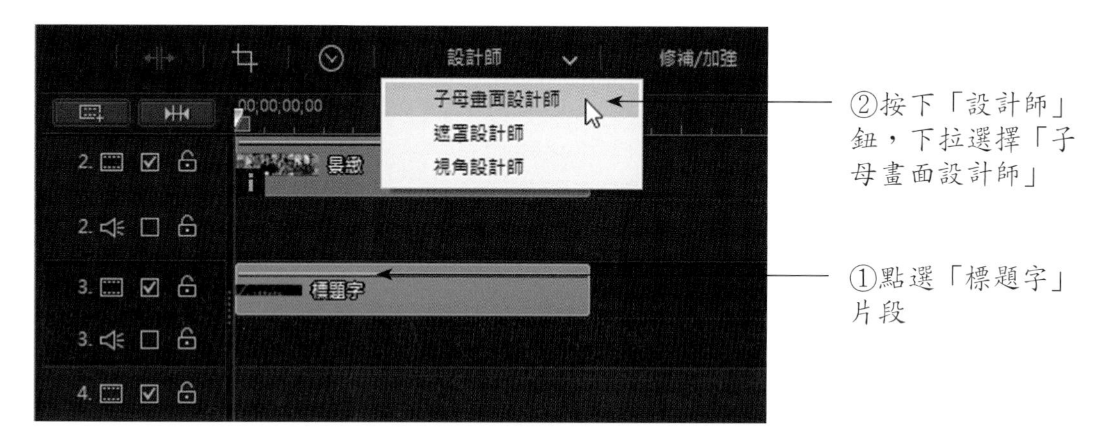

2

10-3-4 加入炫粒特效

要建立專屬的炫粒特效，請切換到「炫粒工房」 。

1

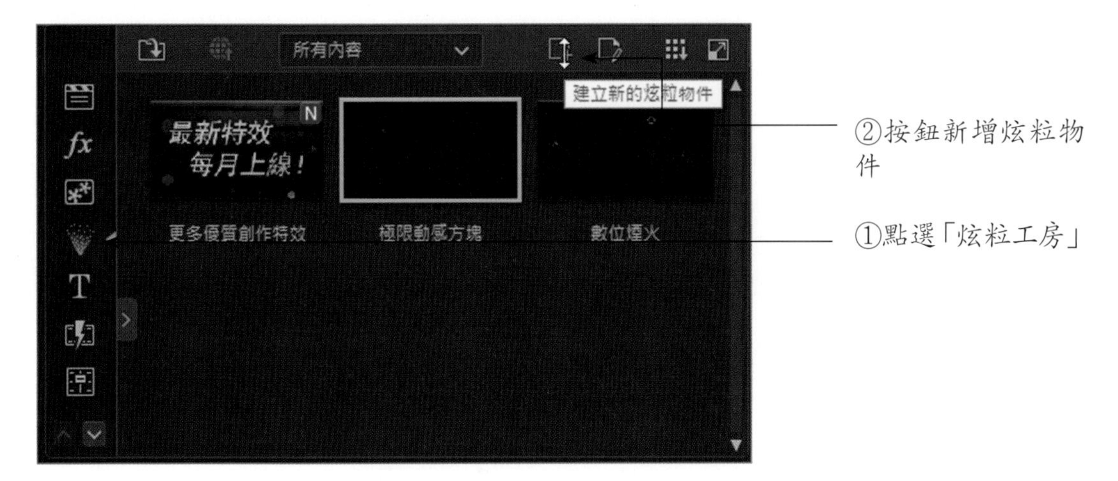
所有內容
建立新的炫粒物件
最新特效
每月上線！
更多優質創作特效
極限動感方塊
數位煙火
②按鈕新增炫粒物件
①點選「炫粒工房」

2

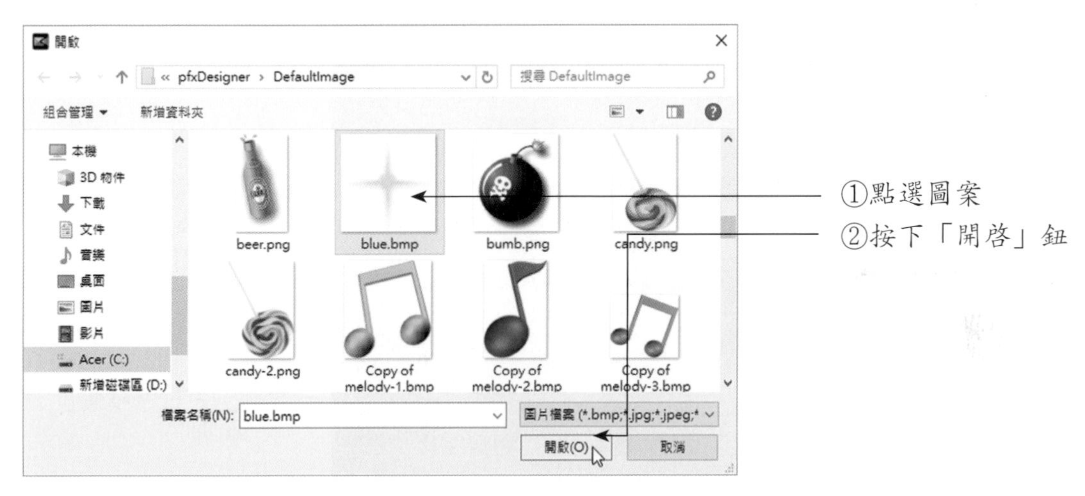
開啟
pfxDesigner › DefaultImage
搜尋 DefaultImage
組合管理
新增資料夾
beer.png
blue.bmp
bumb.png
candy.png
candy-2.png
Copy of melody-1.bmp
Copy of melody-2.bmp
Copy of melody-3.bmp
檔案名稱(N): blue.bmp
開啟(O)
取消
①點選圖案
②按下「開啟」鈕

3

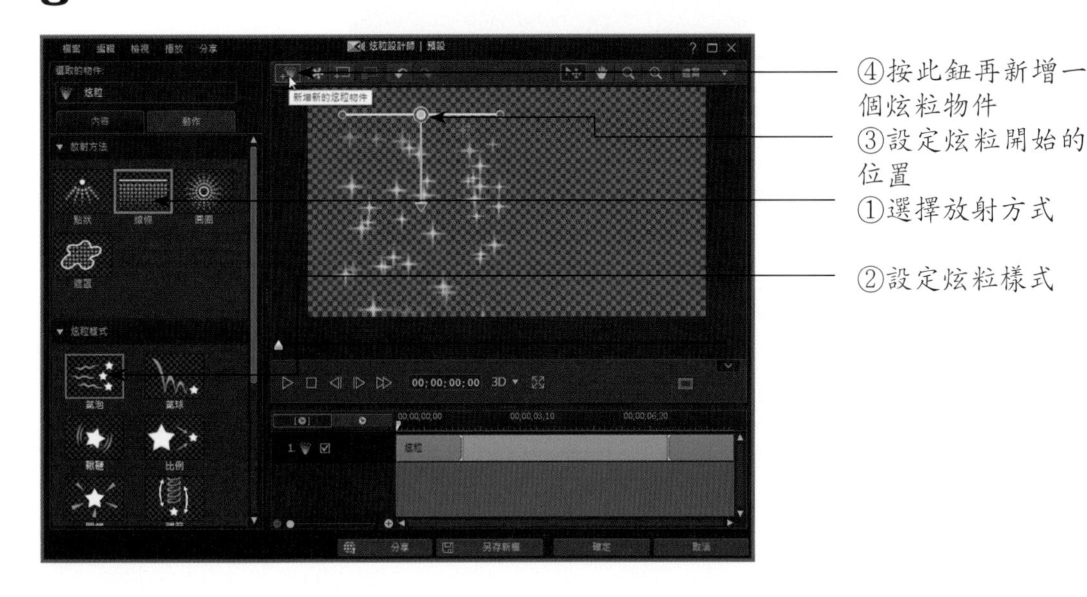
④按此鈕再新增一個炫粒物件
③設定炫粒開始的位置
①選擇放射方式
②設定炫粒樣式

4

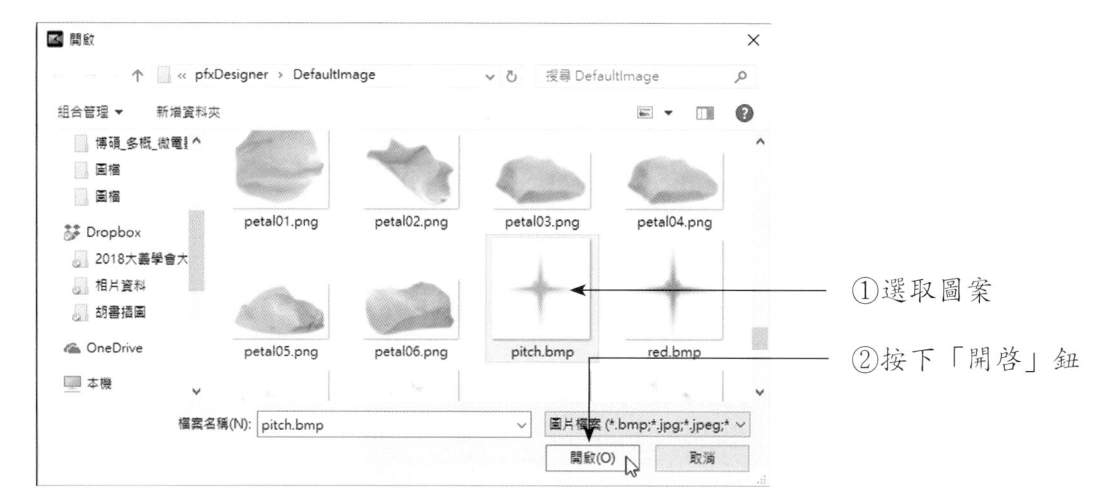
開啟
pfxDesigner › DefaultImage
組合管理
新增資料夾
petal01.png
petal02.png
petal03.png
petal04.png
petal05.png
petal06.png
pitch.bmp
red.bmp
Dropbox
OneDrive
本機
檔案名稱(N): pitch.bmp
開啟(O)
取消
①選取圖案
②按下「開啓」鈕

5

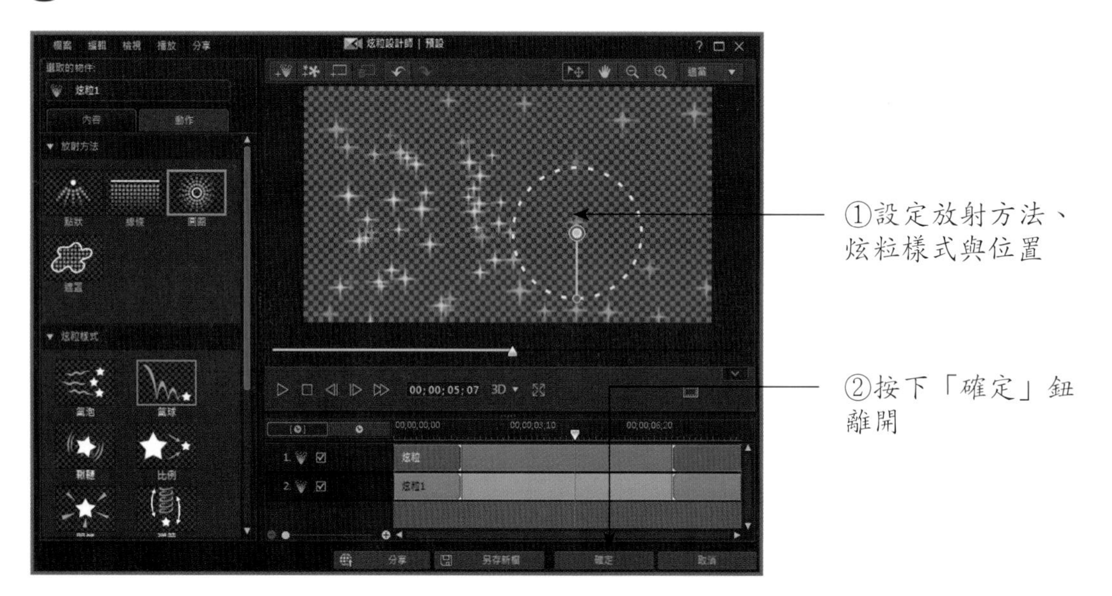
①設定放射方法、炫粒樣式與位置
②按下「確定」鈕離開

6

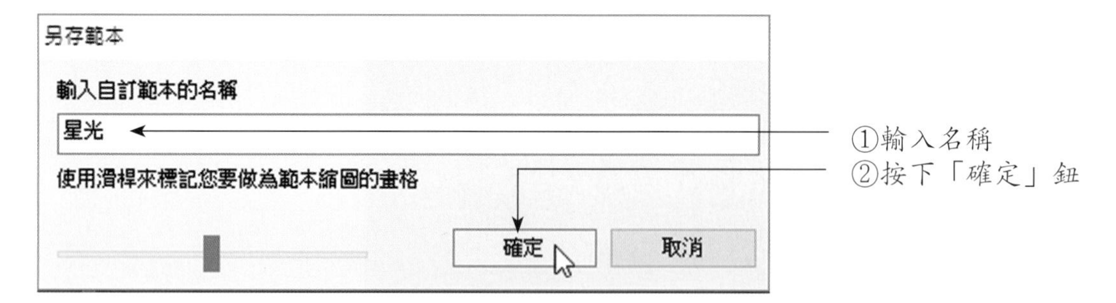
另存範本
輸入自訂範本的名稱
星光
使用滑桿來標記您要做為範本縮圖的畫格
確定
取消
①輸入名稱
②按下「確定」鈕

7

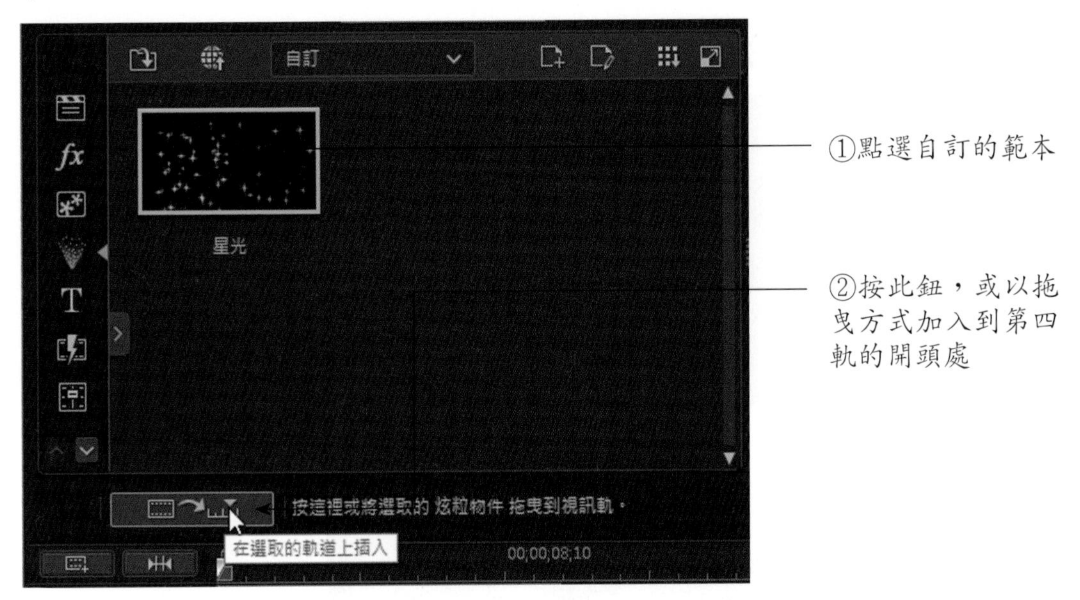

10-4 加入轉場特效

場景與場景之間的轉換，也是增加動態效果的一種方式，請切換到「轉場特效工房」，我們將加入與修改轉場特效行為。

1

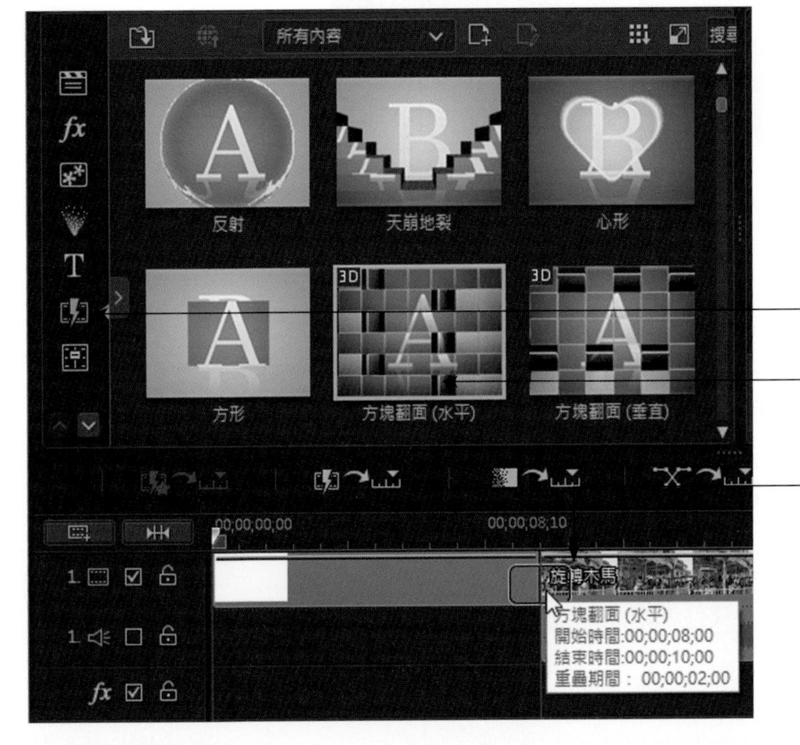

2

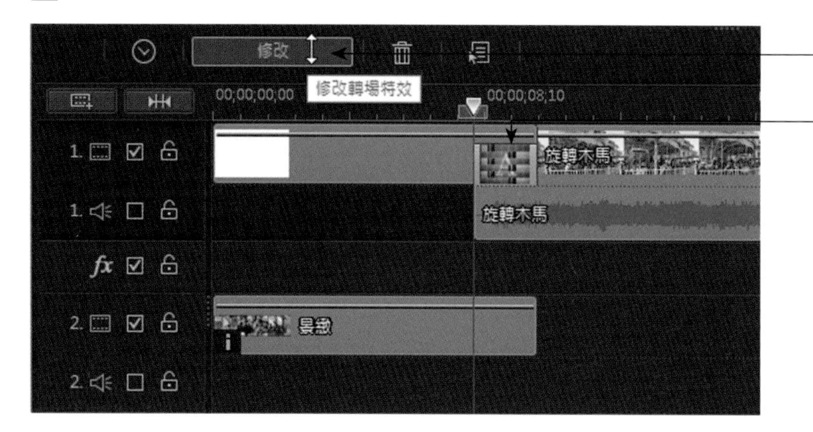

②按此鈕進行轉場特效的修改

①預設值將顯示爲如圖的重疊效果

3

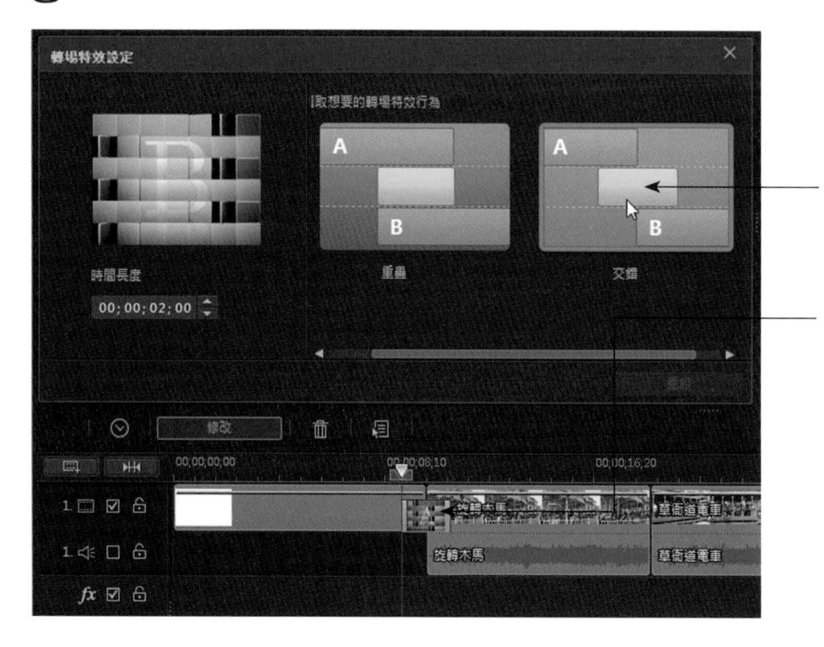

①點選「交錯」的轉場特效行爲

②變更完成，轉場圖示顯示在兩個影片片段之間

接下來自行加入喜歡的轉場效果至各場景的交接處。

10-5 旁白與配樂

影片編排完成後，最後就是錄製旁白說明與搭配合適的背景音樂。請各位將麥克風準備好並與電腦連接，我們將透過即時配音錄製工房來錄製旁白，再到 DirctorZone 網站下載適合的音樂片段來當作背景音樂。

10-5-1 錄製旁白

請將「文字介紹 .TXT」文件準備好，我們將透過麥克風來錄製此段說明稿。

1

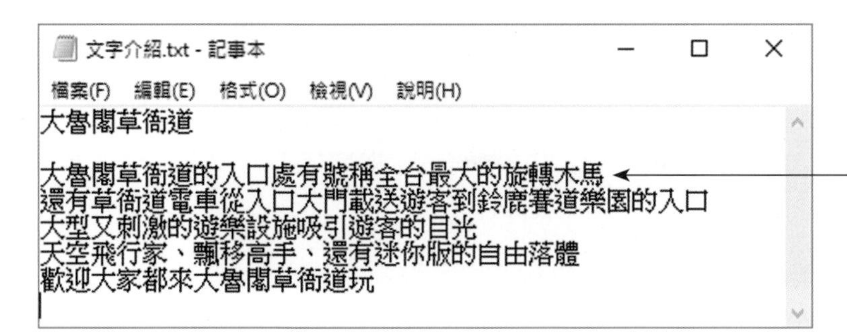

開啓文件稿，放置在預覽視窗上方

2

②調整音量大小

①切換到「即時配音錄製工房」

④按此鈕開始對著麥克風錄音

③播放磁頭移到最前方

3

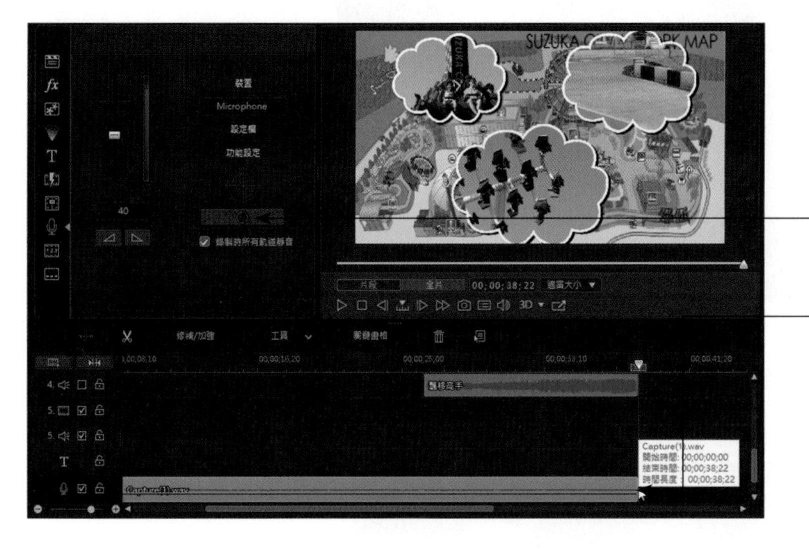

①唸完文稿後，按此鈕停止錄製

②語音旁白錄製完成，請修剪音檔後方的空白

如果不滿意錄製的結果，選取音檔刪除後再重新錄製即可。另外，若是覺得錄製的聲音太小聲，可以按右鍵於音訊軌，執行「編輯音訊／音訊編輯器」指令後，點選「動態範爲壓縮」，再將「輸出增益」的數值加大就可搞定。聲音檔經「音訊編輯器」調整後，會在音訊素材上顯現 i 的圖示。

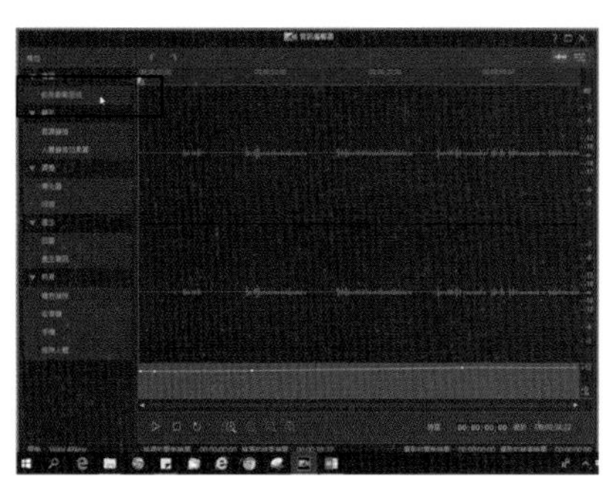

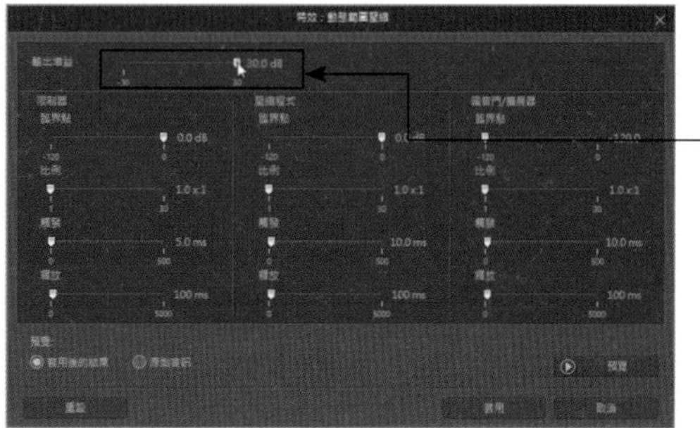

由此調整音量大小

10-5-2 下載背景音樂

範例的最後，我們將到 DirctorZone 網站下載合適的背景音樂來搭配，請切換到「媒體工房」 進行音效的下載。不過下載背景音樂必須先登入會員帳號才可以下載喔！

1

①按下「匯入媒體」鈕

②下拉選擇「從 DirctorZone 下載音效片段」

2

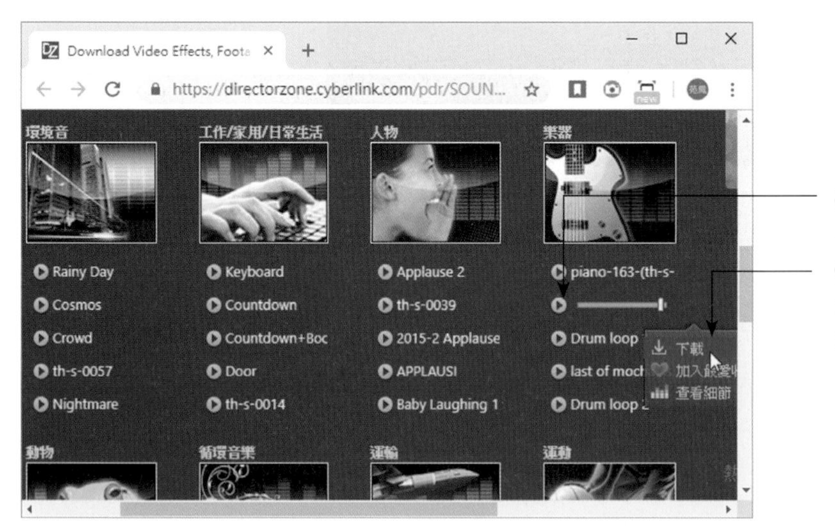

①按播放鈕可試聽音樂

②覺得不錯，按後方的下拉鈕，並選擇「下載」指令

3

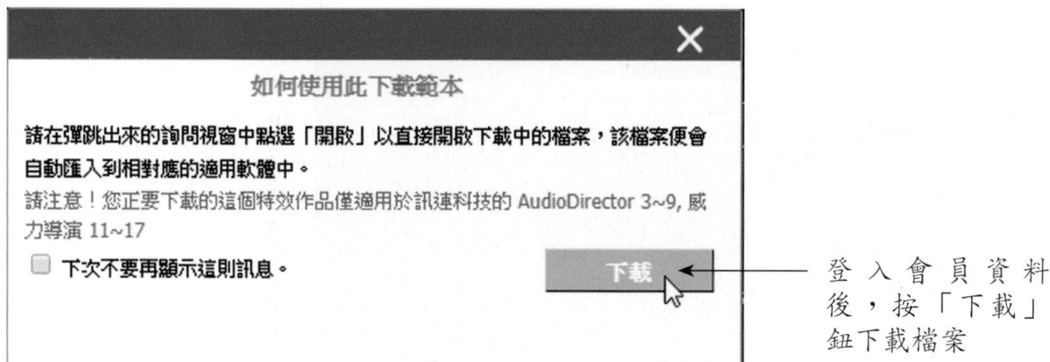

登入會員資料後，按「下載」鈕下載檔案

4

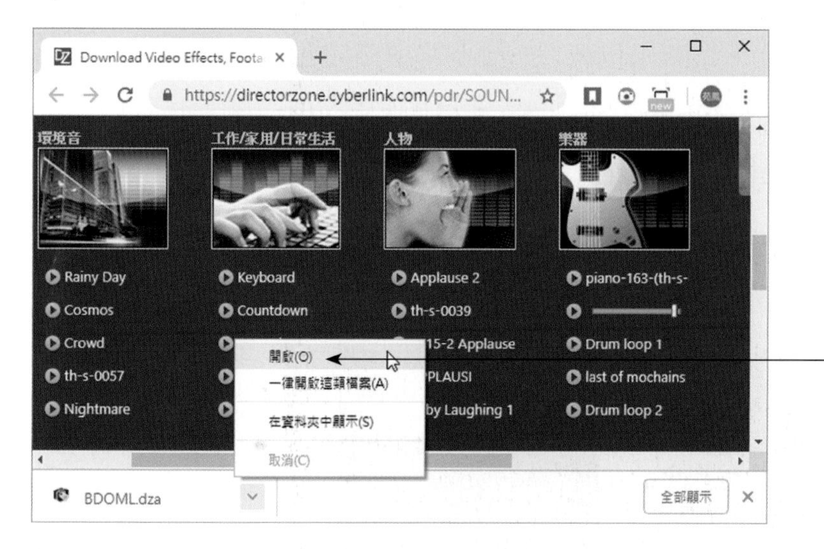

下載完成，選擇「開啓」

5

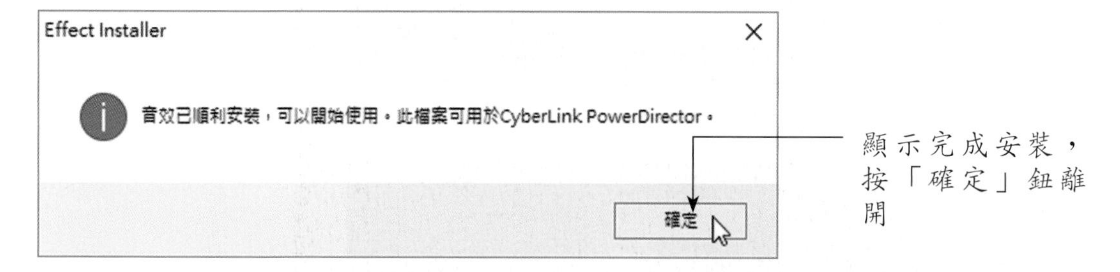

顯示完成安裝，按「確定」鈕離開

6

10-5-3 加入背景音樂

音檔下載後，現在準備將它拖曳到配樂軌中，不夠長時就利用「複製」與「貼上」功能來串接，多餘的部分則進行修剪的工作。

1

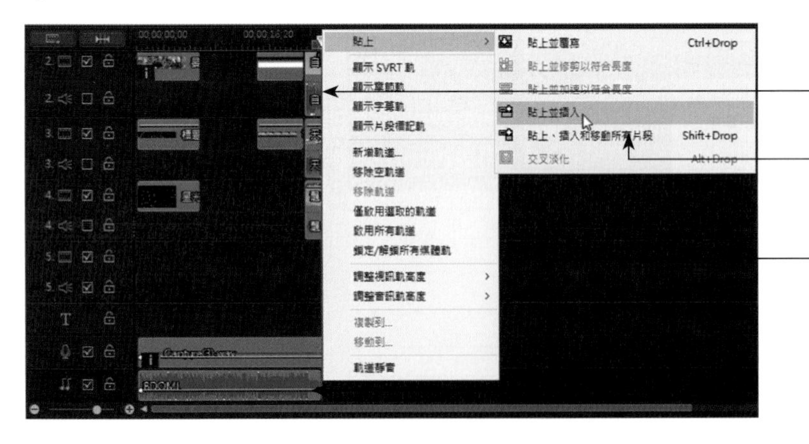

2

10-5-4 調整旁白與音樂音量

配音和配樂都加入之後，若是發現旁白聲音很小，配樂聲音很大，可以透過「音訊混音工房」來加大旁白聲音，減小音樂音量。以調整配樂的音量爲例，這裡示範將音量降低。

1

③將此滑鈕下移，使背景音樂變小聲，直到視訊播放完畢

①播放磁頭放在最前端

②按下「播放」鈕

2

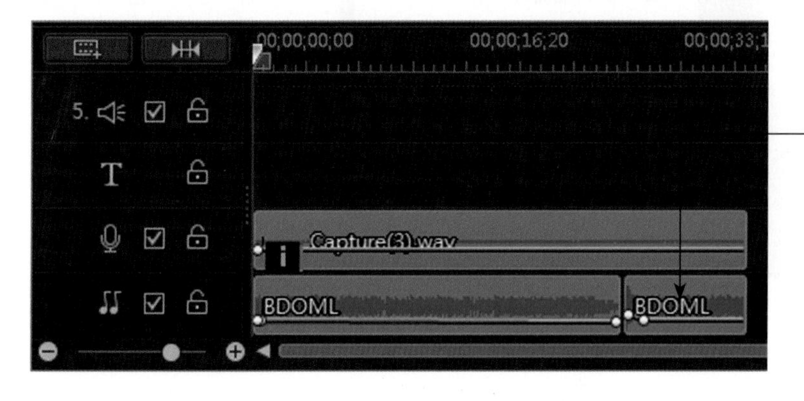

播放完畢，就會發現聲波明顯變小

10-6 輸出與上傳影片

製作完成的視訊影片可以直接上傳到 YouTube 網站，方便更多人觀看。要輸出影片請切換到「輸出檔案」步驟，由「線上」標籤中選擇「YouTube」按鈕，接著執行下面的步驟就可大功告成。

1

①在「線上」標籤中點選「YouTube」按鈕

②設定檔案類型、標題、說明、標籤、類別等資訊

③按此鈕設定影片匯出位置

④按下「開始」鈕進行輸出

2

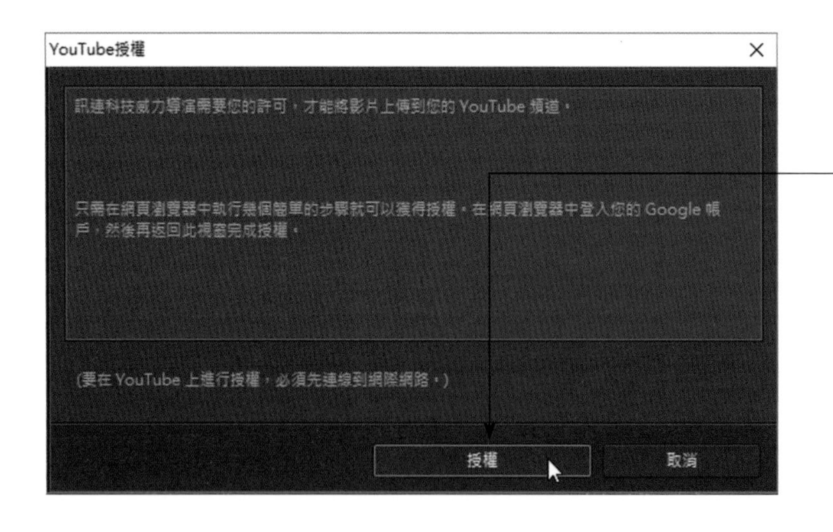

按下「授權」鈕允許 CyberLink 存取你的 Google 帳户，並輸入帳號與密碼

3

①登入成功後，開始進行影片輸出的動作

②輸出完成，按此鈕查看你的 YouTube 視訊

4

影片上傳成功

【課後習題】

1. 請試著簡述微電影（Micro film）的特點。
2. 請簡述如果以威力導演來製作一部小型微電影，在實作的過程中大概包括哪些工作項目。
3. 在威力導演視訊剪輯軟體中如何要調整素材時間長度，必須透過哪一個指定來進行修正？
4. 在威力導演視訊剪輯軟體中如何設定視訊顯示比例？

第十一章　3DS Max動畫速繪輕課程

11-1　基本操作功能簡介

11-2　輔助工具

11-3　基本物件建立

3DSMax 爲 Autodesk 公司所生產之 3D 電腦繪圖軟體。功能涵蓋模型製作、材質貼圖、動畫調整、物理分子系統及 FX 特效功能等。應用在各個專業領域中，如電腦動畫、遊戲開發、影視廣告、工業設計、產品開發、建築及室內設計等，爲全領域之開發工具。

3DSMax 已經歷數次改版，每次改版在功能上都有令人驚豔之亮麗表現。以下就 3DSMax 之功能及基本操作做一介紹。

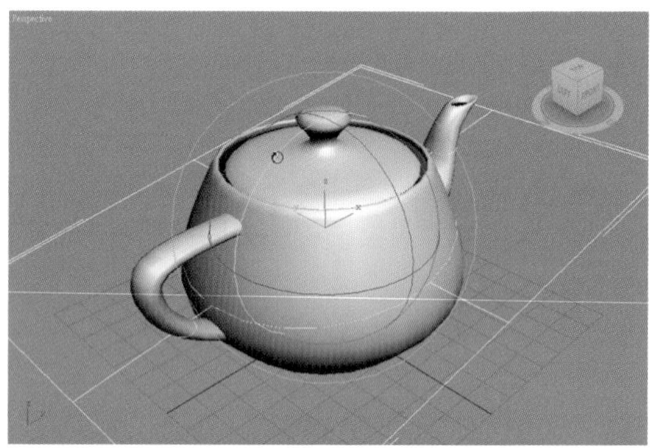

3DSMax 的精彩繪圖效果

11-1 基本操作功能簡介

3DSMax 雖然經過多次改版，底下爲 3DSMax 的操作介面：

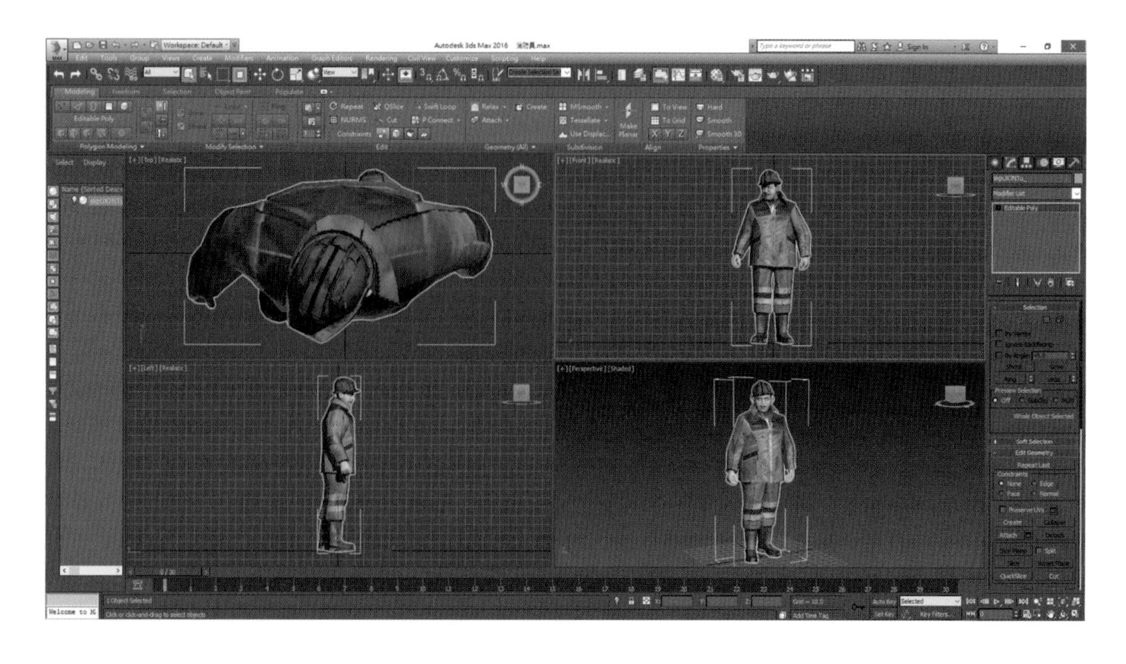

3dsmax2016 操作介面

3DSMax 操作介面主要可分爲以下幾個區域：

1. 左側爲場景瀏覽器，顯示場景中的物件及提供快速選取的功能。

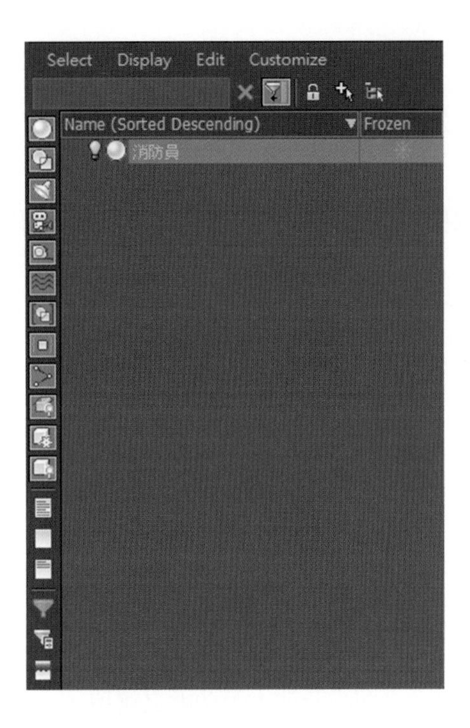

2. **快速存取工具列**：將常用的檔案管理獨立成一工作列。

3. **資訊中心**：可在此連線到網路中獲取相關資訊。

4. **下拉式功能表**：包含了大部分3DSMax使用到的工具及功能，均以文字顯示之方式呈現。

5. **快速功能列**：此工具列將經常會使用到的功能集中在一工具列上，令使用者能快速的點選所需的功能與工具。例如移動（Move）、旋轉（Rotate）、縮放（Scale）及編輯器等等。

6. **命令面板**：3DSMax 主要的建構及編修指令均放置在此面板中。六大面板分別為 Create（創造）、Modify（修改）、Hierarchy（階層）、Motion（動態）、Display（顯示）、Utilities（公用程式）。

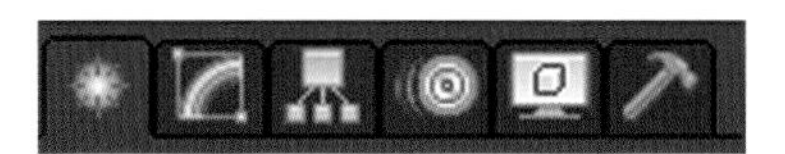

7. **物件種類**：在建立面板中，根據不同物件的屬性做分類。如幾何物件、曲線物件及燈光、虛擬物件等。

8. **捲簾**：在 3DSMax 命令列中指令工具會依性質做分類，每個分類可以依需求藉由捲簾展開、收合或調整位置。

9. **視窗控制**：可調整整個畫面之縮小及放大等功能之選項。

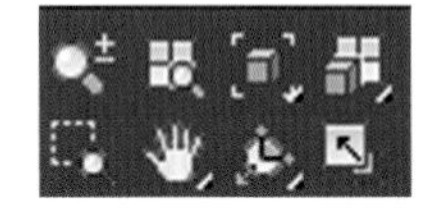

10. **動畫控制選項**：包括關鍵點的建立方式及時間播放等功能。

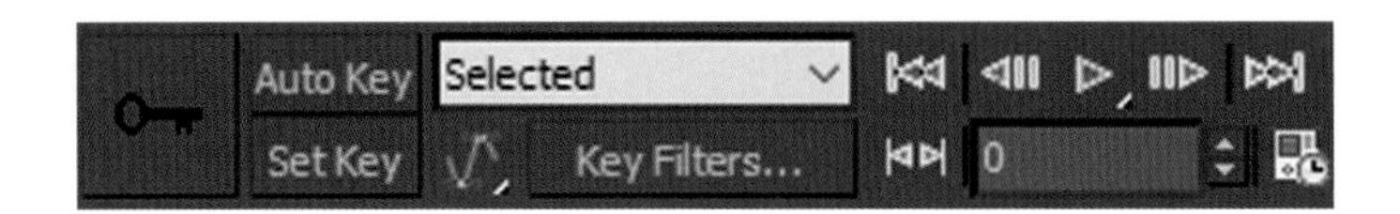

11. **狀態列**：可顯示物件目前之狀況及空間座標等相關資訊。

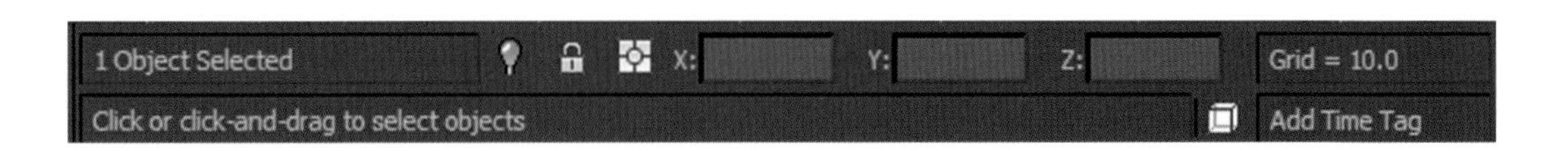

12.**腳本程式輸入視窗**：使用者可在此輸入自編程式腳本控制動畫物件。

```
Welcome to MAXScript.
```

13.**時間控制拉桿**：控制動畫長度工具及時間顯示。預設長度為 100Frame。

14.**工作區域**：3DSMax 有關角色（Model）之製作、動畫（Animation）之設定甚至燈光、攝影機及質感之調整均在此區域進行。

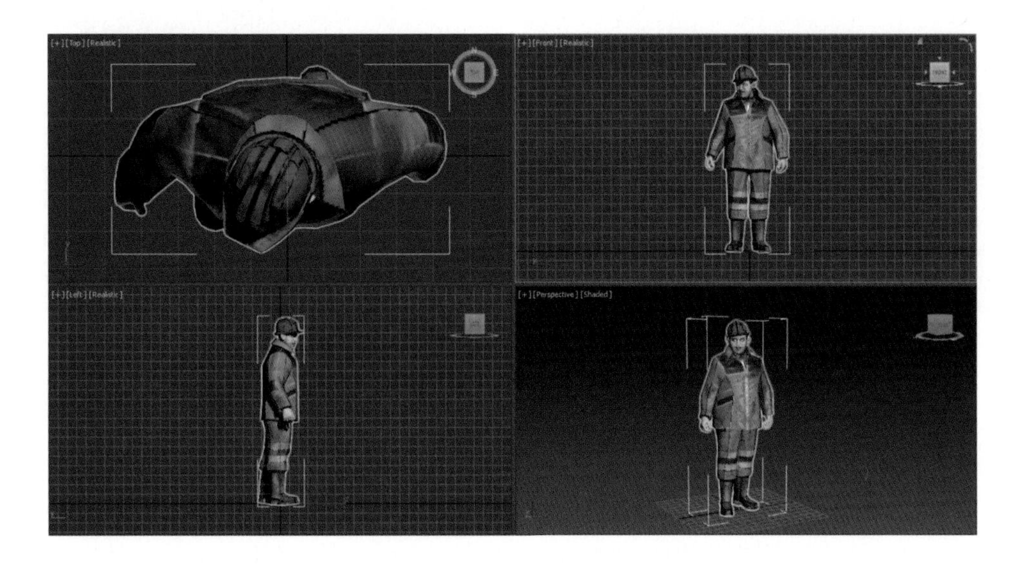

11-1-1 物件的建立

初學者在開始接觸 3DSMax 時經常會遇到一個問題，就是要如何開始建立角色或是物件，這問題讓許多對 3D 有興趣的人受到不少的挫折。事實上，3D 建模就跟畫漫畫的概念是一樣的，首先先繪製出角色的基本輪廓，接著根據所要繪製角色的特徵做細部的修改與調整，最後依需要填色或是上質感，就可以將所要製作的角色或物件製作出來。3DSMax 在物件的建立也提供了多個選擇，包含基礎幾何物件的建立、2D 曲線的建立、混合物件的建立、Patch 物件、NURBS 及 AEC 物件等。使用者可依需要進行選取。

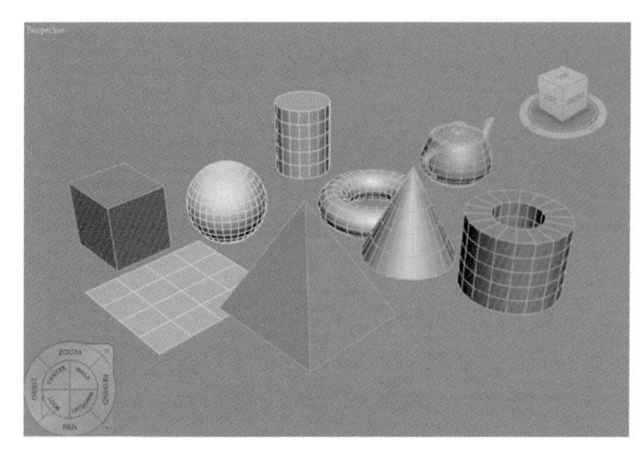

基礎幾何物件

2D 曲線

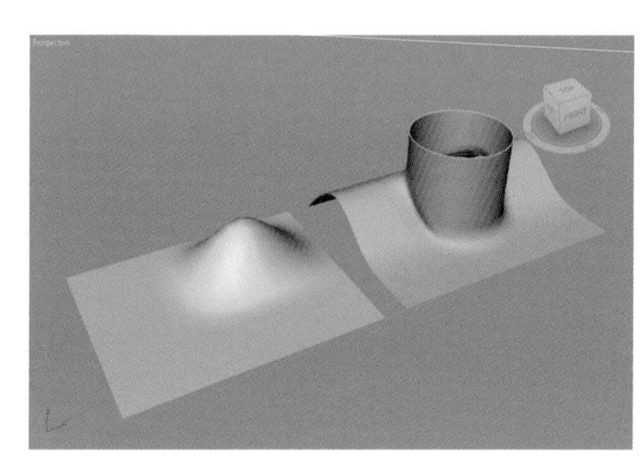

Patch 與 NURBS 物件

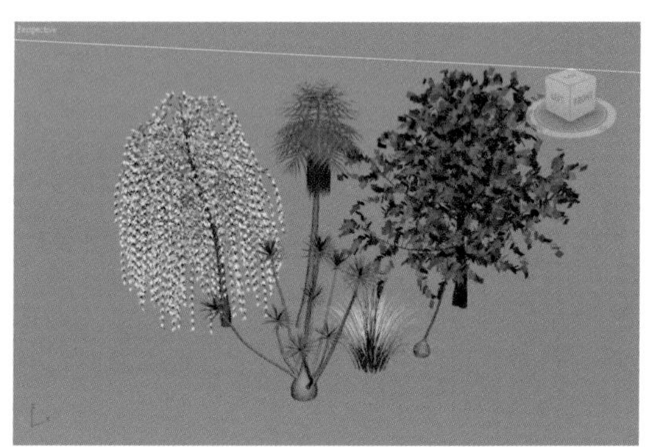

AEC 物件

11-1-2 物件的製作

物件的編輯上可簡單分爲建模及塑模兩種方式。建模指的是利用既定的方式做參數上的調整，即可建立 3D 模型的過程，如 Lathe（仿造）、Extrude（擠出）、Loft（剖面成型）等方式。塑模指的是利用 Move（移動）、Rotate（旋轉）、Scale（縮放）來編輯 3D 物件之 Vertex（點）、Edge（線）、Face（面）將物件外形類似雕刻的方式製作出來的一種過程。3DSMax 在相關的指令與工具提供了完整功能與支援。

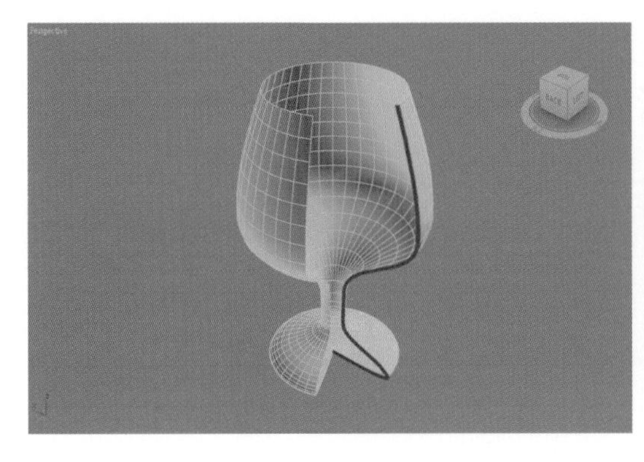

Lathe（仿造）

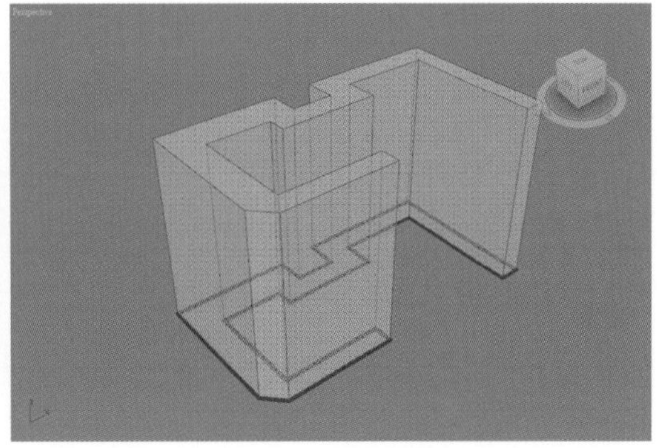

Extrude（擠出）

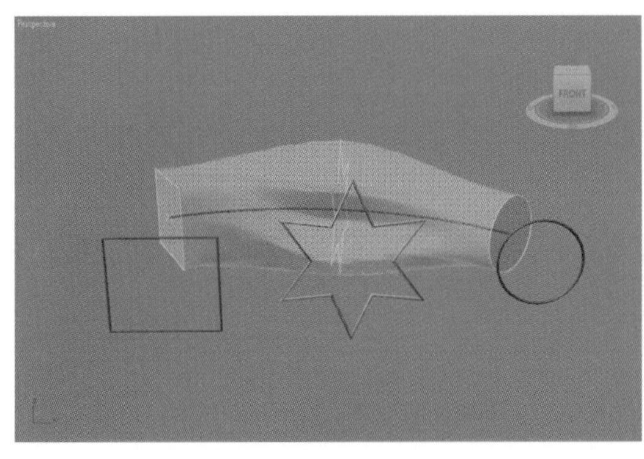

Loft（剖面成型）

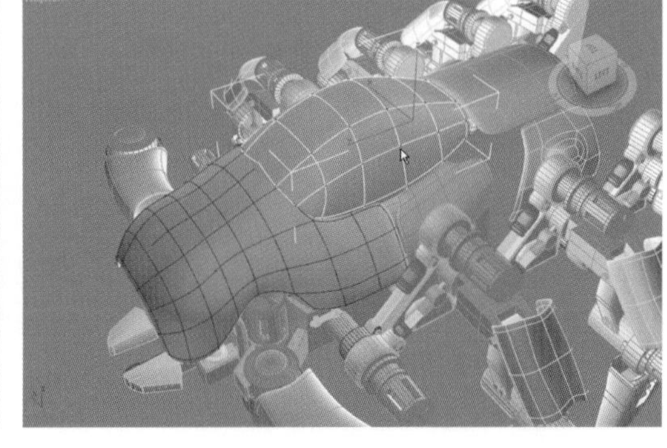

Edit Poly 表面編輯

11-1-3 變形功能

可將選取的 Polygon 模型進行 Bend（彎曲）、Twist（扭轉）、Noise（雜訊）、Taper（漸變）、Skew（傾斜）及 Wave（波浪）等變形動作。也可針對選取的元素進行變形等動作。

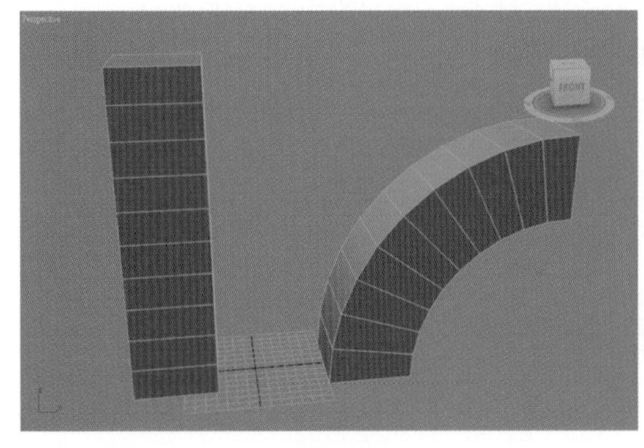

Bend（彎曲）

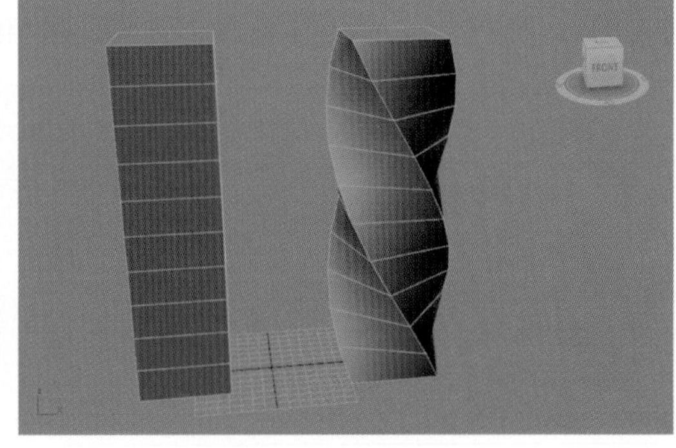

Twist（扭轉）

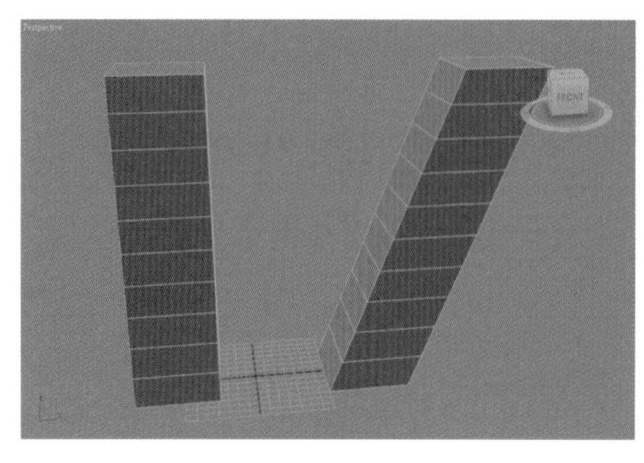

Skew（傾斜）

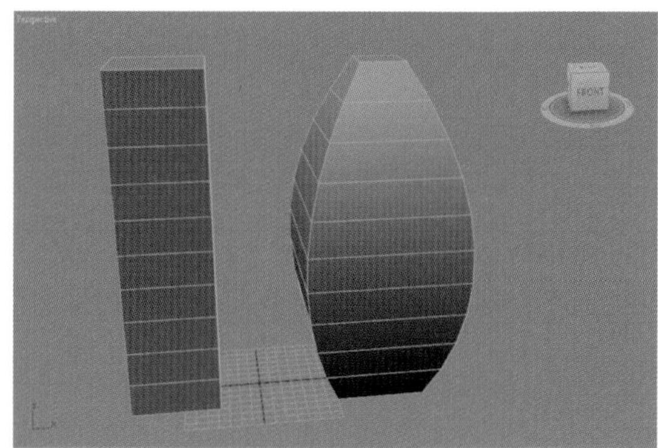

Taper（漸變）

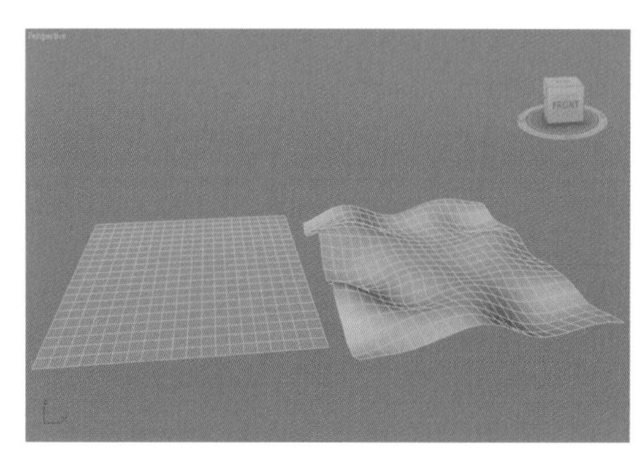

Noise（雜訊）

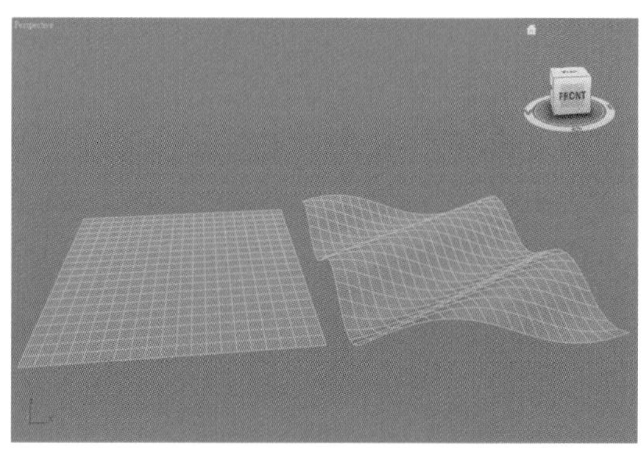

Wave（波浪）

11-1-4 表面工具

此工具可針對模型做進一步的編輯編輯與調整。如 Surface（表面）可利用 2D 線段來進行模型編輯之動作。Turbo Smooth（複雜化）將模型表面進行細切的動作，讓模型呈現更精緻化。Shell（果殼）可針對單一表面進行厚度增加之動作，在製程上能縮短許多時間。Symmetry（對稱）可將模型做鏡射之動作並自動進行焊接。

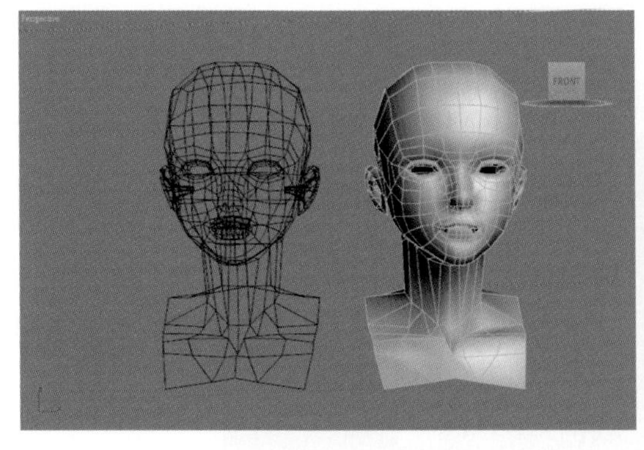

Surface（表面）

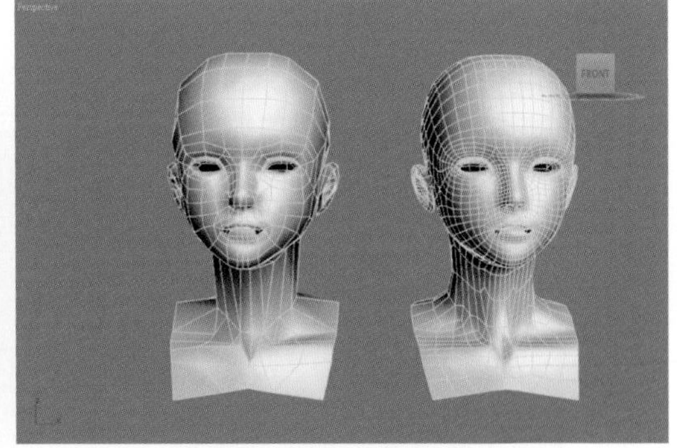

Turbo Smooth（複雜化）

Shell（果殼）

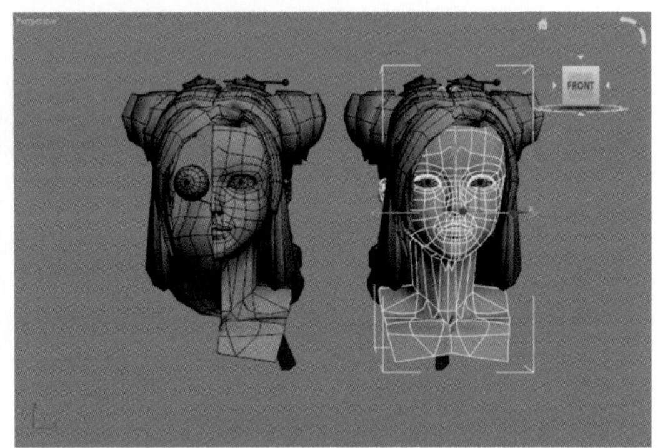

Symmetry（對稱）

11-2 輔助工具

3DSMax 爲方便使用者在編輯模型或操作上的便利，提供了數種輔助工具，例如材質編輯器、燈光輔助工具等。

11-2-1 材質編輯器

3dsmax 的材質編輯器，利用圖像化的顯示及時點選操作，讓材質編輯變得更簡單及更容易。編輯器的啓動方式，在快速功能表中點選 Material Editor，如下圖所示：

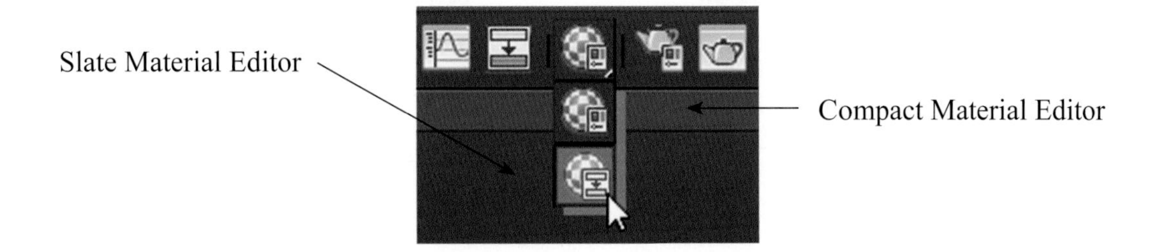

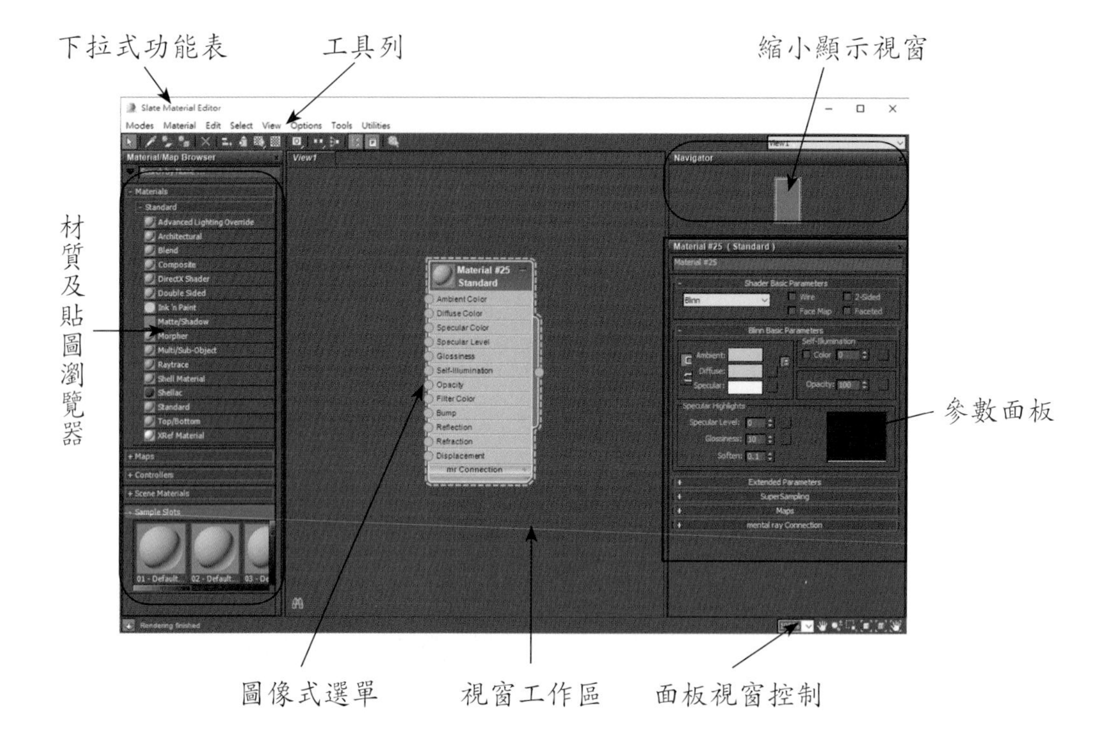

其中材質及貼圖瀏覽器：顯示可使用的貼圖、材質及相關選項以及材質庫。

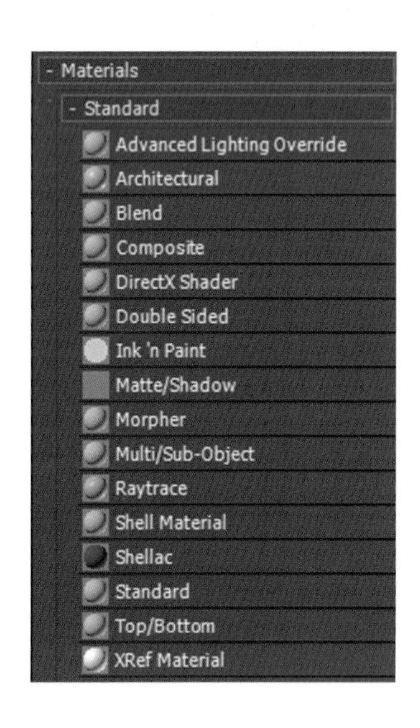

材質列表

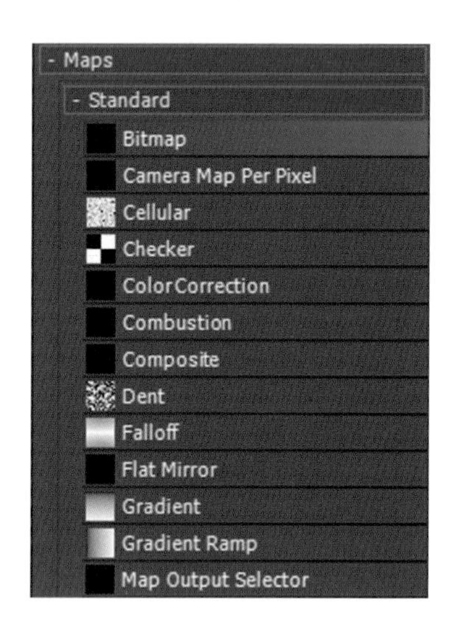

貼圖列表

動畫控制器列表

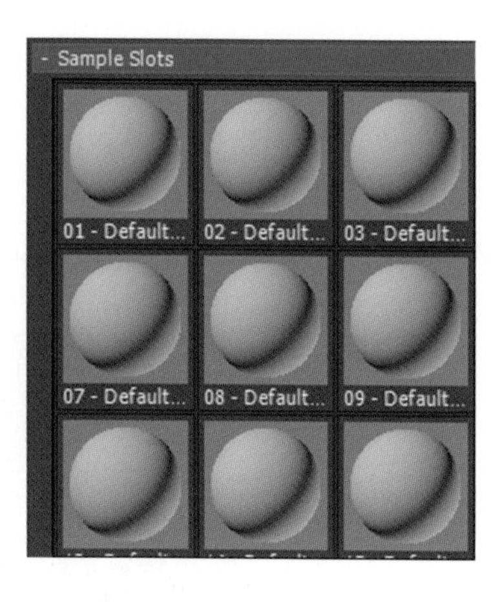

材質槽列表

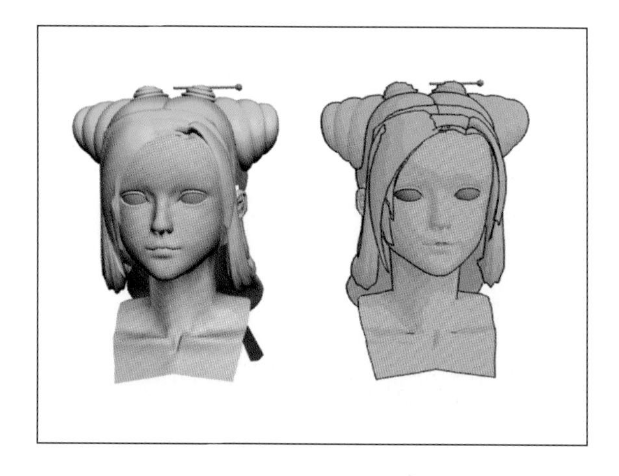

Standard 及 Ink'n Paint 材質

Mental ray 材質與貼圖

11-2-2 貼圖與拆圖指令

3DSMax 在貼圖指令上也提供完整的指令與功能。基本的貼圖軸（UVW Map）上有平面貼圖、球形貼圖、方盒貼圖等型式。另外也針對遊戲開發提供拆圖指令（Unwrap UVW）可將模型表面拆解至單一貼圖上進行編輯動作。

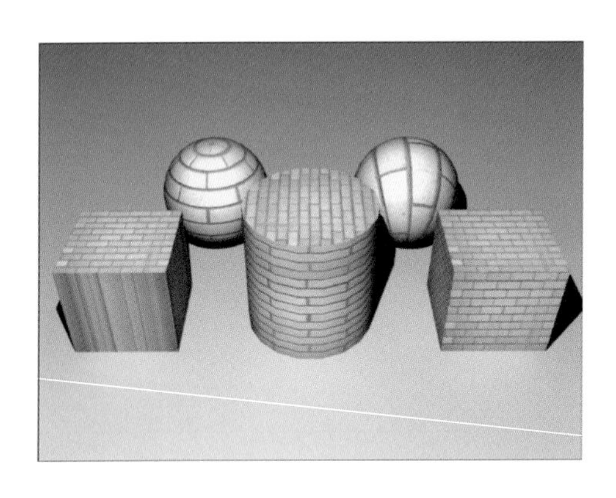

UVW Map 貼圖軸

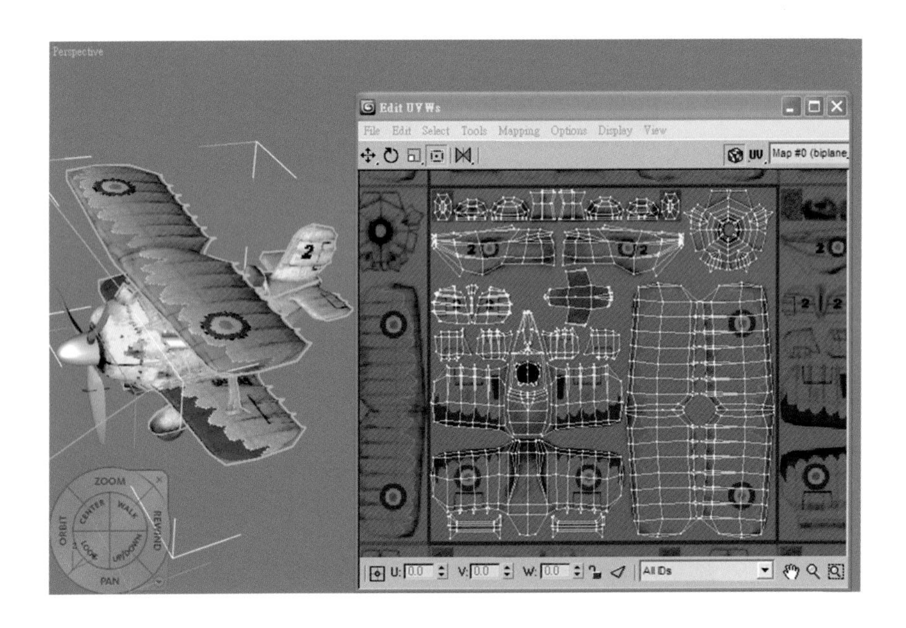

Unwrap UVW 拆圖

11-2-3 骨架工具

骨架工具（Bone Tools）：模擬眞實生物之骨骼架構或是創造虛擬角色之骨骼系統均可使用此工具進行設定。最後可搭配 Skin 等工具進行結合之動作。

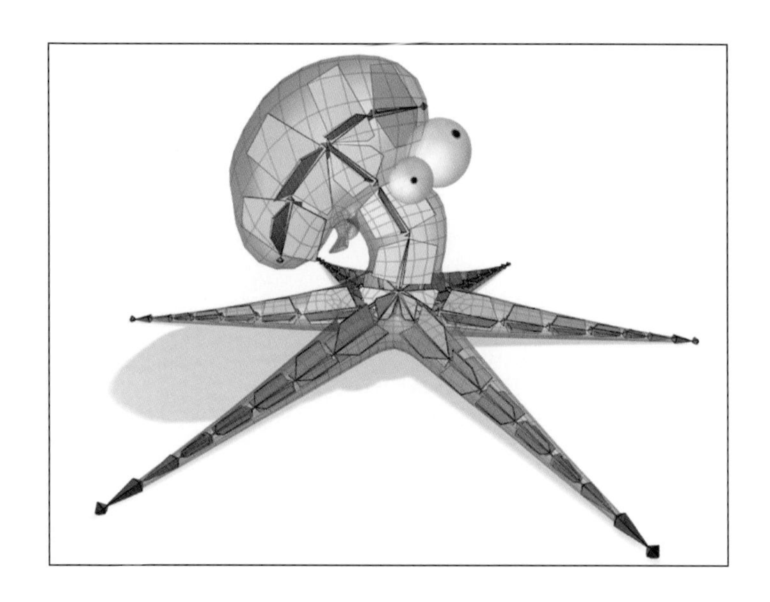

Bone Tools

11-2-4 逆向關節控制

逆向關節控制（Inverse Kinematics）：進階之動畫控制方式，可操作連接物體之最末端物件進行連動之操作，對於眞實動作之調整提供相當之便利性。與骨架（Bone）搭配使用可模擬各種生物的動態系統。

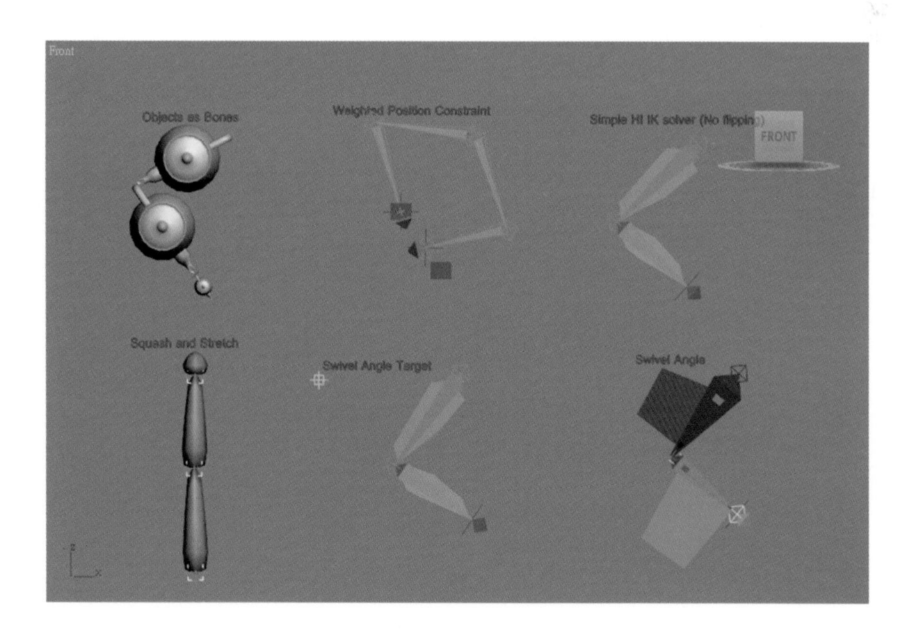

Inverse Kinematics

11-2-5 皮膚控制

皮膚（Skin）控制將調整好的骨架與模型做相結合之動作，使用此功能可製作一體成形之模型，若與 IK 共同搭配使用，可創造出擬真的動作控制環境。

Skin

11-2-6 兩足控制系統

兩足控制系統（Character Studio）是 3DSMax 在人物動態控制上一個極方便之工具，其整合了 Bone 及 Skin 的功能。在設定上也提供簡易快速的設定功能，能快速製作角色走路、跑步及跳走等動作。另外也支援動作擷取器等工具爲一強大的工具系統。

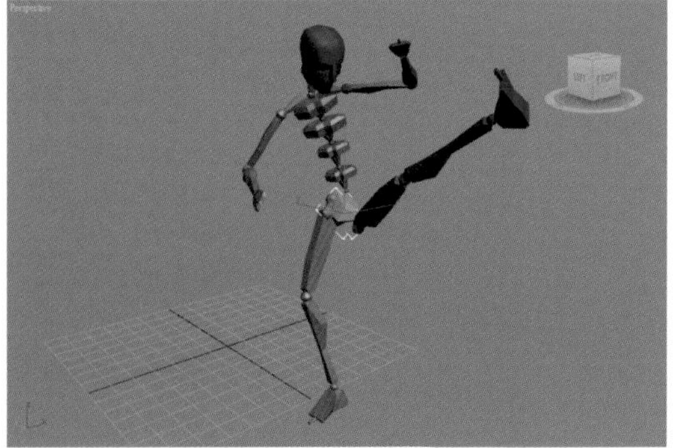

11-2-7 物理運算功能

在許多情況下，在 3D 要模擬眞實的動態有其困難的地方，像是物體的碰撞彈跳或是布料的飄動等效果，很難使用手工的方式進行調整，此時就必需借助物理運算等工具來協助解決。3DSMax 提供的物理運算工具可協助製作鋼體物件之碰撞、布料模擬、行進間動態碰撞及繩索彈跳等功能，這些功能可應付大部分在動態製作上可能遭遇到的情況。

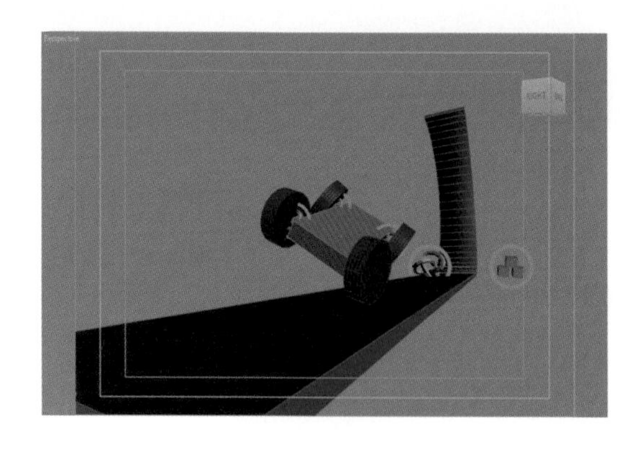

車輪模擬

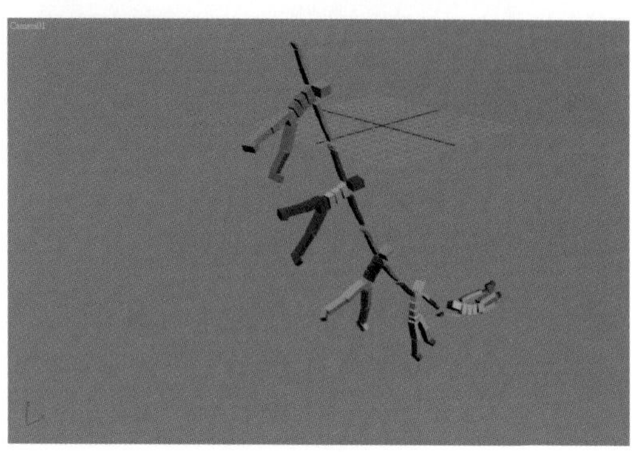

牽手模擬

爆破模擬

滾筒彈跳模擬

11-2-8 特效製作（Effect）

3DSMax 允許使用者直接在軟體中進行特效的製作與調整，這些特效包括光暈、動態模糊及質量光及質量霧的使用等。

亮度及光暈調整

光暈特效

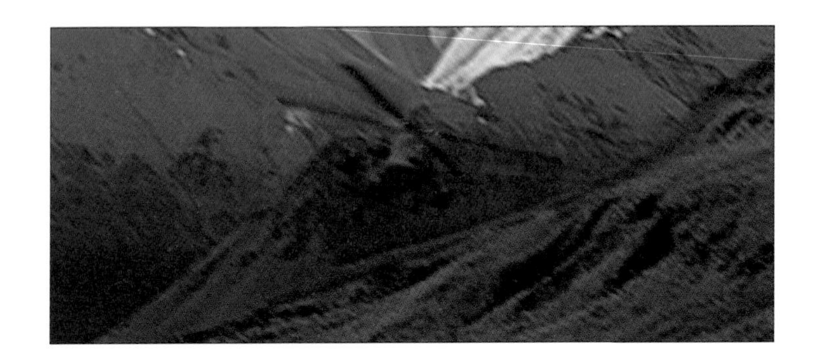

動態模糊調整

霧氣與光暈調整

11-3 基本物件建立

本節以簡單的小狗製作，讓讀者可以熟悉空間轉換工具的使用，也可以了解任何 3D 物件，實際上都可以使用簡單的幾何圖形組合出輪廓。了解了建模的基本概念，讀者就可以根據自己想要製作的角色進行設計製作。

Step 1：

在 Command Panel 下的 Create
點選 Sphere 球體物件。

Step 2：

在 Top 視窗中建立球體物件，大小如圖面所示。

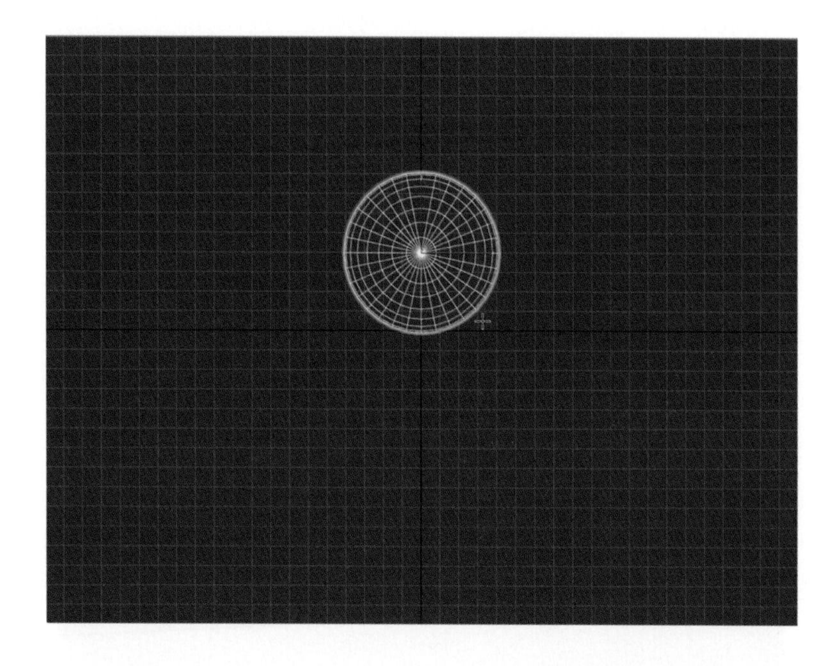

Step 3：

接著，再另外建立兩個圓，大小比例如畫面所示。

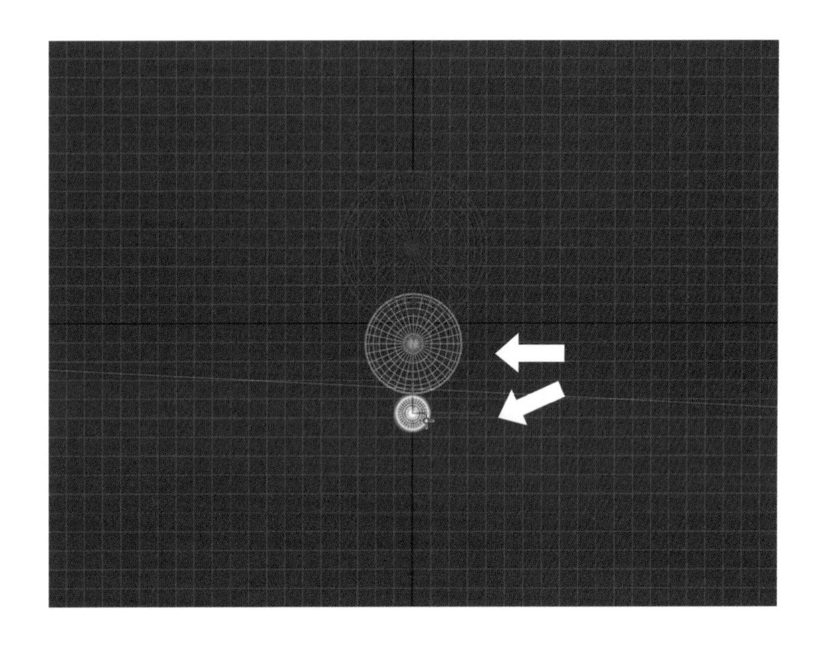

Step 4：

1. 在快速功能表中，點選 移動指令。
2. 將視窗切換到 Left 左側視圖，或是在視窗控制呼叫出下拉式功能表進行切換。

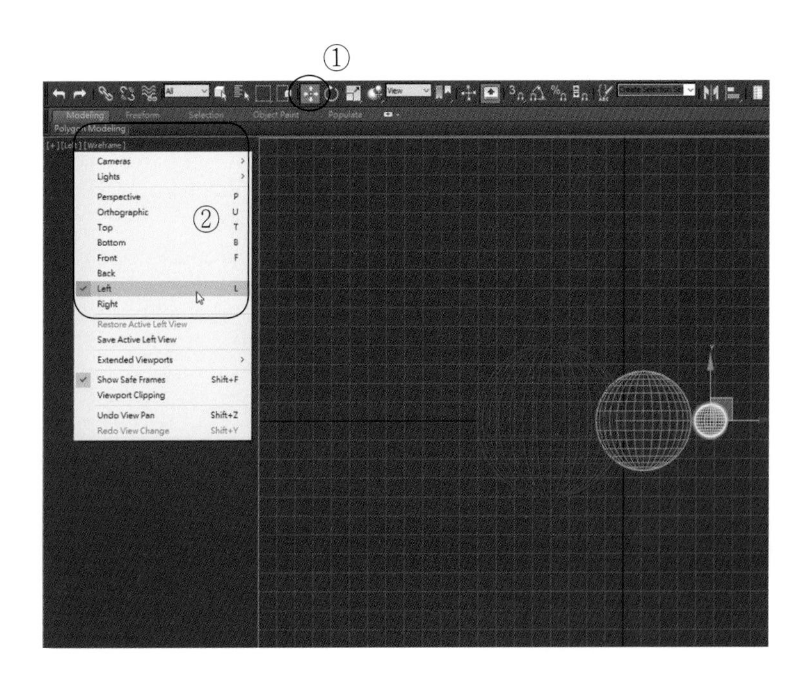

Step 5：

利用移動工具，調整物件的 XY 軸，將三顆球調整成畫面中的樣子。

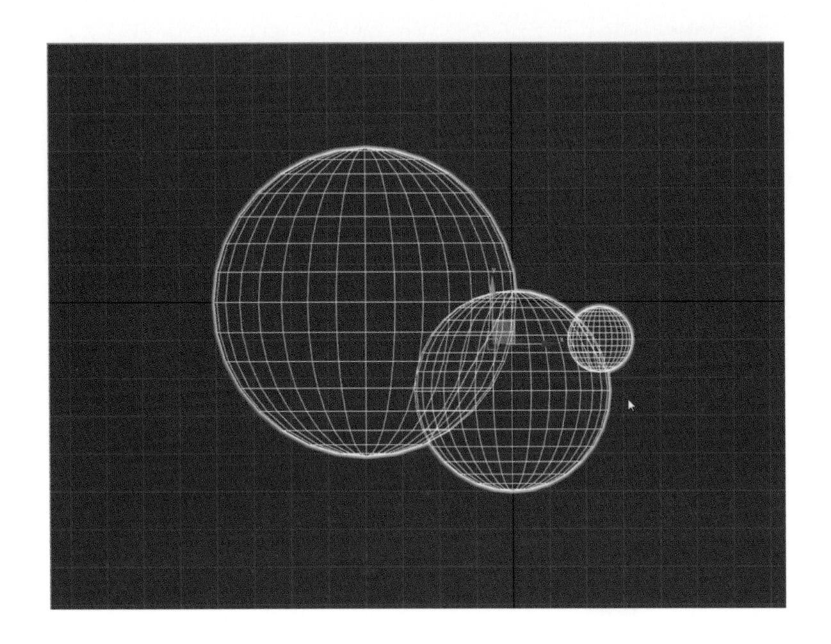

Step 6：

再新增一個球體物件。

Step 7：

在 Front 視窗，建立如圖示的球體。

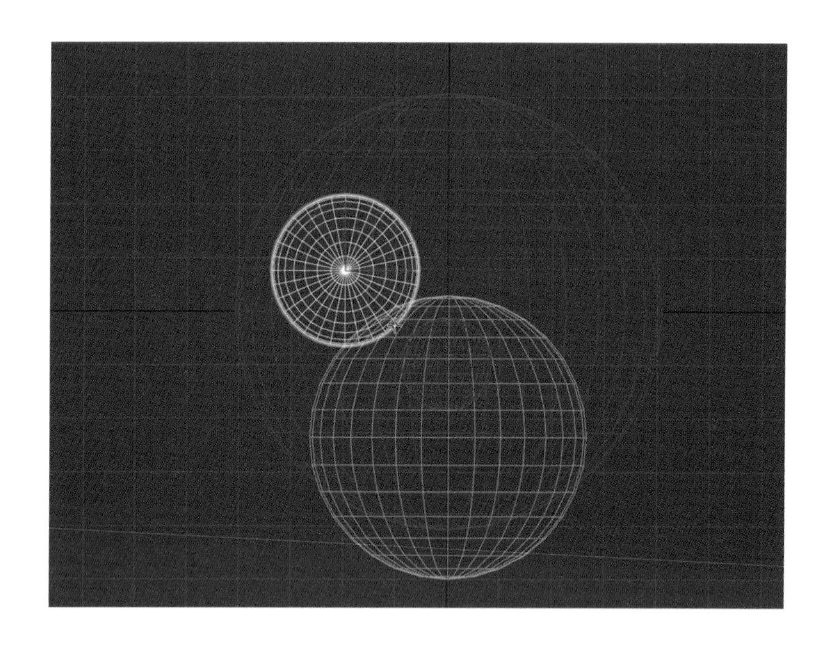

Step 8：

1. 在快速功能表中，點選 縮放指令。
2. 在 Top 視窗將新建的球體做縮放的動作，結果如圖所示。

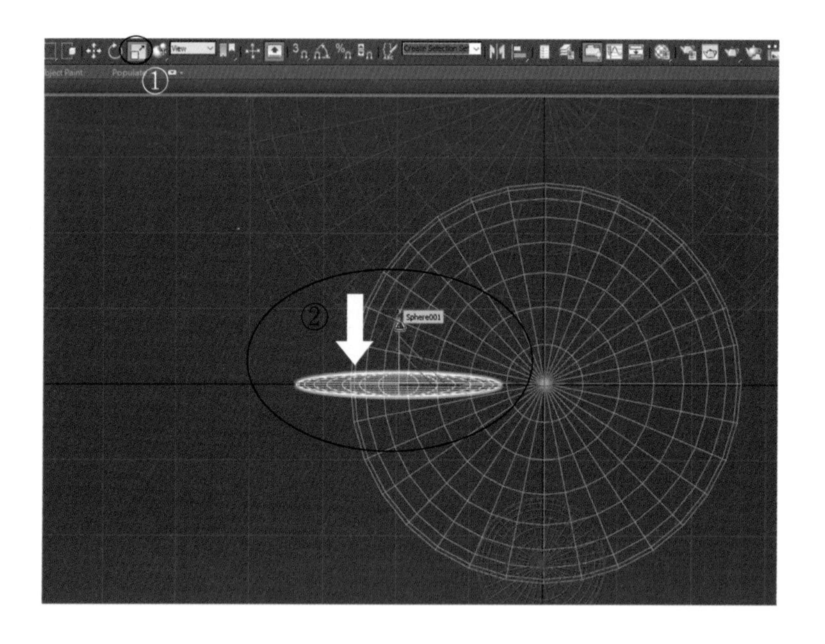

Step 9：

1. 再切換至 Front 視窗。
2. 將剛剛的球體上下縮放成畫面中的樣子。

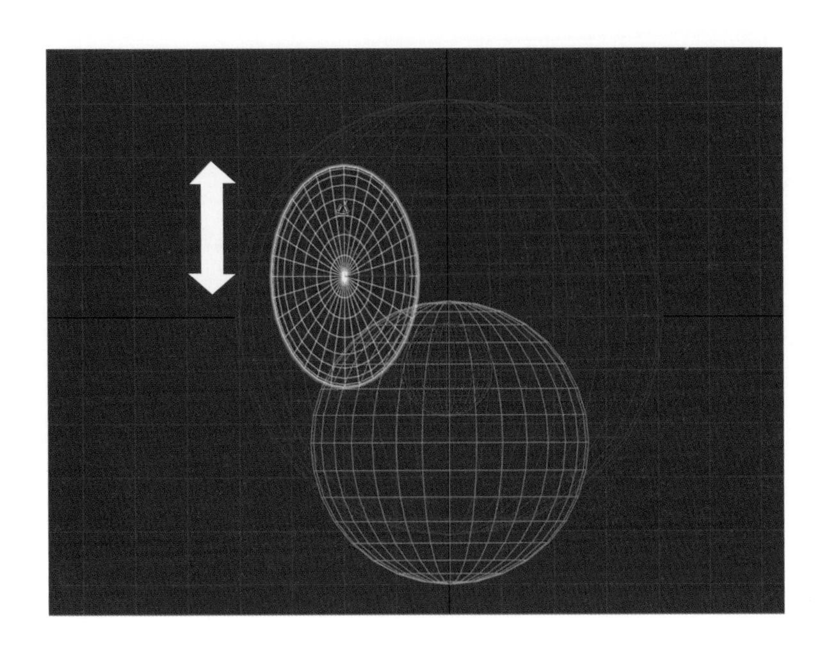

Step 10：

1. 在快速功能表中，點選 旋轉指令。
2. 在 Top 視窗將剛剛的球體做旋轉的動作，並搭配移動指令將球體貼齊頭部的圓，結果如圖所示。

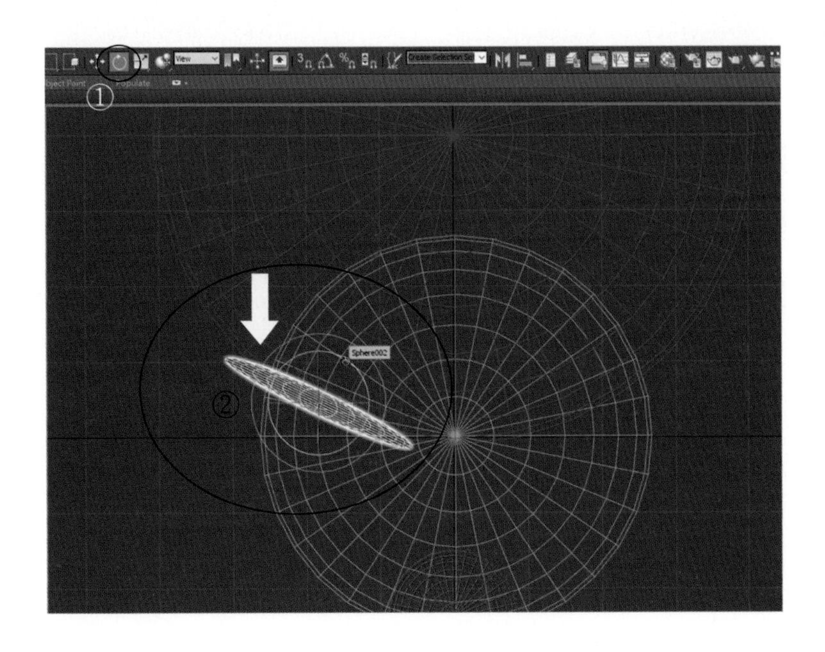

Step 11：

再新增一個球體物件來製作眼球。

Step 12：

1. 切換至 Front 視窗。
2. 在畫面中的位置建立眼球物件。

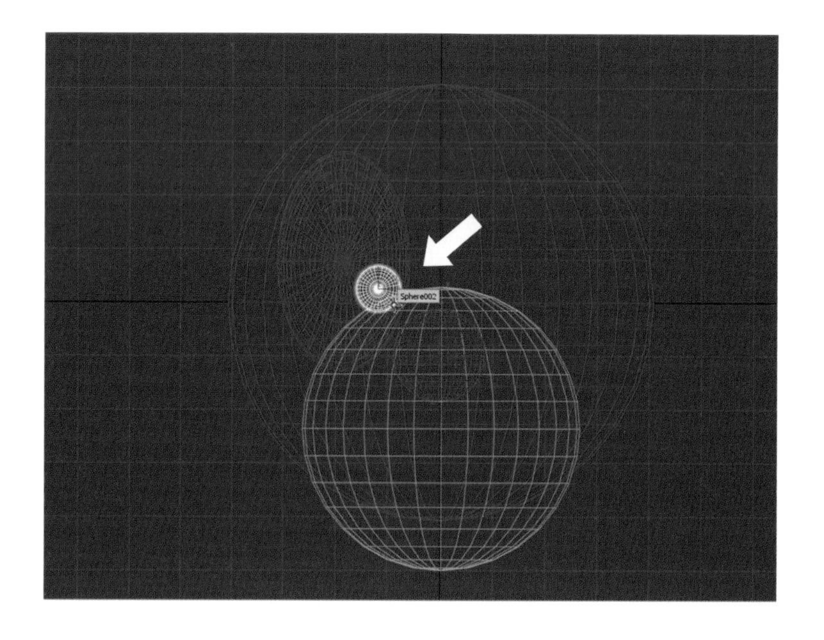

Step 13：

1. 在快速功能表中，點選 移動指令。
2. 在 Left 視窗將剛剛建立的眼球物件向左側做微調的動作，結果如圖所示。

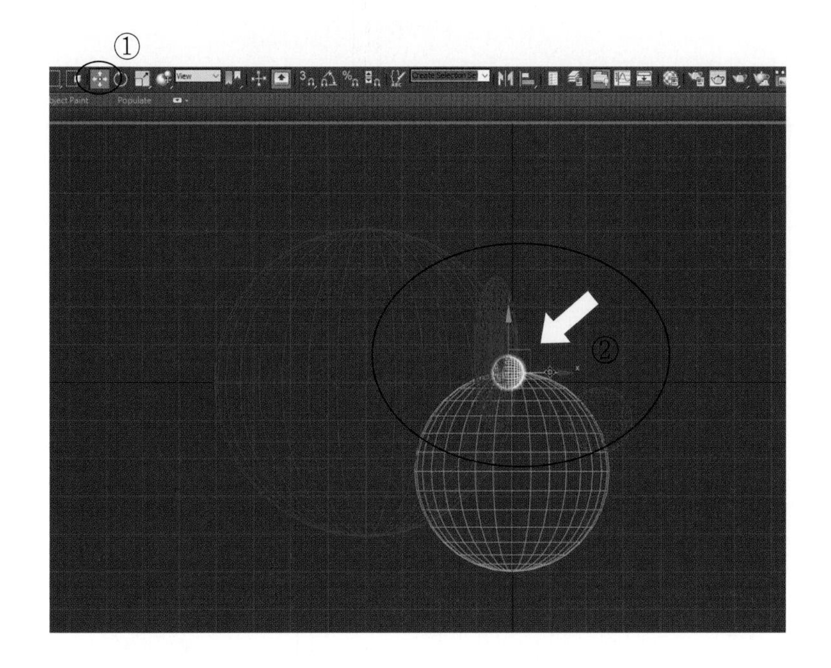

Step 14：

新增一個 Box 物件來製作耳朵。

Step 15：

1. 切換至 Top 視窗。
2. 在畫面中的位置建立耳朵物件，高度可事後修改。

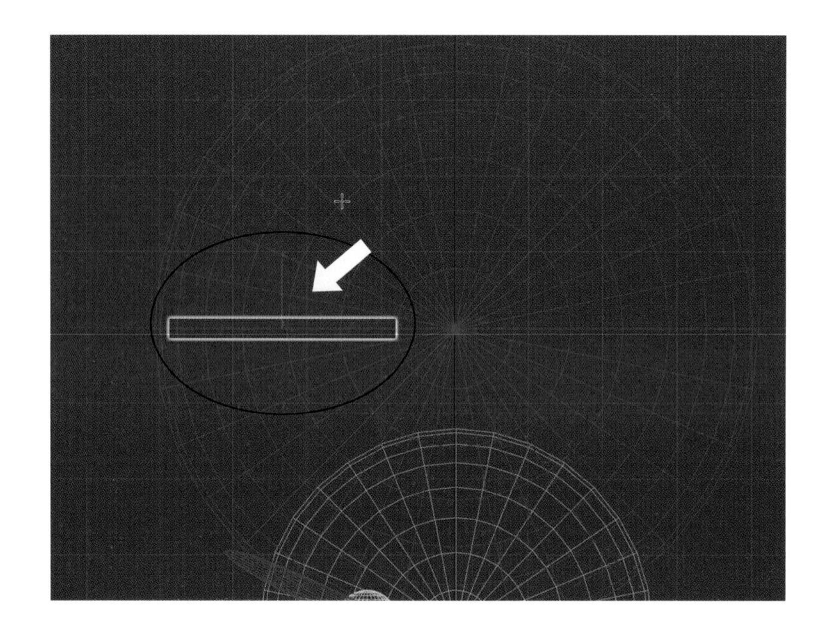

Step 16：

再新增一個 Box 物件

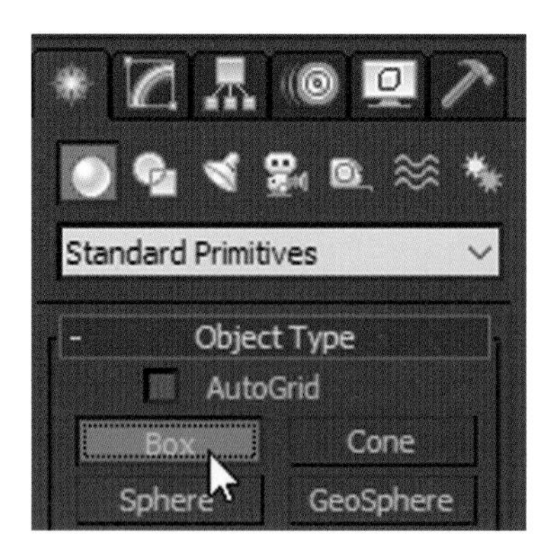

Step 17：

貼齊剛剛建立的 Box 再建立一個如圖示的 Box 物件。

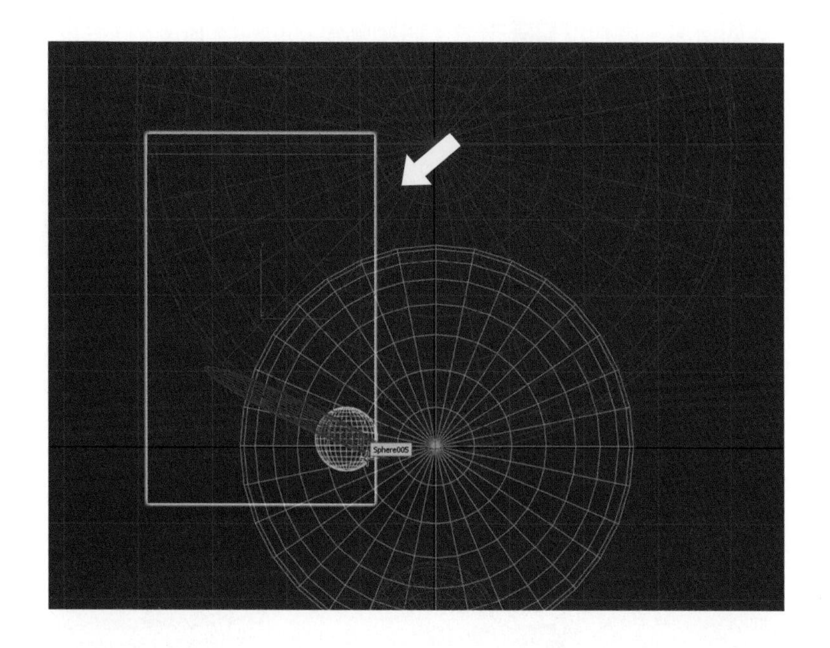

Step 18：

1. 切換至 left 視窗。
2. 使用 及 指令，將剛剛建立的兩個 Box，調整成畫面中的樣子。

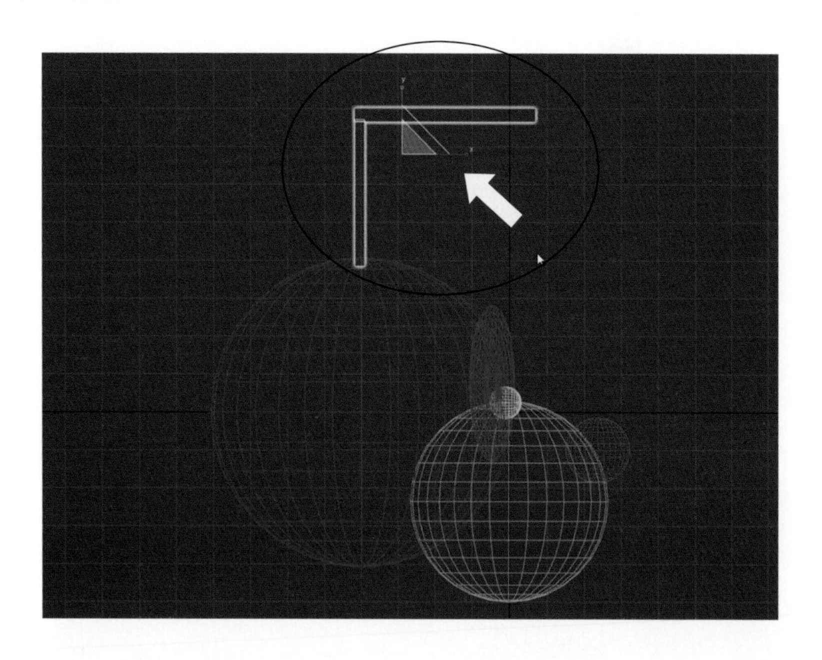

Step 19：

1. 切換至 Front 視窗。點選 旋轉指令。
2. 將物件旋轉成如畫面，再利用 指令，將剛剛建立的兩個 Box，移至畫面中的位置。

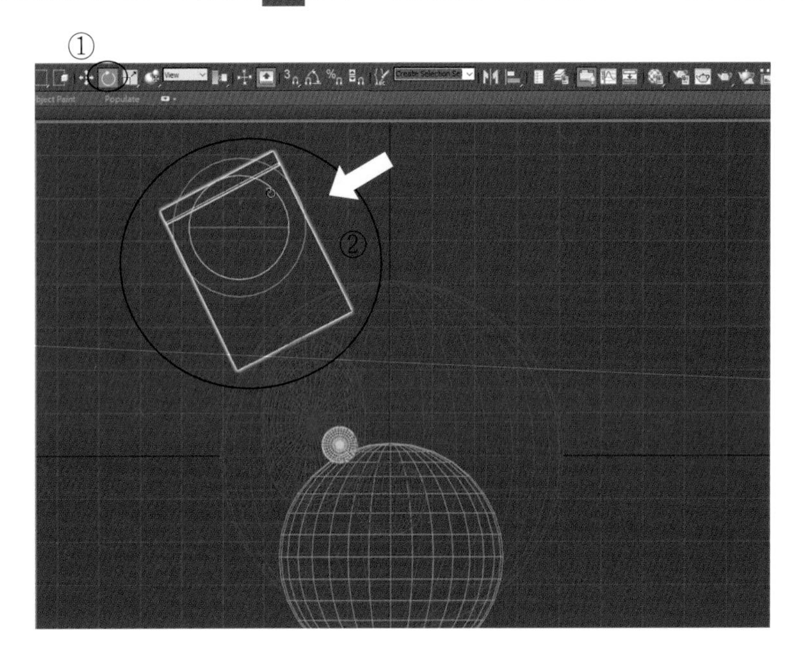

Step 20：

1. 點選畫面中的 4 個物件。
2. 在快速功能表中，點選 鏡射指令。

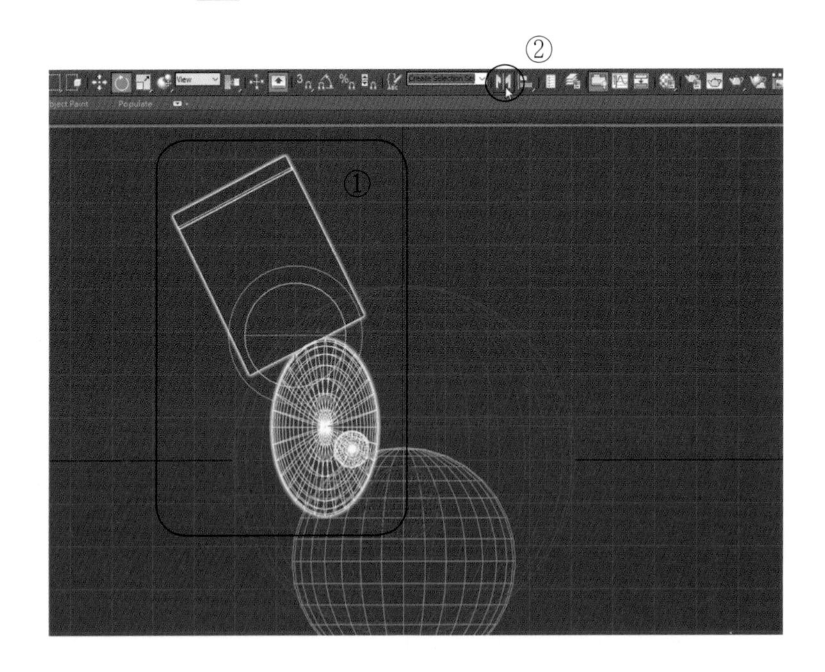

Step 21：

1. 在彈出的對話框中將 Mirror Axis 設為 X，將 Clone Selection 設為 Copy。
2. 在畫面中剛剛選取的 4 個物件，則複製出左右相反的四個物件。

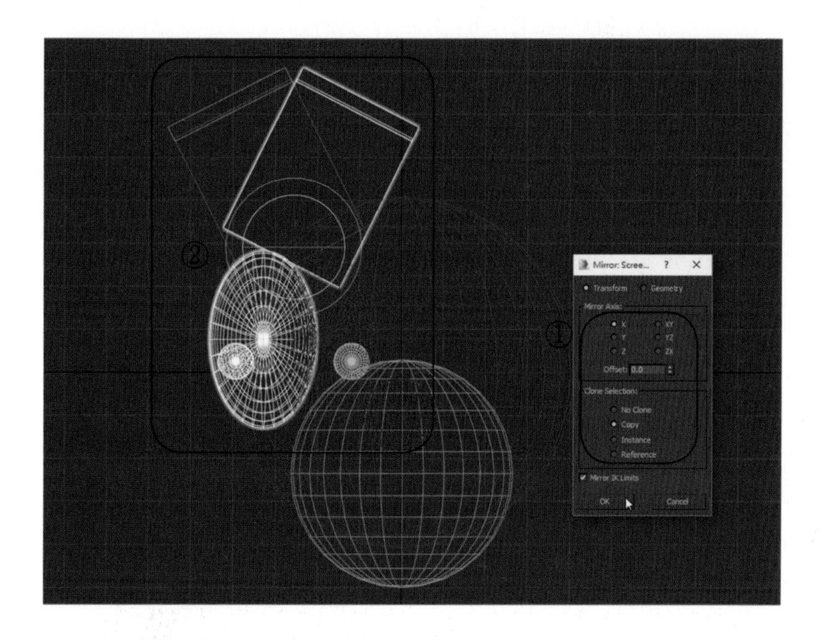

Step 22：

1. 在快速功能表中，點選 移動指令。
2. 在 Top 視窗將剛剛鏡射出的四個物件向右側做移動的動作，結果如圖所示。

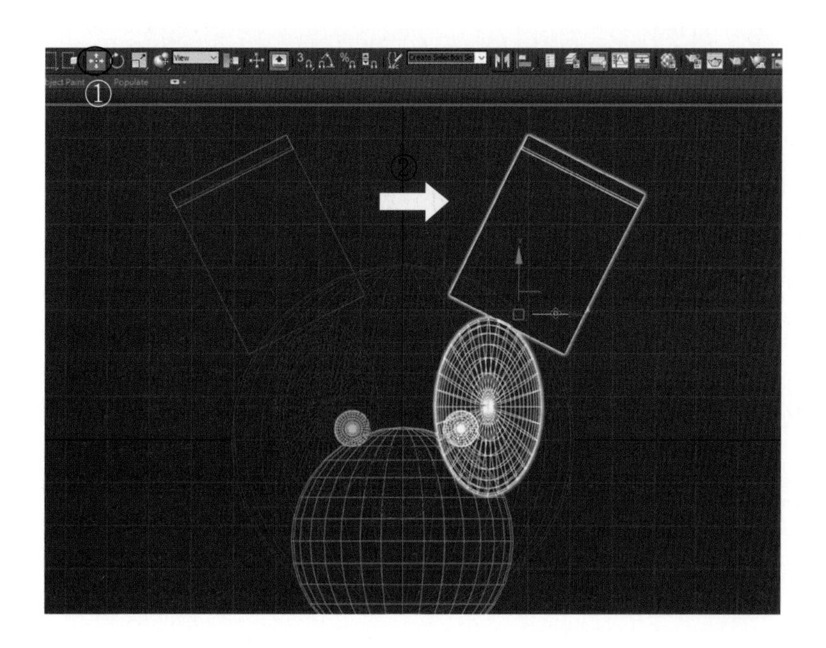

Step 23：

切換至 Perspective 視窗，並將顯示模式設為 Realistic，即可在視窗中看到製作出來的角色造型。

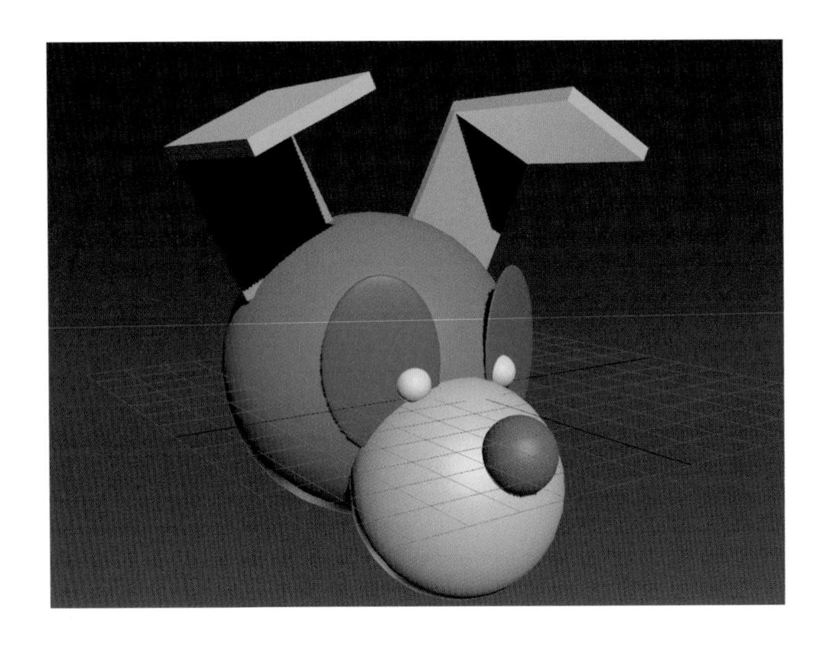

Step 24：

1. 點選角色的頭跟耳朵物件。
2. 點選 Command Panel 中的顏色指定。

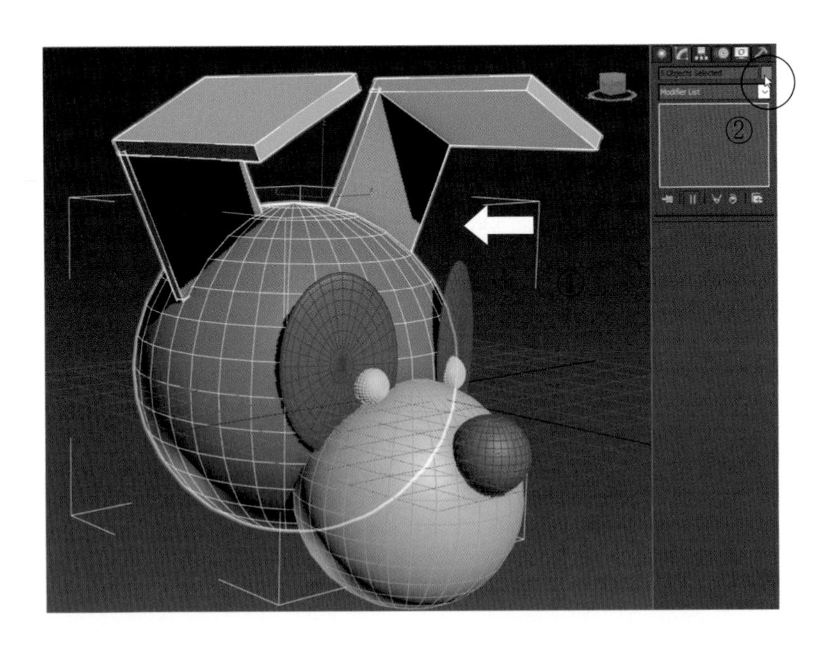

Step 25：

在彈出的物件顏色指定將顏色改為藍色後按 OK 確定。

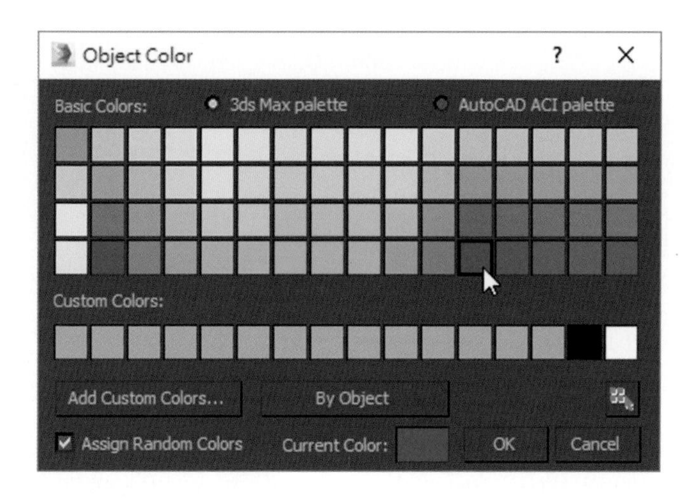

Step 26：

如畫面所示，剛剛選取的物件已經變成藍色顯示。

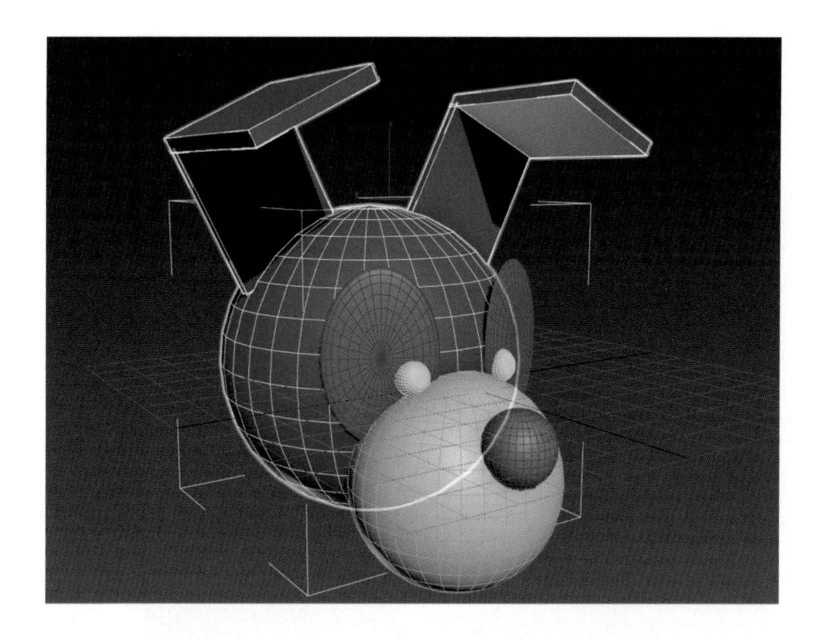

Step 27：

重複顏色指定，可愛的小狗造型就完成了。

以上為簡單的角色頭部製作，讀者也可以繼續製作下去，將身體的部分接著完成。以下為完成後的樣子。

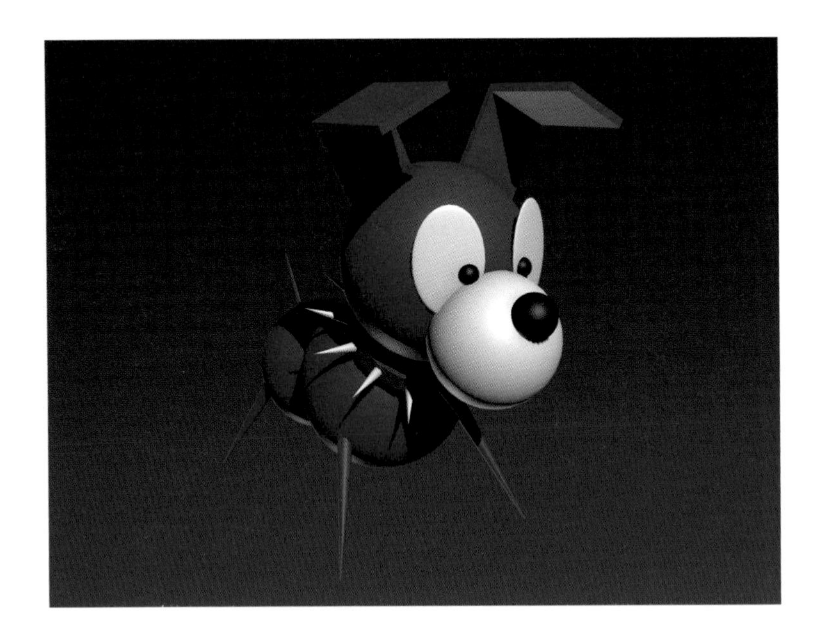

加上身體與項圈的可愛角色。

【課後習題】

1. 3Dmax 的控制編輯視窗包括哪些視窗？
2. 試簡述 3D 的意義。
3. 請問視窗控制面板的功能。
4. 3DSMax 可以運用在哪些範圍？請試著列舉五個項目。
5. 3DSMax 是由哪一間公司所生產之 3D 繪圖軟體？
6. 模型建立有哪兩種方式？
7. 試著列舉五個 3DSMax 所提供之變形指令。
8. 3DSMax 著色系統有哪兩種模式？
9. 預設的材質與貼圖各有幾個項目？

第十二章　Dreamweaver CC網頁設計

Dreamweaver 是目前網路最夯的網頁編輯程式，因爲它可以讓網頁設計師在不需要編寫 HTML 程式碼的情況下，輕鬆且快速地編排網頁版面。對程式設計師而言，也可以透過程式碼模式來快速編修網頁程式。此外它的上傳功能也相當的安全，所以是網站開發人員在設計網站時的最佳選擇工具。這一個章節將爲各位介紹 Dreamweaver 的工作環境、網站的建立、文字的編排美化、圖片的使用、超連結、多媒體物件的設定作介紹，讓大家也可以輕鬆架設網站。

12-1 Dreamweaver 視窗環境與入門操作

要安裝 Dreamweaver CC，首先是擁有一組 Adobe ID 和密碼，接著透過雲端程式下載軟體，由 Adobe 網站下載並安裝程式後，桌面上會自動顯示 圖示，雙按該圖示將啟動如下的面板，透過面板的「試用」鈕就能進行軟體的下載。

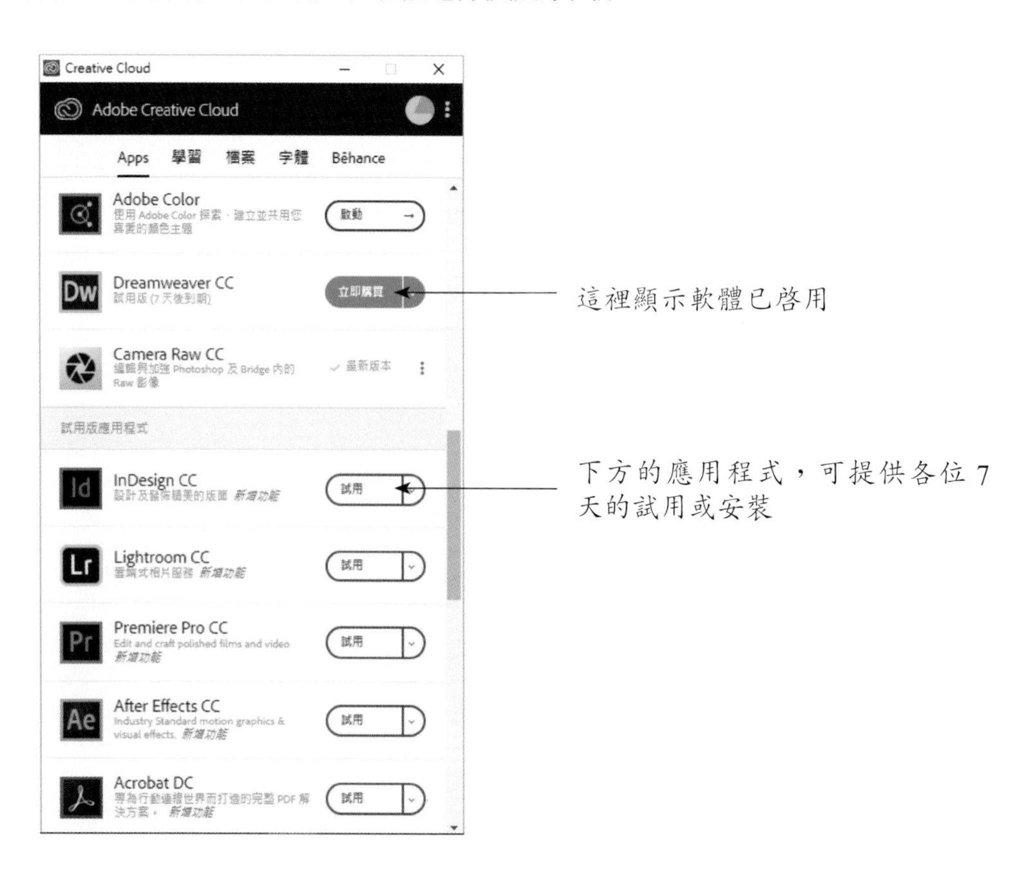

軟體安裝完成後，由「開始」鈕執行「Adobe Dreamweaver CC」指令，就可以啓動該程式並進入 Dreamweaver 的視窗環境。

12-1-1 開啓新／舊網頁檔

首先映入眼簾的是「歡迎畫面」，歡迎畫面裡主要包括如下幾項內容：

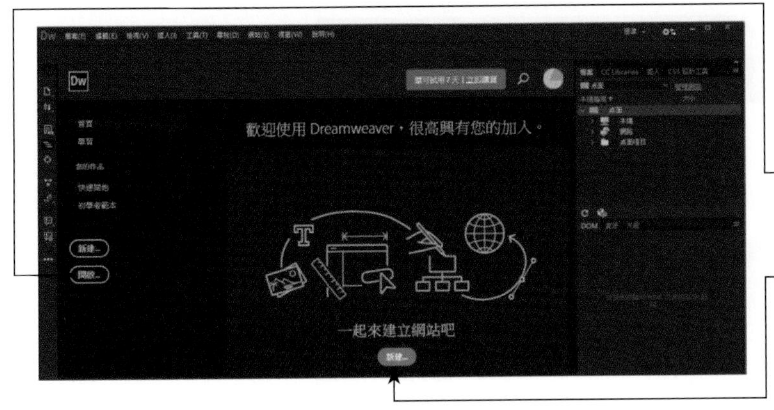

按「開啓」鈕開啓舊有檔案

按此鈕新增文件

如果有現成的網頁檔想開啓來編輯，按下「開啓」鈕會顯示「開啓」視窗，找到網頁檔所在的資料夾並點選，按下「開啓」鈕即可開啓舊有檔案。若想要新增網頁文件，請按下「新建」鈕，選擇「HTML」文件類型來開啓空白文件，就會進入到 Dreamweaver 的操作環境。

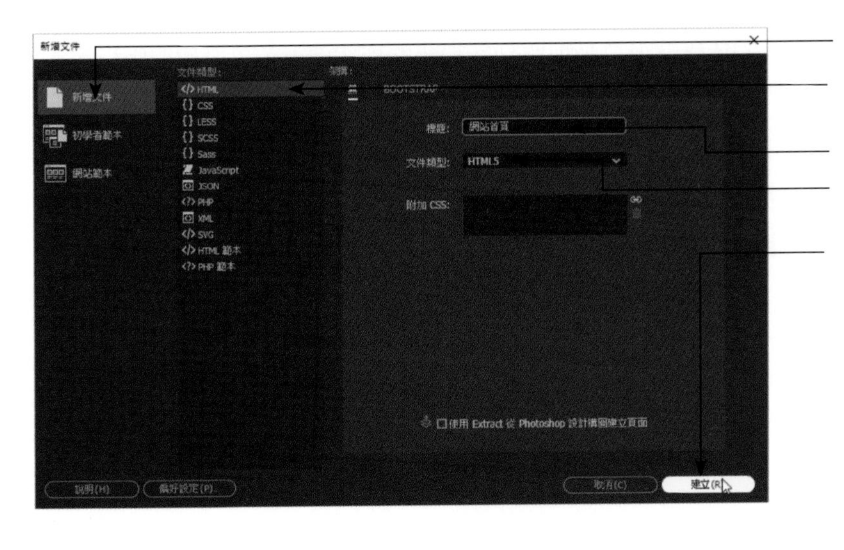

1. 點選新增文件
2. 選擇「HTML」文件類型
3. 輸入文件標題
4. 選擇文件類型
5. 按下「建立」鈕

12-1-2 視窗環境概觀

進入到 Dreamweaver 的操作環境時，所看到的視窗介面如下：

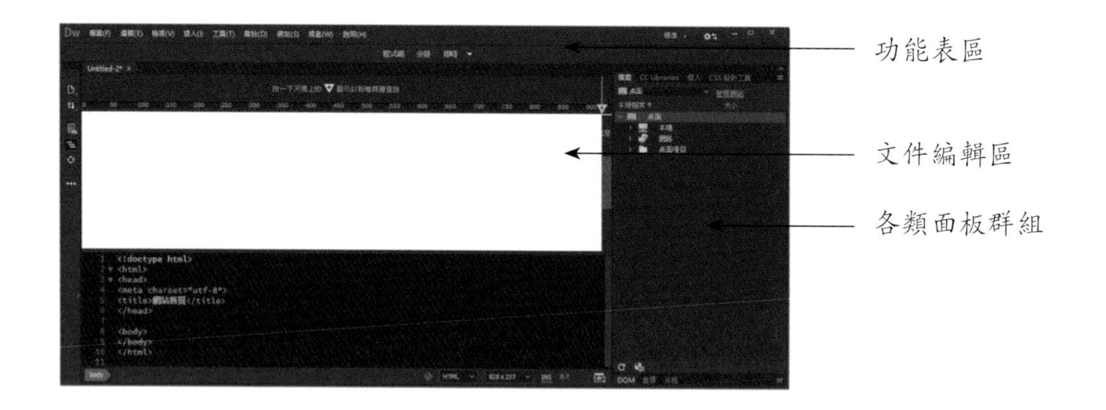

■ 功能表區

將 Dreamweaver 的各項功能指令，分門別類放置於下拉式選單中。

■ 文件編輯區

此為編輯網頁內容的地方，可將文字、圖片及各種網頁元件編排於此。文件編輯區可顯示分割視窗，上方是設計版面，下方則是程式碼。當使用者在「設計」窗格中編排網頁元件或內容時，「程式碼」的窗格就會自動對應到所編輯的程式碼上，以方便編修程式。

■ 各類面板群組

面板群組是將各種常用的面板以可摺疊或擴展的方式放置在視窗右側，需要使用時按於面板名稱上，即可顯現面板內容，否則折疊起來較不占空間。由於 Dreamweaver 把功能表上的大部分功能指令放置在面板當中，透過面板群組的摺疊或擴展，可讓網頁編輯區變大。

12-2 網站的建立

各位想要利用 Dreamweaver 來快速建構網站是件容易的事，不過事前的規劃不可少。要建立網站，首先要先規劃網站架構圖，接著以 Dreamweaver 建立新網站，再以檔案面板來管理網站資料夾，這一小節就先針對這些內容作說明。

12-2-1 規劃網站架構圖

網站是網頁的集合，透過超連結串接到其他的網頁，網站與網頁之間的連結要如何規劃，才能讓瀏覽者一目了然，就是網站設計之前必須仔細考慮的重點。製作網頁前，仔細考慮整個網站的組織架構與往返的流程，會讓網站的瀏覽更順暢。各位可預先在紙上作業，詳細的規劃出網站的架構圖，確定沒問題後再使用Dreamweaver來架設。架構圖如下：

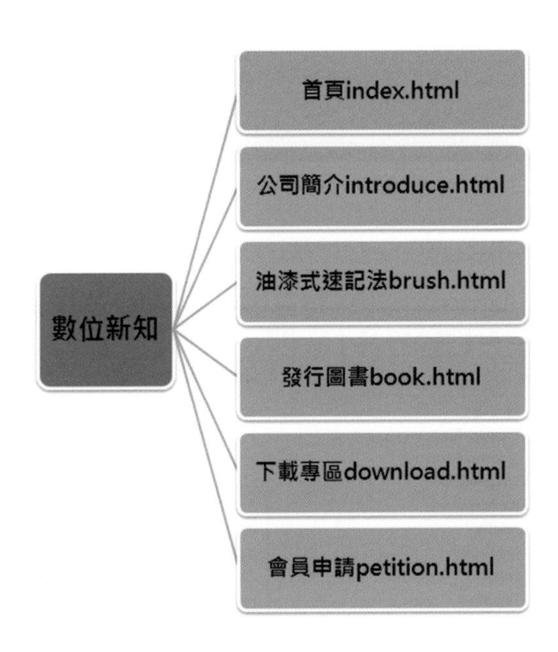

12-2-2 以 Dreamweaver 建立新網站

有了網站架構圖，接著開始在 Dreamweaver 裡定義網站。先設定網站資料夾的位置，這樣 Dreamweaver 才會依照所設定的位置來存放相關檔案。只要執行「網站 / 新增網站」指令，在「網站」的類別中設定網站名稱及網站資料夾位置，就可完成本機複本的網站架設。

為了避免系統的不同而導致瀏覽器的錯誤，建議在設定網站資料夾或網頁檔時，最好不要使用中文名稱，或是大寫的英文字母，否則網站上傳到遠端伺服器時，可能會發生連結錯誤的情況。

進入 Dreamweaver 程式後，請執行「網站 / 新增網站」指令，準備新增網站。

1

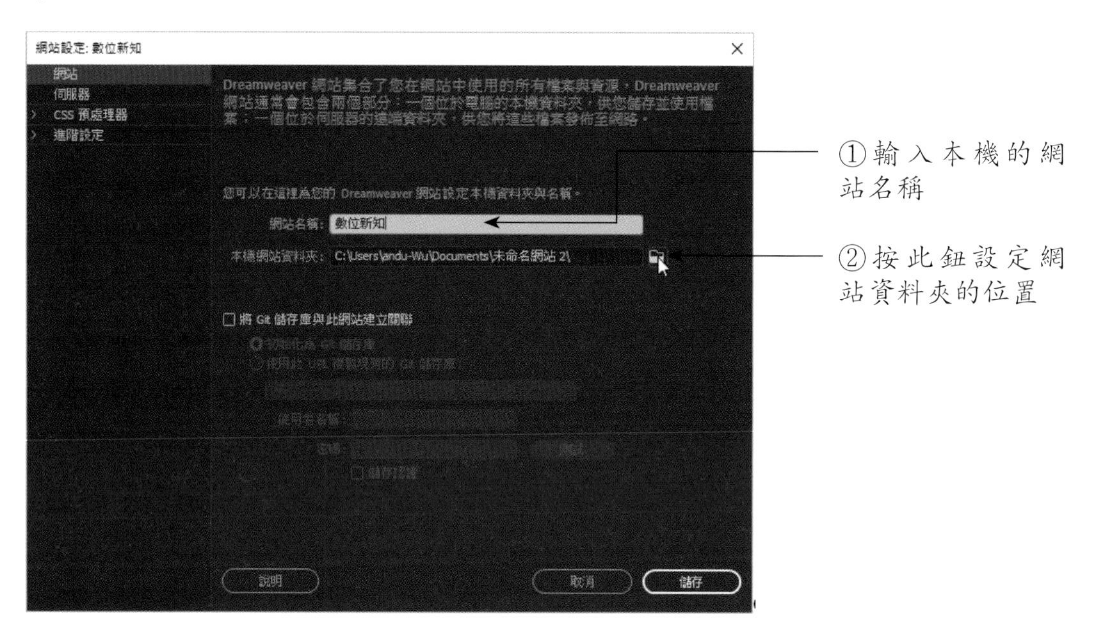
網站設定: 數位新知
網站
伺服器
CSS 預處理器
進階設定
Dreamweaver 網站集合了您在網站中使用的所有檔案與資源，Dreamweaver 網站通常會包含兩個部分：一個位於電腦的本機資料夾，供您儲存並使用檔案；一個位於伺服器的遠端資料夾，供您將這些檔案發佈至網路。
您可以在這裡為您的 Dreamweaver 網站設定本機資料夾與名稱。
網站名稱: 數位新知
本機網站資料夾: C:\Users\andu-Wu\Documents\未命名網站 2\
將 Git 儲存庫與此網站建立關聯
說明
取消
儲存
①輸入本機的網站名稱
②按此鈕設定網站資料夾的位置

2

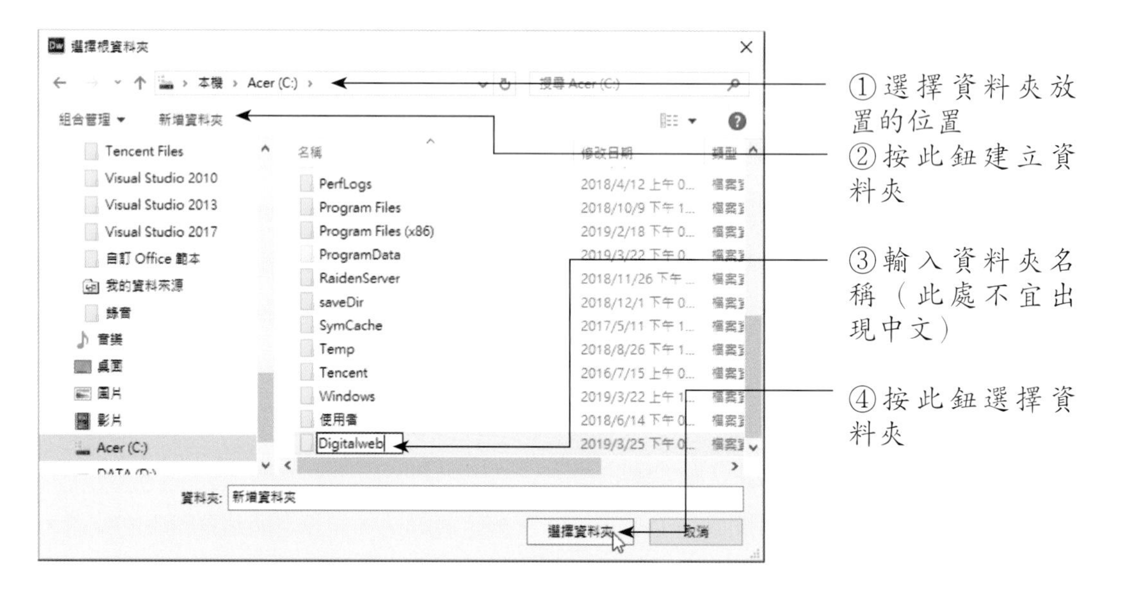
選擇根資料夾
本機 › Acer (C:) ›
組合管理
新增資料夾
名稱
修改日期
Tencent Files
Visual Studio 2010
Visual Studio 2013
Visual Studio 2017
自訂 Office 範本
我的資料來源
錄音
音樂
桌面
圖片
影片
Acer (C:)
PerfLogs
Program Files
Program Files (x86)
ProgramData
RaidenServer
saveDir
SymCache
Temp
Tencent
Windows
使用者
Digitalweb
資料夾: 新增資料夾
選擇資料夾
取消
①選擇資料夾放置的位置
②按此鈕建立資料夾
③輸入資料夾名稱（此處不宜出現中文）
④按此鈕選擇資料夾

3

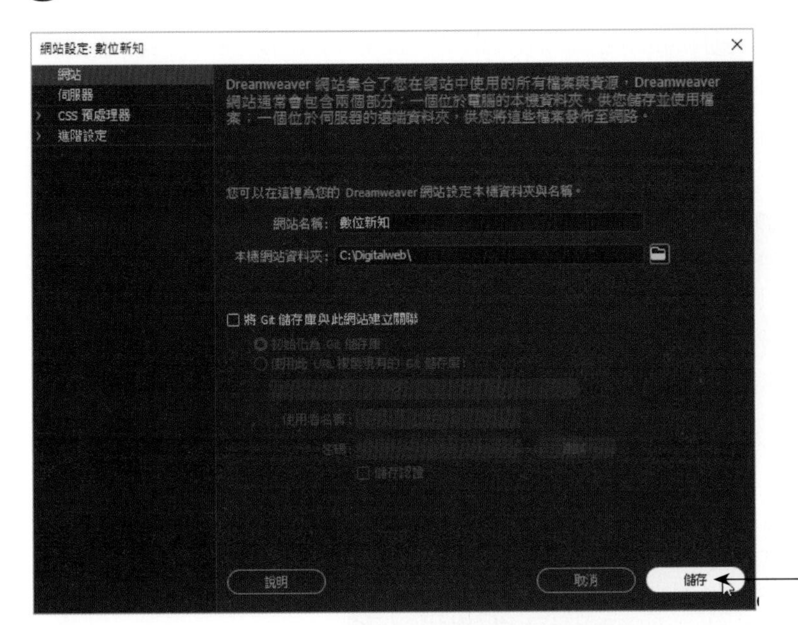

按「儲存」鈕完成設定

4

「檔案」面板上可看到剛剛所設定的網站

12-2-3 檔案面板操作

在「檔案」面板中已看到剛剛所建立的空白網站，接下來的網頁檔或是資料夾的建立，都是透過它來建立：因此先簡單介紹「檔案」面板，「檔案」面板基本上包含如下幾個部分。

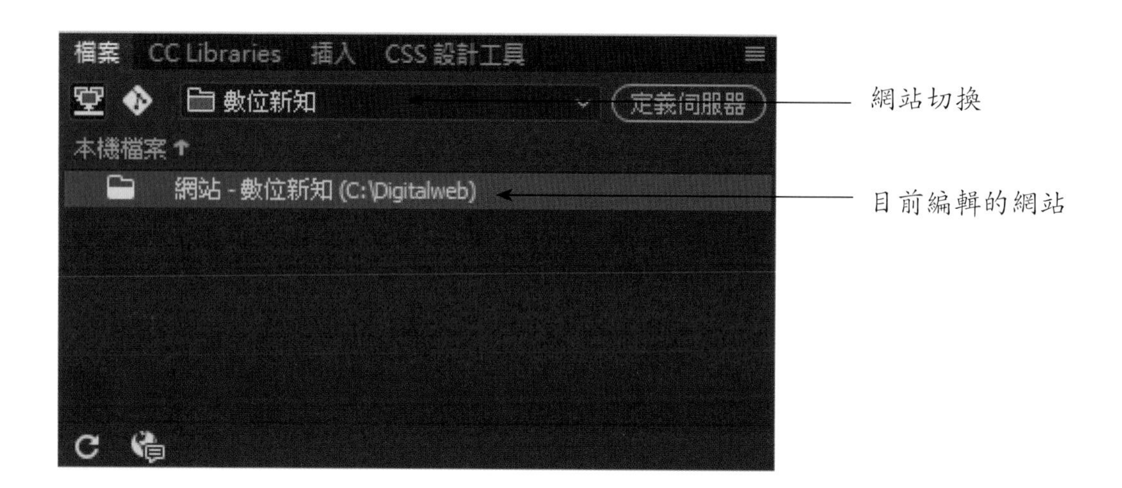

「目前編輯的網站」是顯示本機目前正在編輯的網站名稱與資料夾位置，也可查看到檔案大小、類型及修改日期。「網站切換」可作網站管理或多個網站的切換，因為 Dreamweaver 允許設計師同時管理多個網站，如果想要從目前的網站切換到其他編輯的網站，可利用「檔案」面板來切換網站。

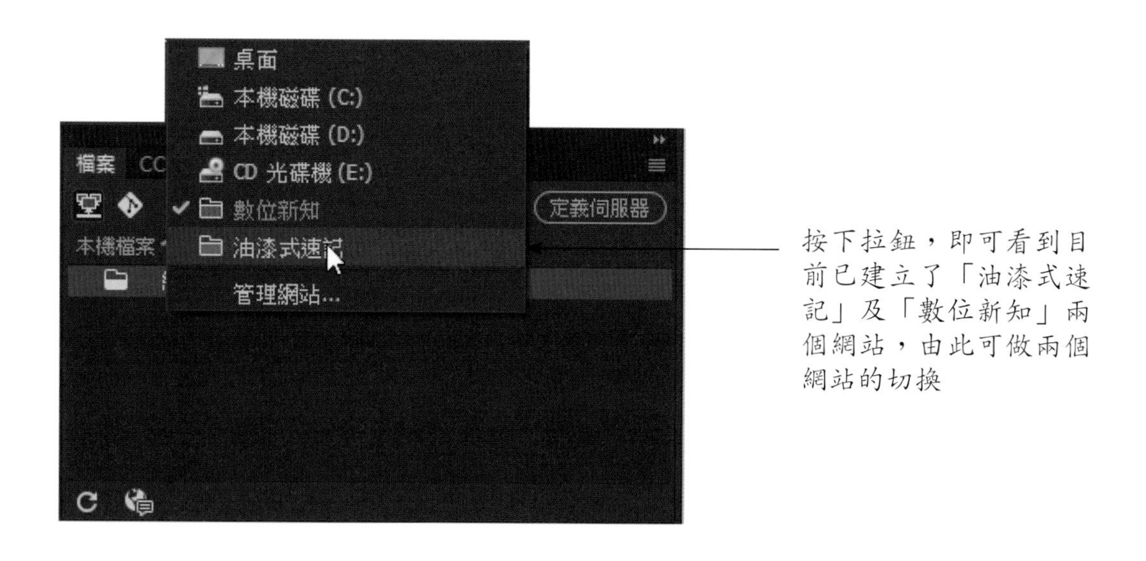

在定義網站內容後，如果需要修改內容或移除網站，可透過「網站／管理網站」指令，或在「檔案」面板下拉「管理網站」指令，即可修改網站設定。

1

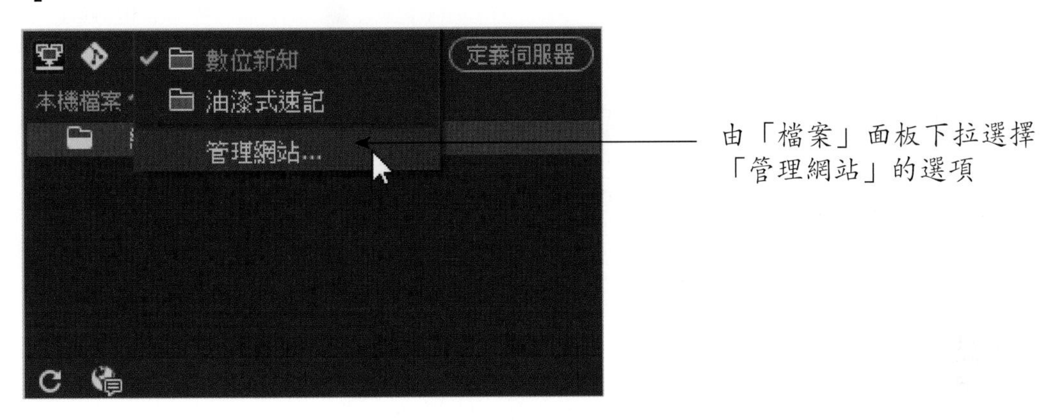

2

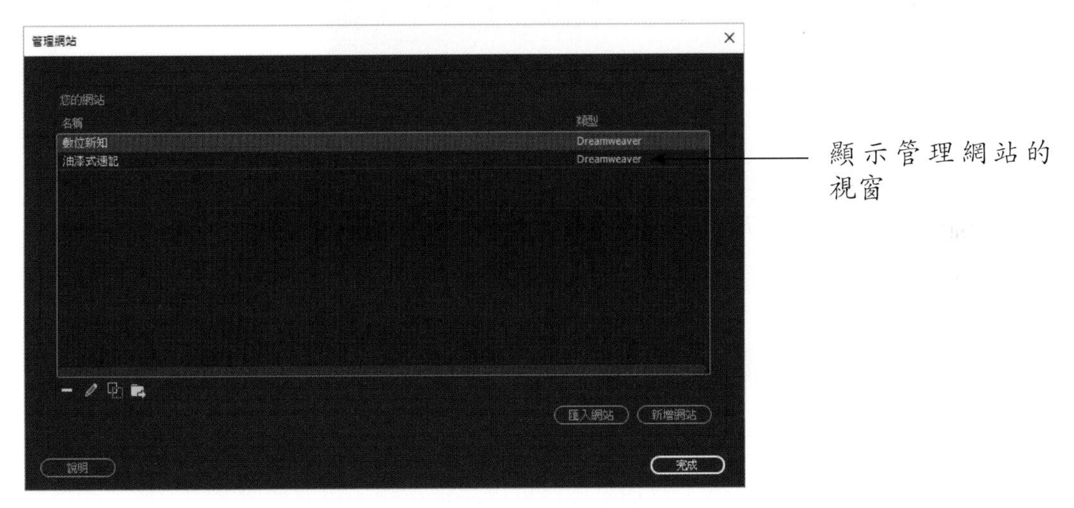

12-2-4 以檔案面板管理網站資料

建立好空白網站後，準備從該網站新增網頁檔和相關資料夾，只要透過滑鼠右鍵即可建立所需的檔案。

■ 新增網頁檔

新增網頁檔時，記得採用小寫的英文字母，同時要加入副檔名「.html」才算正確，也不要使用全形符號的英文或數字，檔名中更不可以有空白字元出現。而首頁名稱最好命名為「index.html」，這樣上傳到伺服器後，才能快速被瀏覽器讀取到。

1

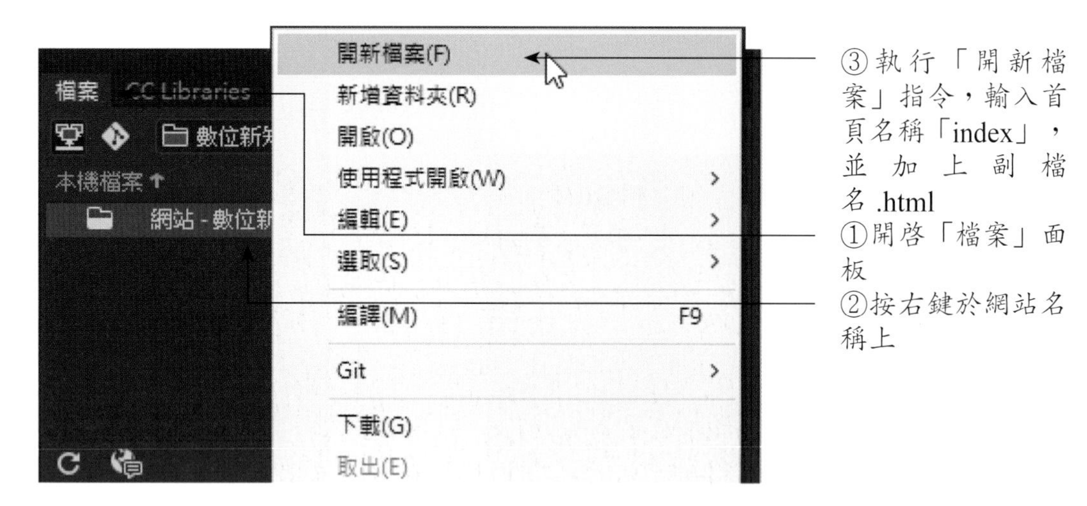

2

■ 新增資料夾

網站中的檔案如果很多時，可利用資料夾來分別存放，以方便檔案的管理。而放置網頁圖片的資料夾，通常都命名爲「images」，其餘動畫或音檔資料夾的命名則可自行設定，利用滑鼠右鍵即可加入存放圖片的資料夾。

1

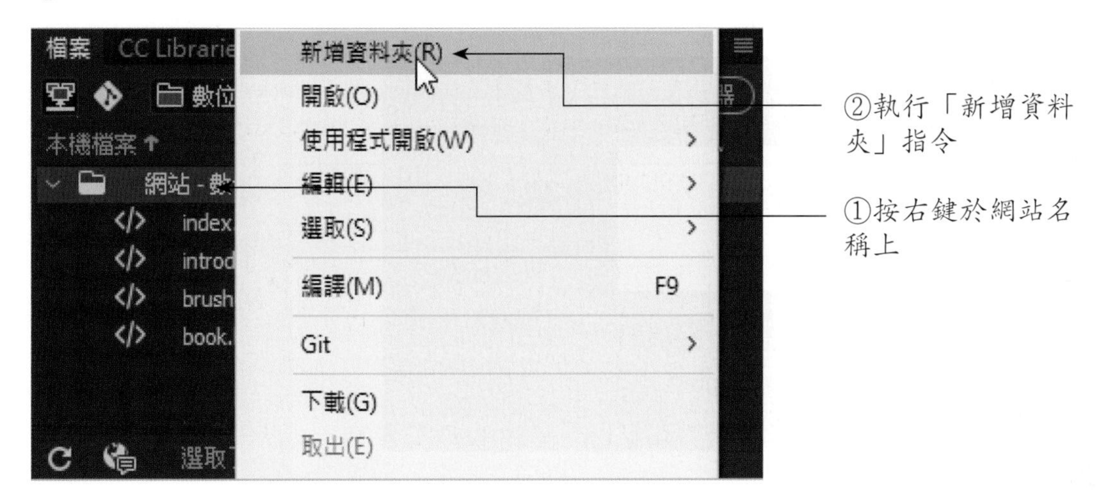

2

■ 編輯網頁檔

新加入的網頁檔，如果想要重新更名，或是有相類似的網頁想要複製或刪除，都可以在網頁名稱上按右鍵執行「編輯」指令，再從副選單中選擇要執行的動作。

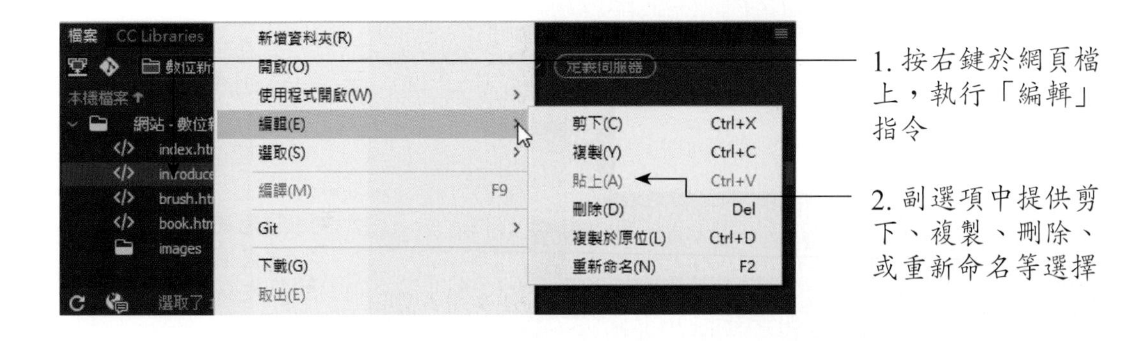

存放在網站中的網頁檔，要編輯只要按滑鼠兩下於網頁名稱上，就可以被開啓。

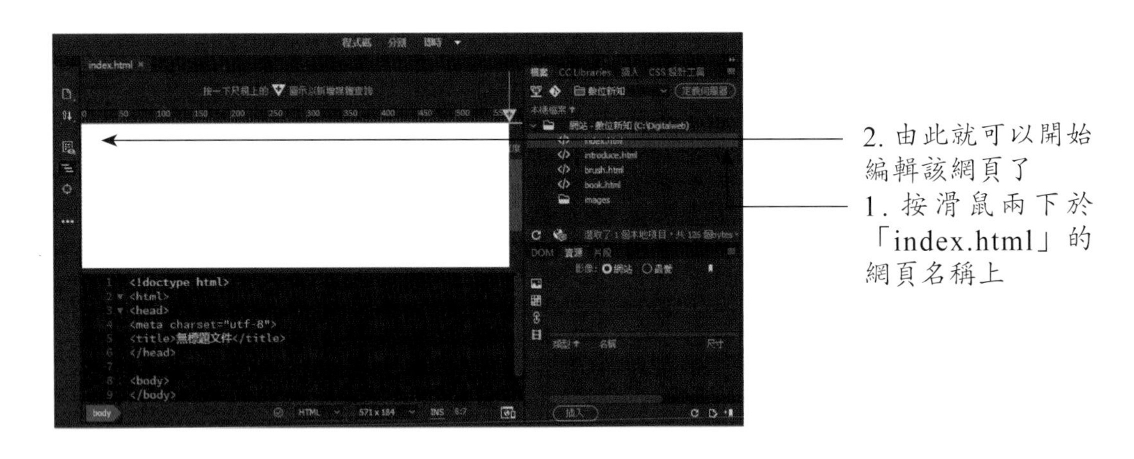

當網頁內容編輯到一個階段，最好養成儲存的動作習慣，執行「檔案 / 儲存檔案」指令可以儲存所編輯的網頁；而執行「檔案 / 全部儲存」指令可同時儲存工作區中的所有網頁檔。編排網頁後要預覽網頁效果，可按「F12」鍵開啓預設的瀏覽器來預覽網頁。

12-3 文字的編排與美化

學會網站的建立方式後，現在我們準備開始編輯網頁。此節將探討文字的相關設定，讓平凡無奇的文字透過 HTML 標籤的設定，也能變得活潑而清楚易懂。

12-3-1 文字與格式設定

Dreamweaver CC 的網頁編輯方式與以前的版本略有不同，設定時請先由「插入」面板決定要插入哪個 HTML 標籤，再從標籤中輸入或貼入文字內容。此處我們示範插入「標題 2」與「段落」的方式。

1

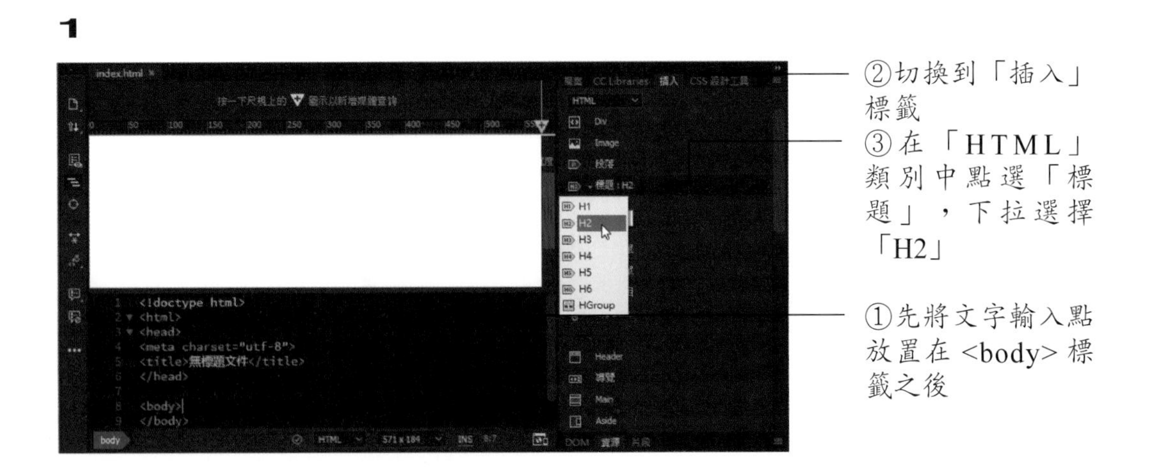

②切換到「插入」標籤
③在「HTML」類別中點選「標題」，下拉選擇「H2」
①先將文字輸入點放置在 <body> 標籤之後

2

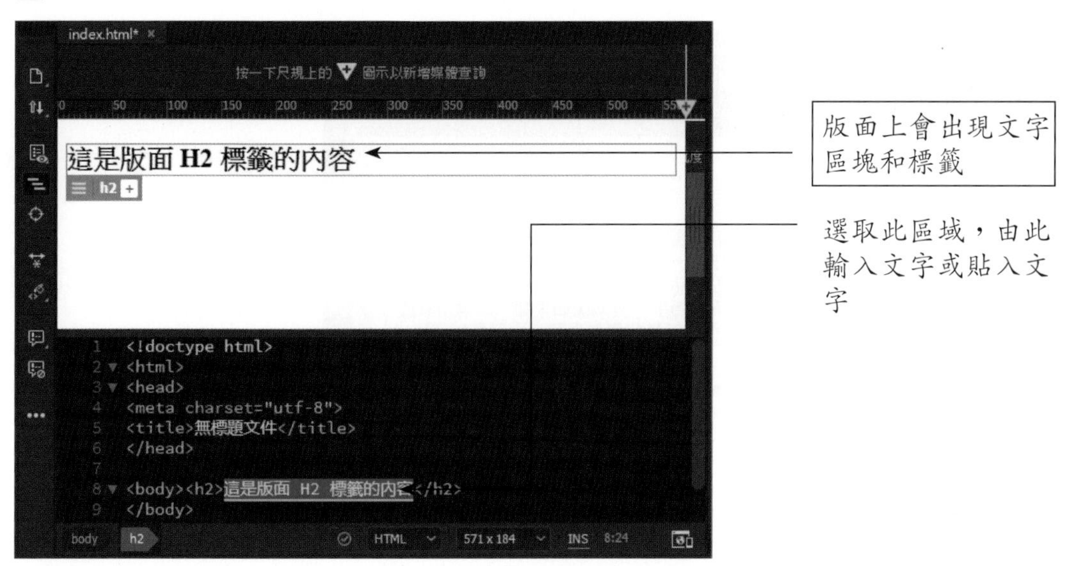
版面上會出現文字區塊和標籤
選取此區域，由此輸入文字或貼入文字
這是版面 H2 標籤的內容

3

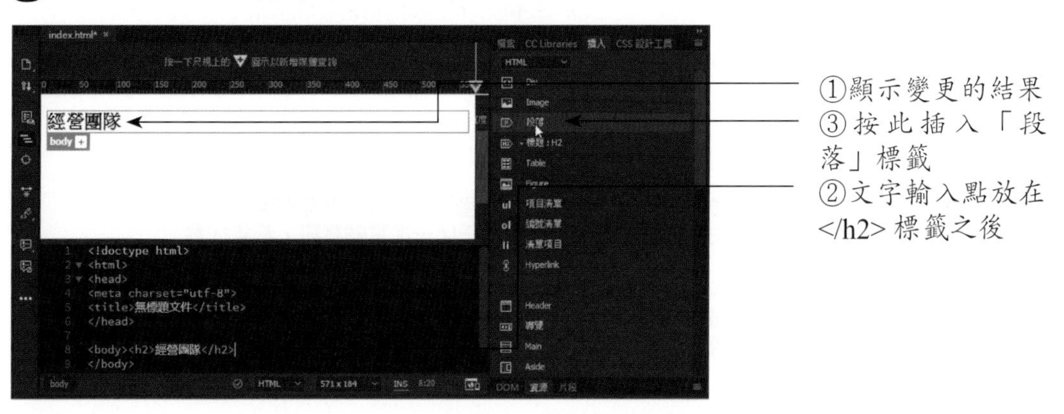
①顯示變更的結果
③按此插入「段落」標籤
②文字輸入點放在 </h2> 標籤之後
經營團隊

4

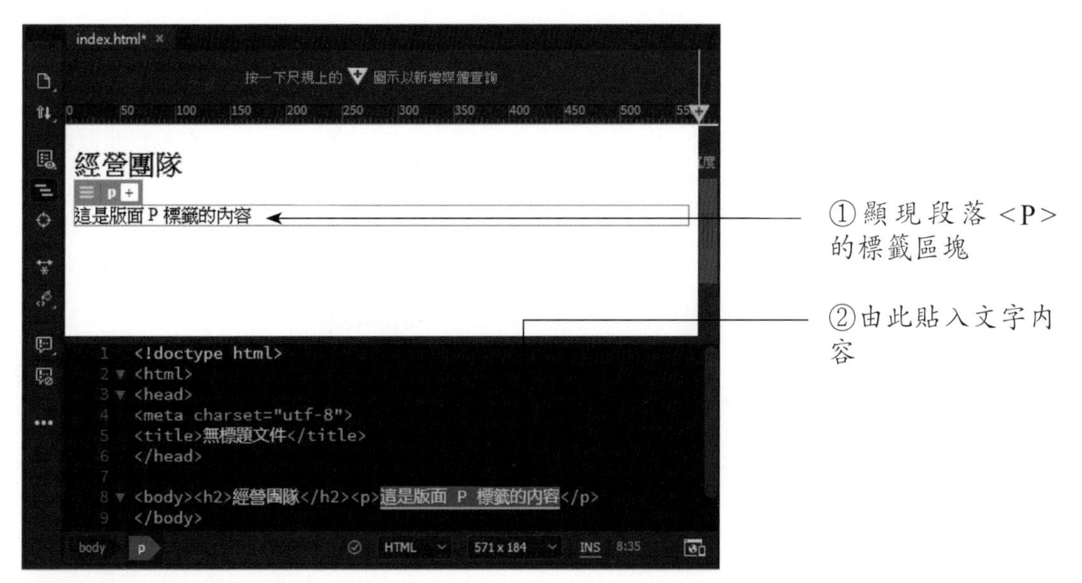
①顯現段落 <P> 的標籤區塊
②由此貼入文字內容
經營團隊
這是版面 P 標籤的內容

5

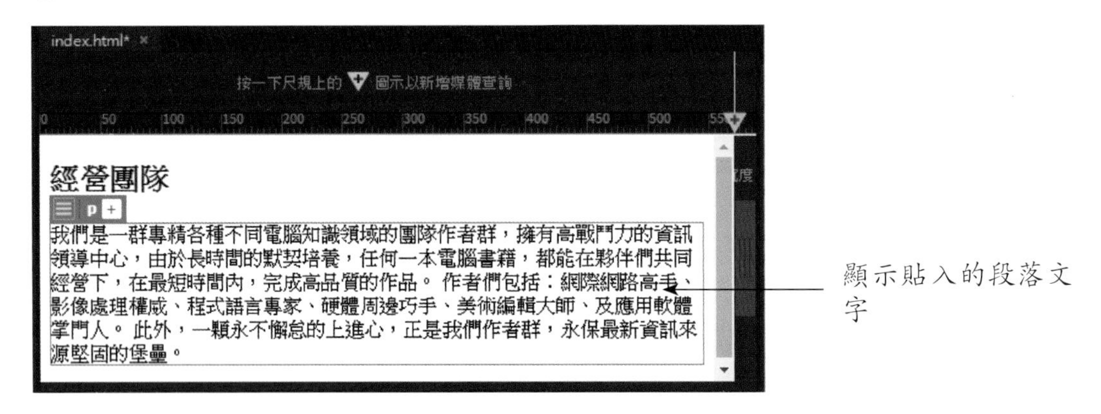

設定之後，執行「檔案 / 即時預覽」指令，再選擇要預覽的瀏覽器，就可以看到最後呈現的畫面。如下所示是在 Google Chrome 所看到的效果：

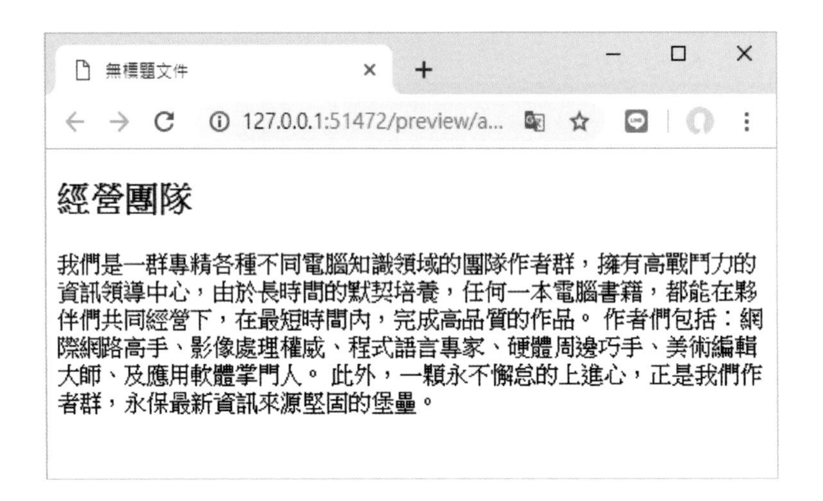

12-3-2 設定清單樣式

在 HTML 標籤中，清單包括「項目清單」、「編號清單」、「清單項目」等，使用技巧與剛剛示範的方式相同，先由「程式碼」處決定要插入的位置，再由「插入」面板選定標籤，最後在區塊中輸入文字內容即可。

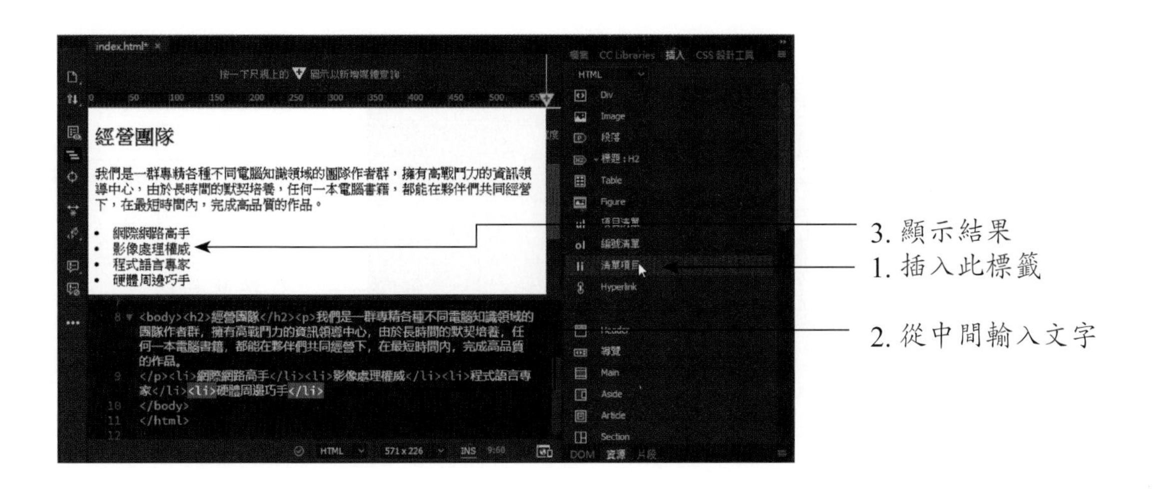

12-4 圖片的加入與應用

加入圖片是美化網頁，增加網站吸引力的好方式，而且良好的圖片說明也可以讓難懂的文字敘述變得清楚易了解。這裡將針對網頁背景處理、從檔案加入圖片、滑鼠變換影像等功能做介紹，讓圖片為網頁添加美感。

12-4-1 網頁背景處理

網頁中常用的影像格式主要有如下三種：包括 GIF、JPEG 以及 PNG。GIF 圖檔格式是網際網路上常使用的格式，副檔名為 .gif，檔案本身是透過一個 256 個的索引色盤來決定影像本身的顏色內容，較適合卡通類型的圖片或線條圖案的表現。JPEG 圖檔格式適合用來表現色彩豐富的影像或照片，支援 24-bit 色彩，副檔名格式為 .jpg 或 jpeg，儲存後的影像會造成失真現象，但壓縮比率高。PNG 是一種支援高色彩的非破壞性圖檔壓縮格式，具有不失真的特性，它結合了 GIF 和 JPEG 兩種格式的優點，既可儲存為交錯圖，也可以製作透明背景。

各位要在 Dreamweaver 中加入網頁背景，主要透過「頁面屬性」來設定，可設定在 HTML 的外觀，也可以設定在 CSS 的外觀上。

■ HTML 外觀

執行「視窗 / 屬性」指令開啟「屬性面板」，按下「頁面屬性」鈕進入「頁面屬性」視窗，接著切換到「外觀（HTML）」，按下「瀏覽」鈕找到背景圖所的位置，就可以輕鬆將圖案布滿整個網頁。

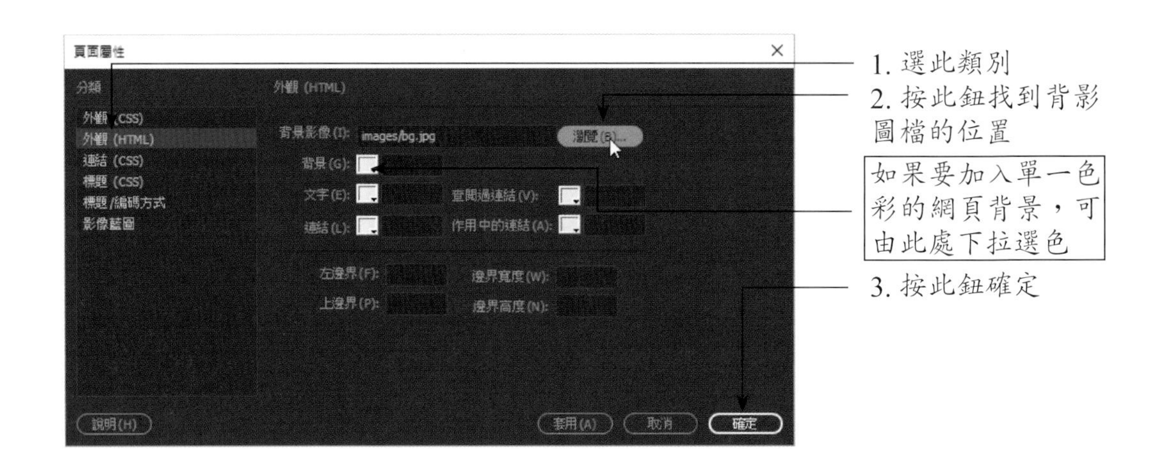

■ CSS 外觀

「頁面屬性」視窗上若切換到「外觀（CSS）」，同樣也能設定背景影像，不過它比 HTML 外觀增加了背景重複的設定方式。

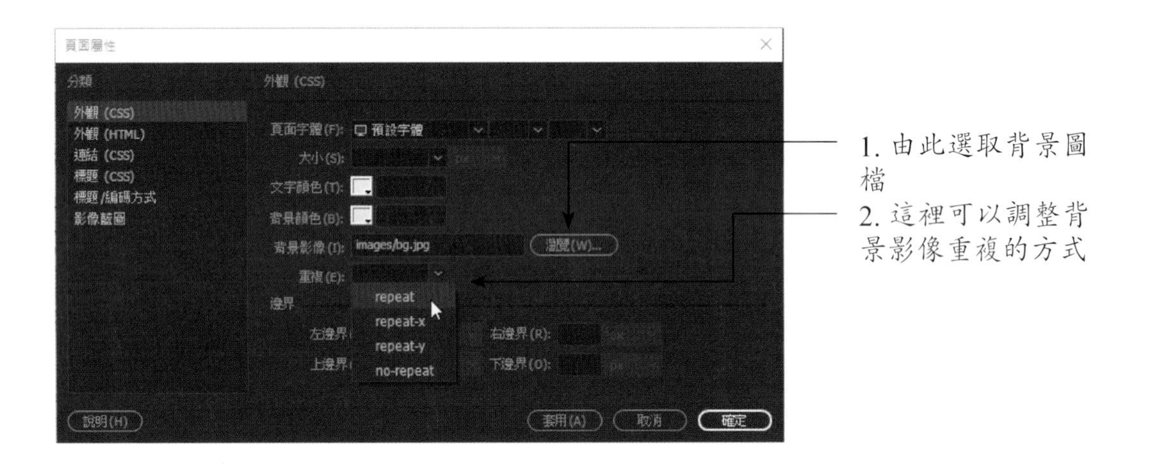

12-4-2 網頁插圖處理

要將插圖加入到網頁中，執行「插入 / Image」指令或是利用「插入」面板的「Image」鈕，就能在開啓的視窗中找到要使用的圖檔。為了作業的方便，建議最好先將要使用的網頁插圖複製到網站所在的「images」資料夾中，再透過以下方式來插入圖檔。

1

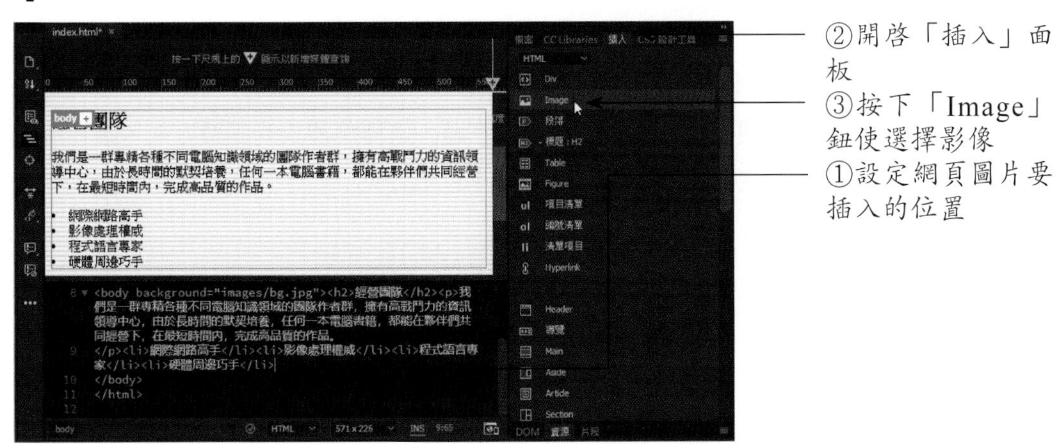

②開啟「插入」面板

③按下「Image」鈕使選擇影像

①設定網頁圖片要插入的位置

2

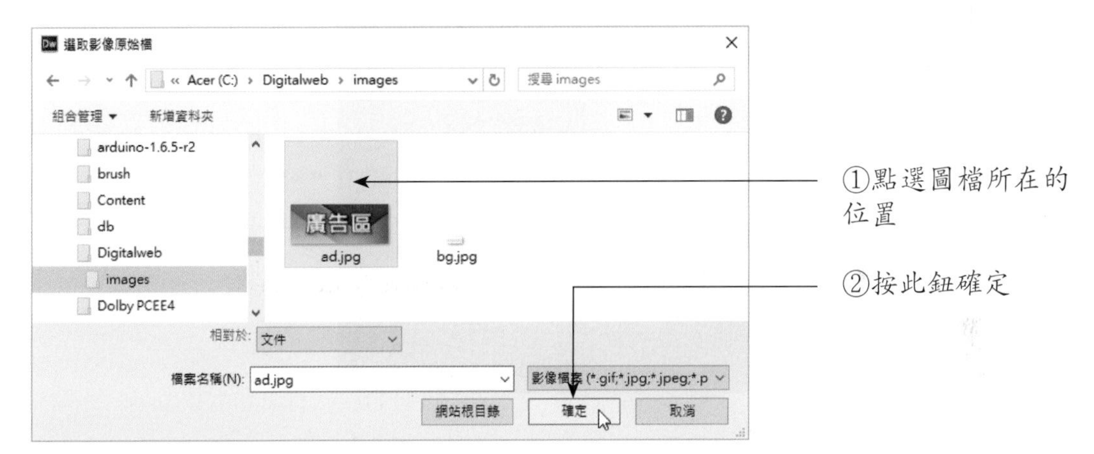

①點選圖檔所在的位置

②按此鈕確定

3

顯示插入的圖片

12-5 網網相連的超連結設定

超連結是現代閱讀習慣的一大改變，因爲瀏覽者只要移動滑鼠到有手形 👆 出現的文字或圖片上，按下滑鼠左鍵便可前往想要瞭解的主題，這種跳躍式的閱讀方式，讓知識傳閱的速度變快了。此小節就要來看超連結的各種設定方式。

12-5-1 以文字做超連結

以文字作連結是最簡單快速的一個方法，只要將要做連結的文字加以選取，執行「插入／Hyperlink」指令或是從「插入」面板按下「Hyperlink」鈕，就可以設定連結對象。

1

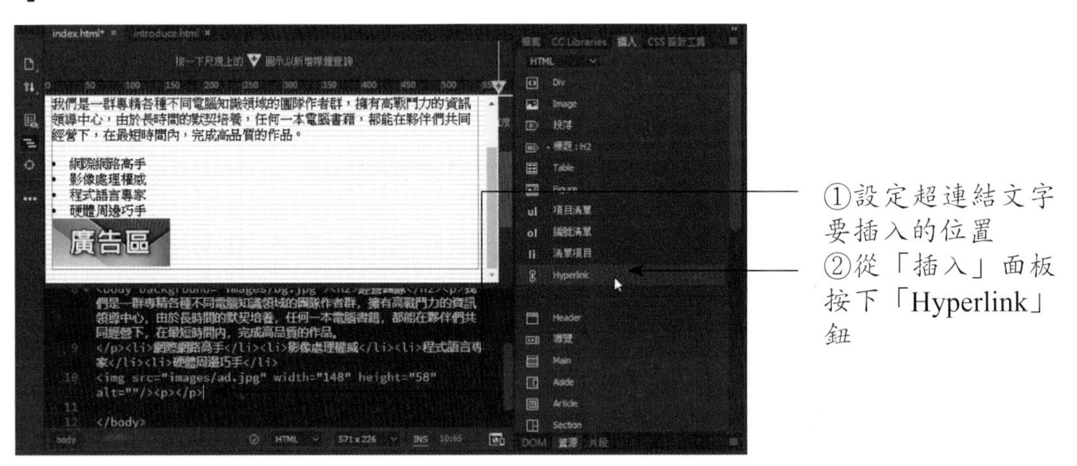

2

3

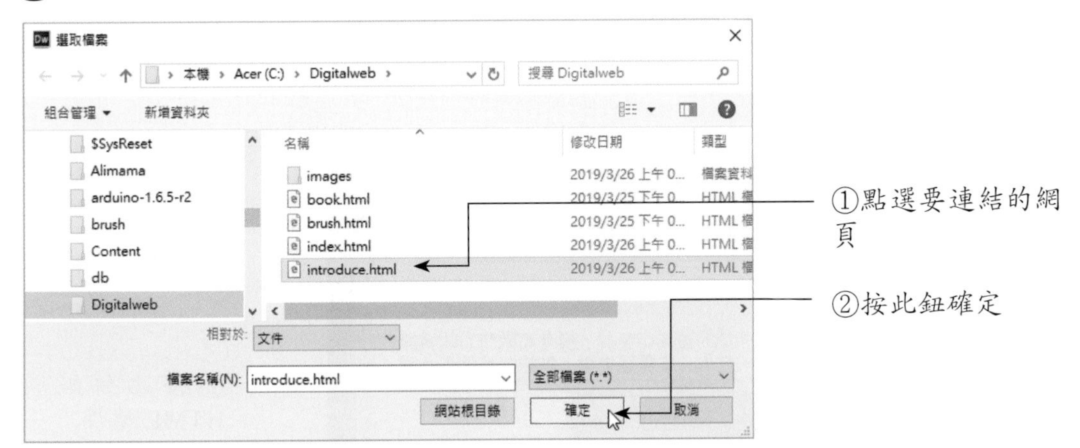
選取檔案
本機 › Acer (C:) › Digitalweb
搜尋 Digitalweb
組合管理
新增資料夾
$SysReset
Alimama
arduino-1.6.5-r2
brush
Content
db
Digitalweb
名稱
修改日期
類型
images
book.html
brush.html
index.html
introduce.html
相對於:
文件
檔案名稱(N):
introduce.html
全部檔案 (*.*)
網站根目錄
確定
取消
①點選要連結的網頁
②按此鈕確定

4

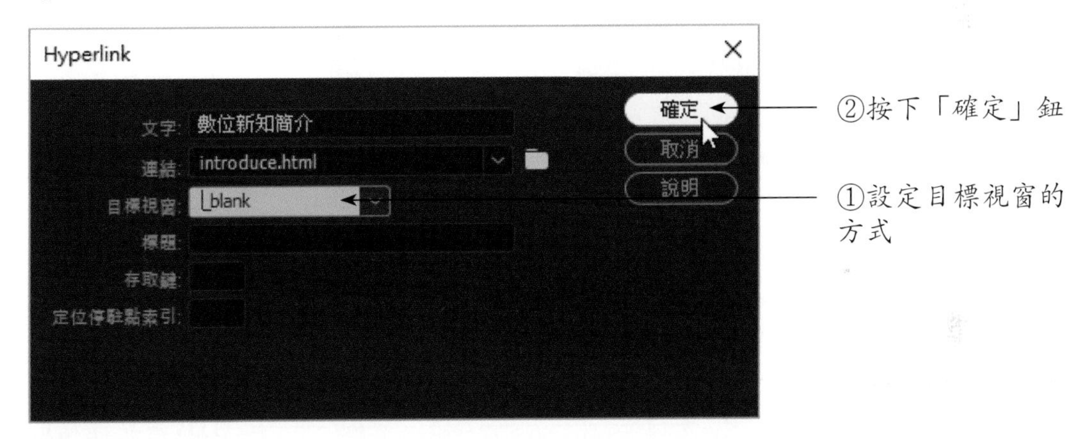
Hyperlink
文字:
數位新知簡介
連結:
introduce.html
目標視窗:
_blank
標題:
存取鍵:
定位停駐點索引:
確定
取消
說明
②按下「確定」鈕
①設定目標視窗的方式

5

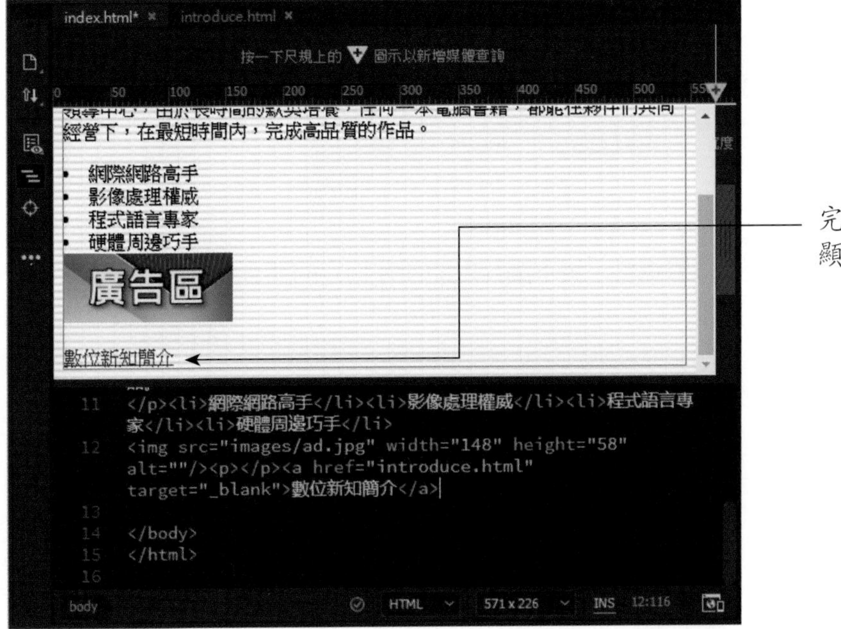
index.html*
introduce.html
經營下，在最短時間內，完成高品質的作品。
網際網路高手
影像處理權威
程式語言專家
硬體周邊巧手
廣告區
數位新知簡介
</p><li>網際網路高手</li><li>影像處理權威</li><li>程式語言專家</li><li>硬體周邊巧手</li>
<img src="images/ad.jpg" width="148" height="58" alt=""/><p></p><a href="introduce.html" target="_blank">數位新知簡介</a>
</body>
</html>
body
HTML
571 x 226
INS
12:116
完成的連結設定會顯示下底線

12-5-2 以圖片作超連結

除了使用文字做連結外，也可以使用圖片做連結，其指定連結對象的方式如下：

1

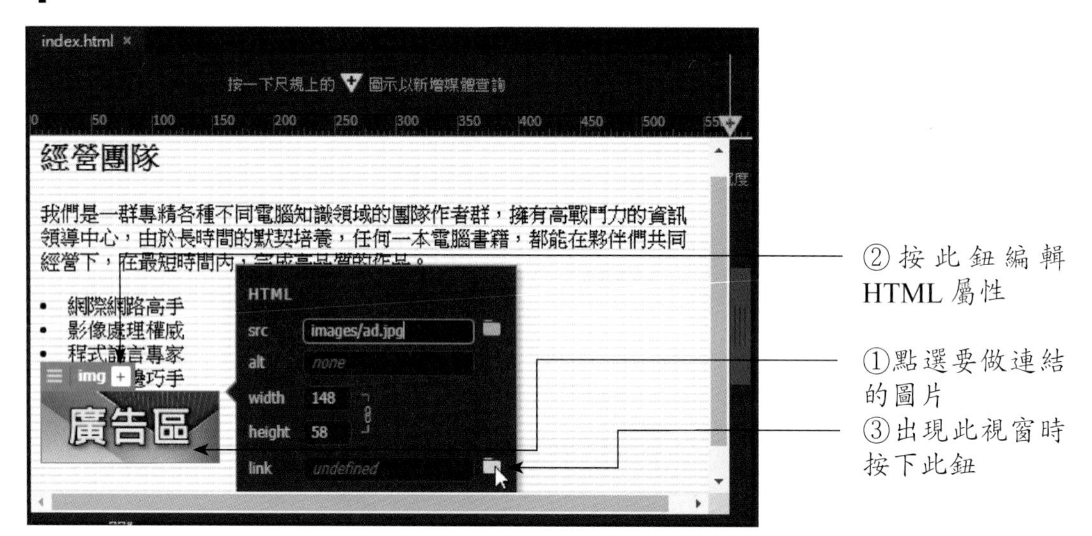

2

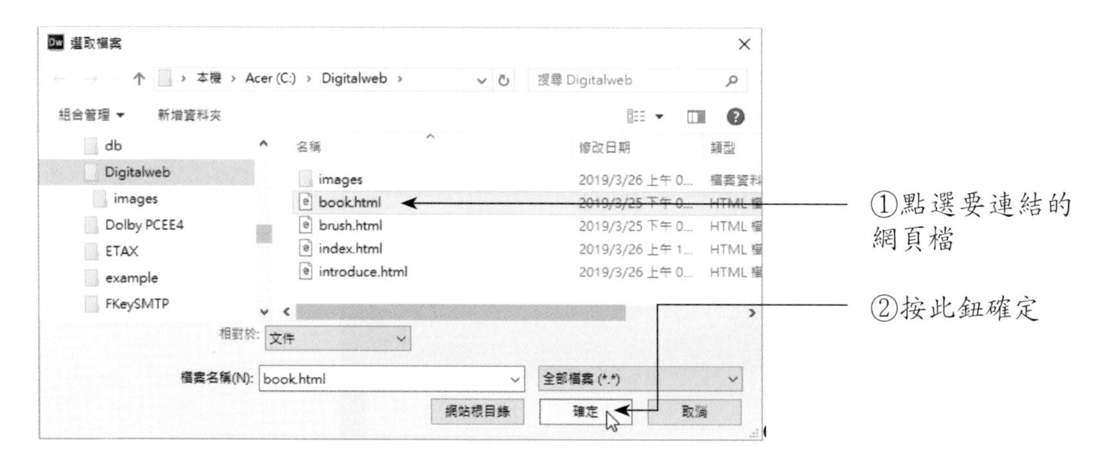

設定完成後，按「F12」預覽網頁，按下圖片就能前往指定的網頁了。

12-5-3 網站外部的連結

網站外部的連結通常都是連結到其他的網站，因此只要執行「插入 / Hyperlink」指令或是從「插入」面板按下「Hyperlink」鈕，將連結對象輸入網站的 URL 位址就算完成。

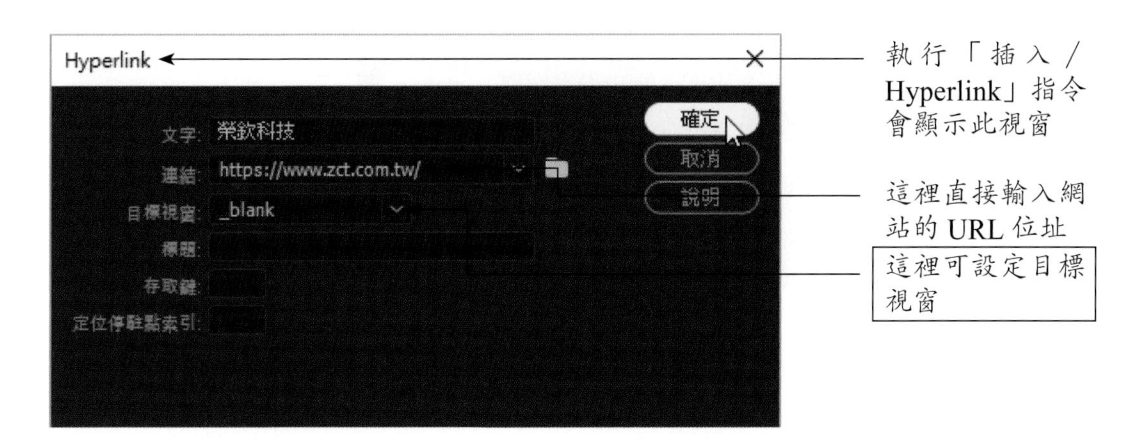

在目標視窗的設定上，Dreamweaver 也提供如下四種的選擇方式，各位可針對網站的需要來選擇適當的連結方式。

_blank：點選連結後，會開啓另一個新視窗，爲最常使用的設定方式。

_parent：被超連結的文件會出現在母視窗中。

_self：點選連結後，文件會出現在同一個視窗。

_top：點選連結後會去除目前的框架，而以全視窗的方式呈現。

12-5-4 連結電子郵件

爲了方便網頁瀏覽者將個人的意見或想法留下來給網站經營者做參考，通常網站上都會留下電子郵件的資料，讓瀏覽者直接開啓預設的郵件編輯程式，以便瀏覽者書寫郵件內容。而連結電子郵件的方式如下：

1

②開啓「插入」面板，按下「電子郵件連結」
①設定電子郵件信箱要插入的位置

2

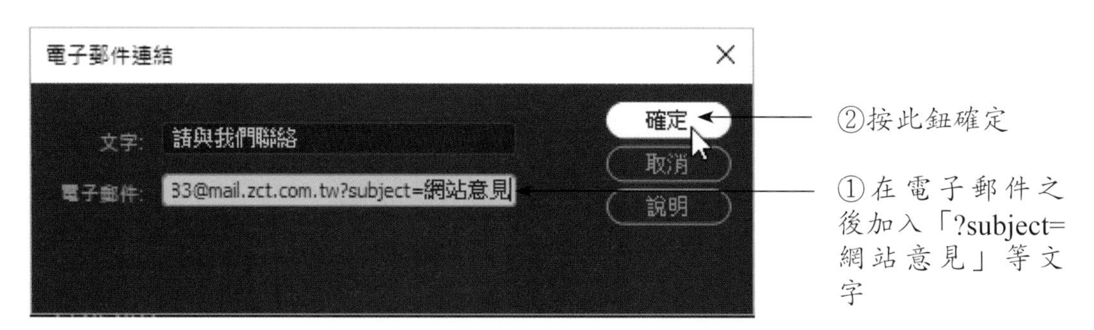

②按此鈕確定
①在電子郵件之後加入「?subject=網站意見」等文字

在連結電子郵件時，各位在電子郵件後面加入「?subject= 網站意見」等文字，如此一來在開啓空白郵件時，就會在主旨列中顯示「網站意見」的主旨，以方便管理信件。

12-6 建立基本表格

在網頁設計上，表格被運用的機會相當高，不管是資料的排列或是版面的編排，透過表格的幫忙，就能讓網頁變得井然有序。表格的建立最簡單的方式就是從無到有，直接在 Dreamweaver 中插入。請執行「插入 / Table」指令，或是從「插入」面板按下「Table」鈕，便可從開啓的視窗中設定表格的欄列數、寬度、邊框粗細等屬性。

1

②切換到「插入」面板的「常用」類別

③按下「Table」鈕

①設定表格要插入的位置

2

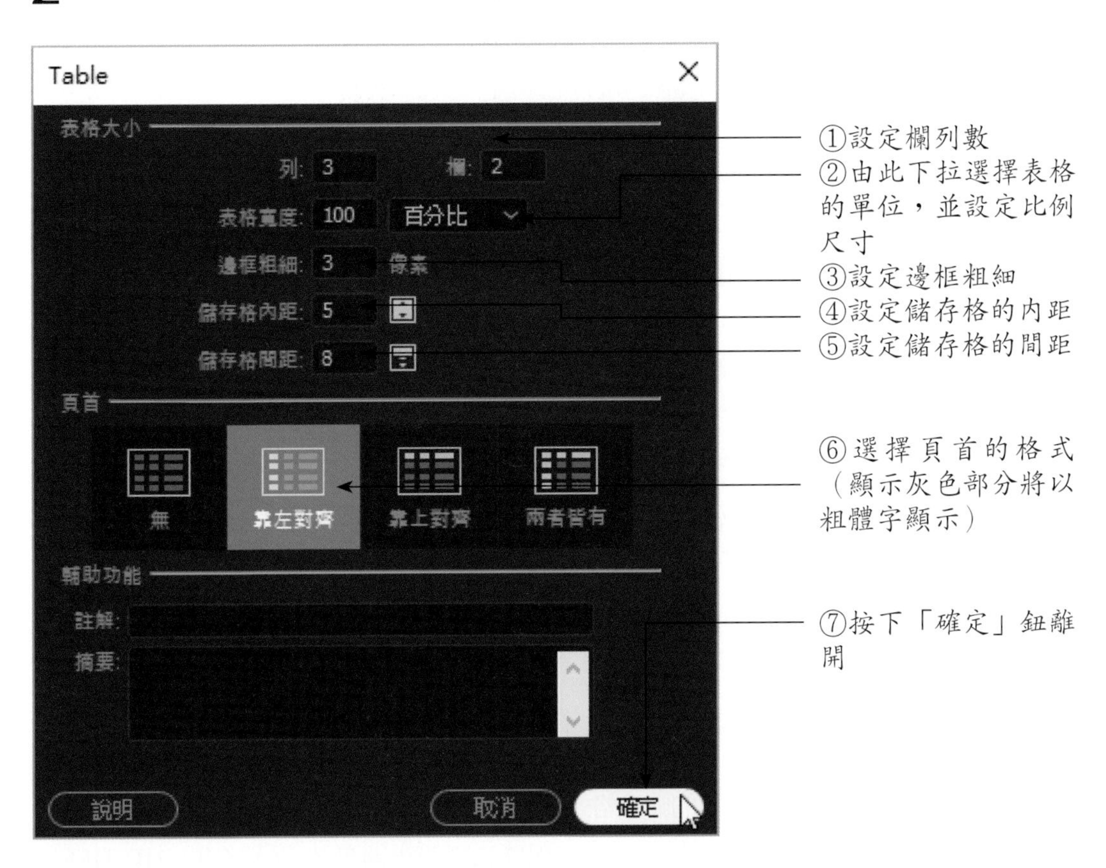

3

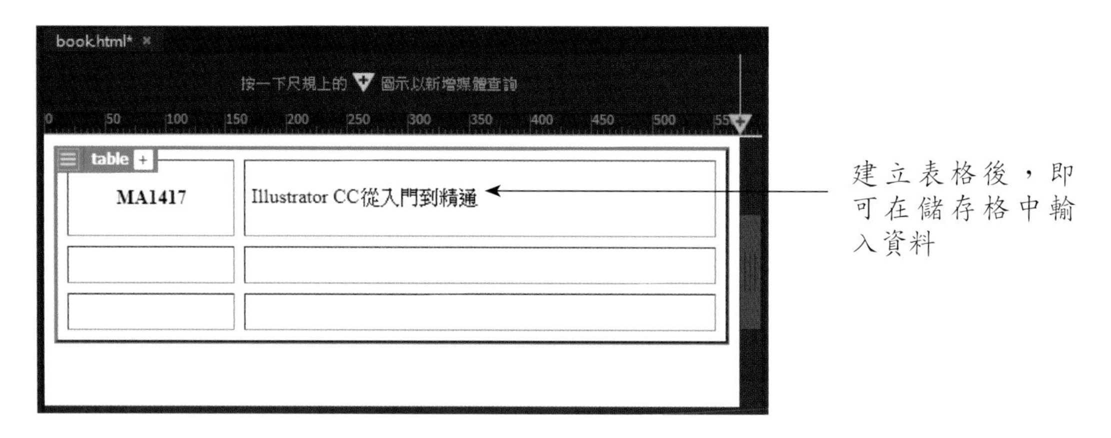

【課後習題】

一、選擇題

1. (　) 下面哪個區域是編輯文字、圖片及網頁元件的地方？ (A) 功能表區 (B) 文件編輯區 (C) 面板群組區 (D) 檔案面板區
2. (　) 對於網頁檔的命名，下列何者說明有誤？ (A) 最好使用全形符號的英文或數字 (B) 不可以中文命名 (C) 檔名中不要有空白字元 (D) 最好統一爲小寫英文字
3. (　) 在 Dreamweaver 中如何新增網站資料夾？ (A) 執行「檔案 / 匯入網站」指令 (B) 執行「網站 / 新增網站」指令 (C) 執行「檔案 / 新增網站」指令 (D) 執行「網站 / 網站地圖」指令
4. (　) 要預覽網頁效果，可按哪個快速鍵？ (A) F11 (B) F12 (C) F8 (D) F2
5. (　) 要對網頁檔進行更名或刪除的動作，可透過哪個面板來進行？ (A)「插入」面板 (B)「檔案」面板 (C)「屬性」面板 (D)「CSS 設計工具」面板
6. (　) 通常網頁的首頁會命名爲？ (A)index.html (B)page.html (C)home.html (D) 以上皆可
7. (　) 從屬性面板中按下「頁面屬性」鈕，無法作以下哪種設定？ (A) 設定文字色彩 (B) 設定連結顏色 (C) 設定標題 / 編碼方式 (D) 設定影像地圖
8. (　) 下列何者不是網頁上常用的圖檔格式？ (A) GIF (B) TIFF (C) JPEG (D) PNG
9. (　) 下列哪種圖檔格式最適合儲存漫畫或線條式的插畫圖案？ (A) GIF (B) TIFF (C) JPEG (D) PNG
10. (　) 對於超連結的說明，何者不正確？ (A) 可使用文字做連結 (B) 可使用圖片做連

結　(C) 可連結到電子郵件　(D) 可連結到個人電腦

11.(　) 下列的連結方式中，何者不是 Dreamwaver 所提供的目標視窗的設定？　(A)_blank　(B)_parent　(C)_self　(D)_All

12.(　) 由 Flash 所製作的動畫，其副檔名爲：　(A) fla　(B) swf　(C) gif　(D)avi

二、實作題

1. 請利用 Dreamweaver 程式在 C 磁碟中建立一個如下的網站架構，同時以「檔案」面板完成所有的網頁檔的新增與命名。

   網站架構圖

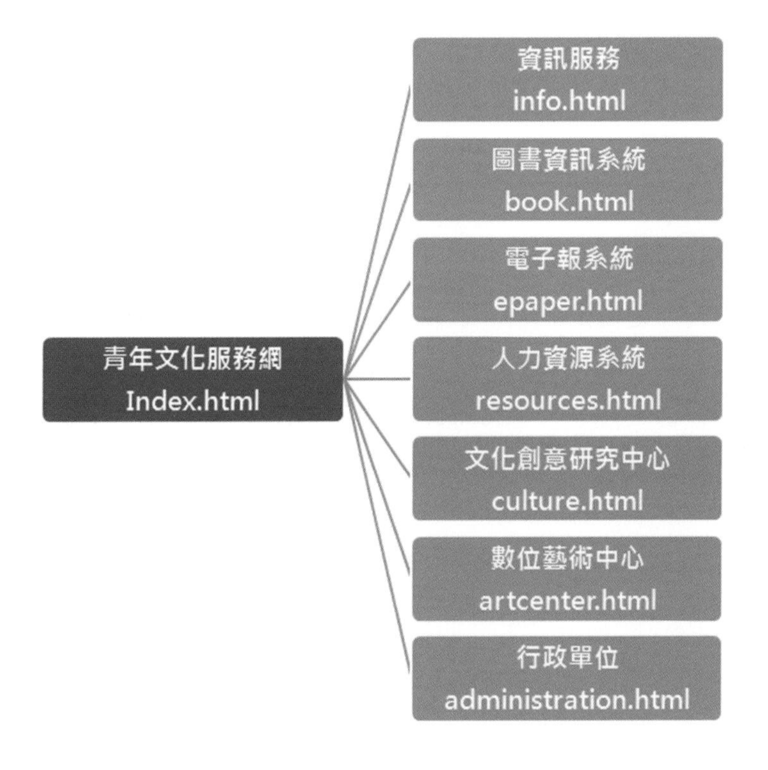

2. 請利用超連結功能，將指定的文字連結到所指的網站。

   連結網站：

   台灣高鐵：http://www.thsrc.com.tw/index.html

   台灣鐵路管理局：http://www.railway.gov.tw/tw/

   台北捷運公司：http://www.trtc.com.tw/

國家圖書館出版品預行編目資料

多媒體概論與實務應用／數位新知作. ——初版. ——臺北市：五南圖書出版股份有限公司, 2023.01
面； 公分
ISBN 978-626-343-562-9(平裝)

1.CST: 多媒體

312.8 111019433

5R39

多媒體概論與實務應用

作　　者 — 數位新知（526）
發 行 人 — 楊榮川
總 經 理 — 楊士清
總 編 輯 — 楊秀麗
副總編輯 — 王正華
責任編輯 — 張維文
封面設計 — 王麗娟
出 版 者 — 五南圖書出版股份有限公司
地　　址：106台北市大安區和平東路二段339號4樓
電　　話：(02)2705-5066　　傳　　真：(02)2706-6100
網　　址：https://www.wunan.com.tw
電子郵件：wunan@wunan.com.tw
劃撥帳號：01068953
戶　　名：五南圖書出版股份有限公司

法律顧問　林勝安律師

出版日期　2023年1月初版一刷
定　　價　新臺幣650元

經典永恆·名著常在

五十週年的獻禮——經典名著文庫

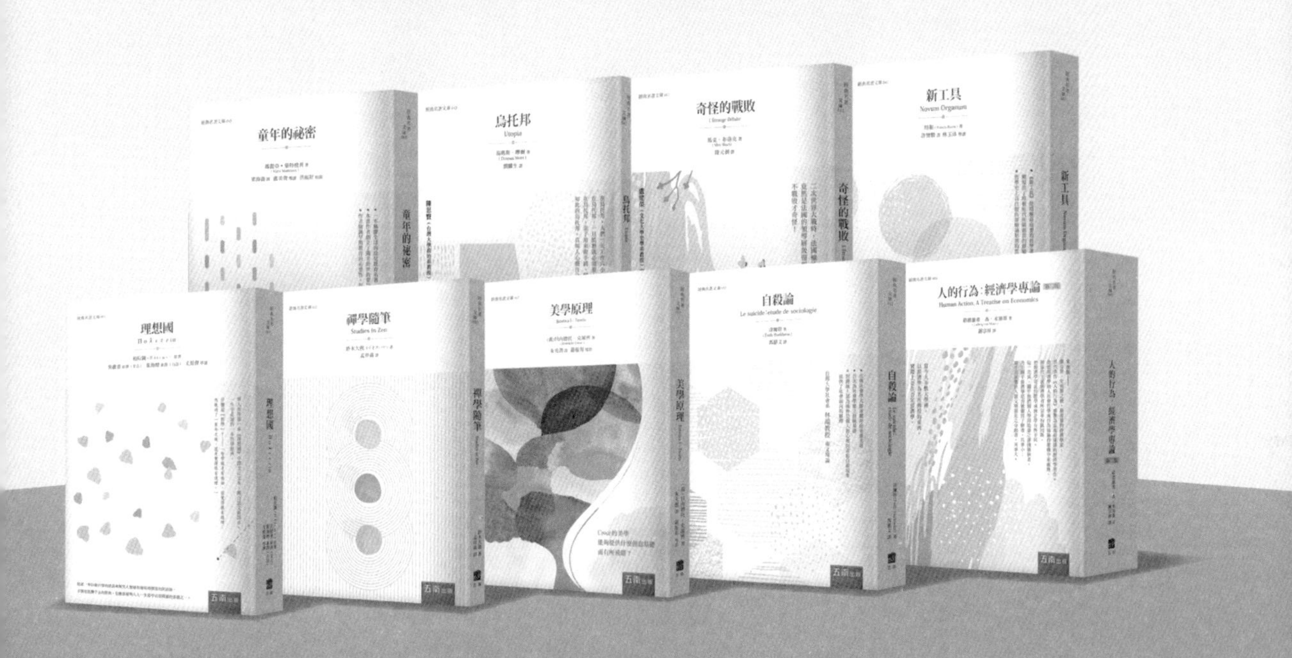

五南，五十年了，半個世紀，人生旅程的一大半，走過來了。
思索著，邁向百年的未來歷程，能為知識界、文化學術界作些什麼？
在速食文化的生態下，有什麼值得讓人雋永品味的？

歷代經典·當今名著，經過時間的洗禮，千錘百鍊，流傳至今，光芒耀人；
不僅使我們能領悟前人的智慧，同時也增深加廣我們思考的深度與視野。
我們決心投入巨資，有計畫的系統梳選，成立「經典名著文庫」，
希望收入古今中外思想性的、充滿睿智與獨見的經典、名著。
這是一項理想性的、永續性的巨大出版工程。
不在意讀者的眾寡，只考慮它的學術價值，力求完整展現先哲思想的軌跡；
為知識界開啟一片智慧之窗，營造一座百花綻放的世界文明公園，
任君遨遊、取菁吸蜜、嘉惠學子！